高职高专"十三五"规划教材

电子商务物流

主　编　谢　明　王记志　彭新莲

副主编　陈　瑶　李　平　瞿沙蔓

　　　　彭焕龙　曾向超　刘　跃

　　　　郑洁琼　柳　亮

参　编　谢　军　张　斌　向　炫

　　　　钟　炼　陈丹凤

西安电子科技大学出版社

内 容 简 介

本书主要从电子商务物流的内涵和电子商务与物流的关系入手,阐述了电子商务物流的基本内涵及基础理论、电子商务物流系统设计、电子商务物流信息技术、电子商务物流成本管理、电子商务物流管理、电子商务下的供应链管理、电子商务时代的国际物流、电子商务物流法律等内容。

本书以注重实用为原则,以实施项目任务的方式,通过相关情景导入和分析,使学生明确要学习的知识和技能,然后逐步展开,完成相关知识结构的构建。

本书可作为职业院校电子商务、物流管理、商贸管理、市场营销等专业的教材,也可作为电子商务、物流管理等相关领域从业者的培训教材或自学参考书。

本书配有电子教案和习题参考答案,有需要者可与出版社联系。

图书在版编目(CIP)数据

电子商务物流 / 谢明,王记志,彭新莲主编. —西安:西安电子科技大学出版社,2020.3

ISBN 978-7-5606-5469-0

Ⅰ. ① 电⋯ Ⅱ. ① 谢⋯ ② 王⋯ ③ 彭⋯ Ⅲ. ① 电子商务—物流管理—高等职业教育—教材 Ⅳ. ① F713.365.1

中国版本图书馆 CIP 数据核字(2019)第 202864 号

策划编辑 杨丕勇
责任编辑 杨丕勇
出版发行 西安电子科技大学出版社(西安市太白南路 2 号)
电 话 (029)88242885 88201467 邮 编 710071
网 址 www.xduph.com 电子邮箱 xdupfxb001@163.com
经 销 新华书店
印刷单位 陕西天意印务有限责任公司
版 次 2020 年 3 月第 1 版 2020 年 3 月第 1 次印刷
开 本 787 毫米×1092 毫米 1/16 印 张 15
字 数 335 千字
印 数 1~3000 册
定 价 42.00 元

ISBN 978 - 7 - 5606 - 5469 - 0 / F

XDUP 5771001 -1

前　言

　　当前，电子商务发展日新月异，全球物流业方兴未艾。电子商务物流是一门融物流理论、电子商务知识和现代管理方法为一体的学科，具有信息化、自动化、网络化、智能化、柔性化等特点。相比传统物流，电子商务物流具有高效、准时及成本低等优势，促使物流向社会化、系统化和专业化的方向发展。社会经济生活离不开电子商务和物流，电子商务向物流业提出了新的挑战。首先，由于互联网客户可以直接面对销售商并获得个性化服务，因此传统的物流渠道必须进行企业组织重组，消除不必要的流通环节，增加网络经济所需的物流运行机构。其次，网上交易的"远距离"很难被带入流通领域，物流始终是电子商务的瓶颈问题之一。在网上交易日趋火爆的今天，知识密集型、可信息化产品的网上交易日益增多，这些已经数字化的产品，如书报、软件、音乐等，其物流系统在信息业迅速发展中将逐渐与网络系统重合并最终被后者取代。但对于多数产品和服务来说，仍然要经过传统的流通渠道来送达。在新的大数据、人工智能、机器人作业环境下，如何实现用户网上购物后即可迅速组织物流，迅速送达，以满足电子商务环境下用户的美好购物体验，是电子商务物流需要探索的问题。

　　物流是构筑企业核心竞争力的基础和第三方利润源泉。我国现代物流业正处于上升阶段，有着巨大的市场潜力和十分广阔的发展前景。据专家估计，在未来几年内，我国物流市场的发展空间至少在千亿元以上。许多地方政府也纷纷将现代物流产业作为经济发展的支柱产业之一。物流产业形态各不相同，涉及仓储、配送、货代、快运、信息等多种形式。物流作为电子商务发展的重大瓶颈问题之一，已引起全世界的广泛重视。在美国，Amazon公司曾以其个性化的服务、快速的交易过程以及高质量的物流配送而著称。但一个时期由于其业务量的增长过快，交易中的物流环节节节告急。企业自建配送中心并投入大量员工，这对一个产品范围和销售市场都不断扩张的网上商店来说，绝非根本解决物流问题的有效途径。由此看来，如何建立现代物流管理体系，加强对物流的管理，使其顺利与网上交易过程相对接，以适应电子商务的需求，已成为当前开展电子商务的企业及机构不可回避的焦点问题。电子商务物流有不同于一般物流的特殊性，它除了要具备基本的服务能力外，还要提供增值服务，它要求有高效的组织结构及严格的物流成本控制等能力，而有效的管理需要电子商务与物流知识的紧密结合。

　　本书体现了"就业导向、产教融合、校企合作、项目驱动"的特点，重视学生核心操作技能的培养，注重结合企业应用和行业特点。编写组人员多次赴电子商务企业、物流企业、商贸流通企业进行调研，就电子商务、物流产业形态、物流行业发展、人员素质需求、员工操作规范等方面进行调查和总结；对物流企业管理技术人员和一线操作人员进行访谈，了解企业对员工在操作岗位上的具体要求，以及员工动手操作的技能对物流工作的影响程度。这些举措使书中内容更具实践指导意义。本书配有上机实验题，供师生选择参考。

本书具体分工如下：谢明(湖南交通职业技术学院)编写项目一，瞿沙蔓(湖南交通职业技术学院)编写项目二，李平(湖南交通职业技术学院)编写项目三，陈瑶(湖南交通职业技术学院)编写项目四，彭焕龙(湖南交通职业技术学院)、刘跃(湖南电子科技职业学院)编写项目五，张斌(湖南物流标准化研究院)、向炫(湖南省龙骧交通发展集团有限责任公司)编写项目六，钟炼(湖南交通职业技术学院)、郑洁琼(湘潭技师学院)编写项目七，曾向超(湖南交通职业技术学院)编写项目八，王记志(湖南软件职业学院)编写项目九，彭新莲(衡阳技师学院)编写上机实验，谢军(湖南交通职业技术学院)编写附录，柳亮(衡阳技师学院)和陈丹凤(贵州建设职业技术学院)对相关资料进行了整理和勘误。

由于电子商务物流发展迅速，很多新观点、新问题不断涌现，加之编者水平有限，书中难免有不妥之处，恳请广大读者批评指正。

编　者
2019 年 6 月

目　录

任务目录

项目一

电子商务与物流的关系

知识目标

了解电子商务的发展概况，了解电子商务对物流提出的要求；
了解电子商务物流的基本概念及特点，了解电子商务物流的意义及主要任务；
理解电子商务与物流系统的关系，了解电子商务环境下物流的发展趋势。

能力目标

会分析电子商务下物流企业的特征；
理解物流在电子商务活动中的地位和作用，会分析物流企业的发展趋势。

项目任务

任务一　了解电子商务及其商业经营模式
任务二　熟悉电子商务物流的概念及基本特征
任务三　明确电子商务与物流的关系

任务导入案例

世界第一大零售商沃尔玛的物流配送

美国和全球第一大零售商沃尔玛拥有 50 多年历史，如今在全球拥有近 5000 家连锁店，连续多年荣登世界 500 强第一的宝座。高效的物流配送体系是沃尔玛制胜的法宝之一。

(1) **高效率的配送中心：**沃尔玛的供应商根据各分店的订单将货品送至沃尔玛的配送中心，配送中心则负责完成对商品的筛选、包装和分检工作。沃尔玛的配送中心具有高度现代化的机械设施，送至此处的商品 85% 都采用机械化处理，这就大大减少了人工处理商品的费用。同时，由于购进商品数量庞大，使自动化机械设备得以充分利用，规模优势充分体现。

1

(2) 迅速的运输系统：沃尔玛的机动运输车队是其供货系统的另一个无可比拟的优势。在 1996 年的时候，沃尔玛就已拥有了 30 个配送中心，2000 多辆运货卡车，保证从仓库到任何一家商店的进货时间不超过 48 小时，相对于其他同业商店平均每两周补货一次，沃尔玛可保证分店货架平均每周补货两次。快速的送货，使沃尔玛各分店即使只维持极少存货也能保持正常销售，从而大大节省了存贮空间和费用。由于这套快捷运输系统的有效运作，沃尔玛 85% 的商品通过自己的配送中心运输，而竞争对手凯马特只有 5% 的商品由自己的配送中心运输，其结果是沃尔玛的销售成本因此低于同行业平均销售成本 2%～3%，成为沃尔玛全年低价策略的坚实基石。

(3) 先进的卫星通信网络：沃尔玛投巨资建立的卫星通信网络系统使其供货系统更趋完美。这套系统的应用，使配送中心、供应商及每一分店的每一销售点都能形成连线作业，在短短数小时内便可完成"填妥订单—各分店订单汇总—送出订单"的整个流程，大大提高了营业的高效性和准确性。

任务一　了解电子商务及其商业经营模式

导入案例：

2019 年中国电子商务交易规模有望突破 30 万亿，多因素推动行业发展，电子商务作为数字经济的突出代表，在促消费、保增长、调结构、促转型等方面展现出前所未有的发展潜力，也为大众创业、万众创新提供了广阔的发展空间，成为我国应对经济下行趋势，驱动经济与社会发展、创新发展的重要动力。近年来我国电子商务持续快速发展，各种新业态不断涌现，在增强经济发展活力、提高资源配置效率、推动传统产业转型升级、开辟就业创业渠道等方面发挥了重要作用。据统计，2018 年中国电子商务整体交易规模约为 28.4 万亿元，同比增长 17.8%。随着电子商务行业的逐步完善，预计 2019 年中国电子商务交易规模将超过 30 万亿元。

（资料来源：中国互联网经济研究院）

提出问题：

(1) 什么是电子商务？哪些因素推动了电子商务行业发展？

(2) 电子商务包含哪些商业模式？

1.1　电子商务的概念

目前对电子商务(Electronic Commerce)的概念还很难有一个统一的说法，许多专家学者及电子商务参与者都尝试从不同角度界定电子商务的内涵和外延，这些定义是人们从不同角度各抒己见产生的。狭义的电子商务仅仅将通过互联网进行的商业活动归属于电子商务；而广义的电子商务则将利用包括互联网、内联网和 LAN 等各种不同形式网络在内的一切计算机网络进行的所有商贸活动都归属于电子商务。从发展的观点看，在考虑电子商务的概念时，仅仅局限于利用互联网进行商业贸易是不够的，将利用各类电子信息网络进行的广告、设计、开发、推销、采购、结算等全部贸易活动都纳入电子商务的范畴则较为妥当。今天的电子商务通过少数计算机网络进行信息、产品和服务的交易，未来的电子商务则可以通过构成信息高速公路的无数网络中的任一网络进行交易。传统企业要进行电子商务运作，尤为重要的是优化内部管理信息系统(Management Information System，MIS)。MIS 是企业进行电子商务的基石，MIS 本质上是通过对各种内部信息的加工处理，实现对商品流、资金流、信息流、物流的有效控制和管理，从而最终扩大销量、降低成本、提高利润。电子商务发展到今天，人们提出了通过网络实现包括从原材料的查询、采购、样品的展示、订购到产品的制造、储运以及电子支付等一系列贸易活动在内的完整的电子商务的概念。

综合各方面的不同看法，结合我国电子商务的实践，可以将电子商务的概念作如下表述：电子商务是各种具有商业活动能力和需求的实体(生产企业、商贸企业、金融企业、政府机构、个人消费者……)，为了跨越时空限制，提高商务活动效率，而采用计算机网络和各种数字化传媒技术等电子方式实现商品交易和服务交易的一种贸易形式。

1.1.1　电子商务的产生与发展

电子商务对整个人类来说都是一个新生事物，它的产生有其深刻的技术背景和商业背景，生产力发展的客观要求和 IT 技术发展既是它的产生原因，也是它的发展动力。

1.1.2　电子商务产生的背景

1. 环境压力成为电子商务发展的巨大动因

当今社会的宏观和微观环境正在创造一个高度竞争的、以客户为中心的商务环境，而且环境变化之迅速，令人难以捉摸。有人说，未来唯一不变的就是变。企业在市场上生存的压力越来越大。当前企业面临的经营压力见表 1-1。

表 1-1　企业面临的主要经营压力

市场和经济压力	社会环境压力	技术压力
激烈的竞争	劳动力性质的改变	技术迅速过时
经济全球化	政府管制的解除	不断出现新的技术和创新
区域性贸易协定	政府补贴的减少	信息爆炸
一些国家劳动力廉价	道德与法律重要性增加	技术性价比的迅速下降
市场频繁而重大的变化	企业社会责任的增加	…
买方市场的形成	政策变化迅速	

面对压力，企业要想很好地生存，必须及时做出反应。传统的做法已于事无补，企业

必须不断进行管理创新。战略系统的采用、建立商业联盟、持续的改进和业务流程再造(BRP)已成为公认的企业应对压力的有效反应。企业反应也可用图 1-1 表示。

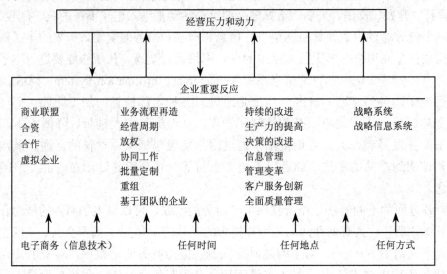

图 1-1　企业反应

在这方面，电子商务可以起到很有力的支持作用。例如，基于网络技术的电子商务可以加快产品或服务的开发、测试和实现的步伐；信息共享可以推进管理授权和员工内部协作，减少工作环节；电子商务可以帮助减少供应链延迟和存货量，消除其他低效率现象等。电子商务与消费者互动交流，是实现批量定制的理想工具。

2．技术进步成为电子商务产生和发展的基础条件

电子商务最早产生于 20 世纪 60 年代，发展于 20 世纪 90 年代，其产生和发展的重要条件主要是：

(1) 计算机的广泛应用。近 30 年来，计算机的处理速度越来越快，处理能力越来越强，价格越来越低，为电子商务的应用提供了基础。

(2) 网络的普及和成熟。由于互联网逐渐成为全球通信与交易的媒体，全球上网客户快速增长，快捷、安全、低成本的特点为电子商务的发展提供了应用条件。

(3) 信用卡的普及应用。信用卡以其方便、快捷、安全等优点而成为人们消费支付的重要手段，并由此形成了完善的全球性信用卡计算机网络支付与结算系统，使"一卡在手，走遍全球"成为可能，同时也为在电子商务中实施网上支付提供了重要的手段。

3．社会为电子商务发展提供了优良的环境

1997 年 5 月 31 日，由美国 VISA 和 Mastercard 国际组织等联合制定的电子安全交易协议(Secure Electronic Transfer protocol，SET)出台，该协议得到了大多数厂商的认可和支持，为开发电子商务提供了一个关键的安全环境。

同时，自 1997 年欧盟发布欧洲电子商务协议，美国随后发布"全球电子商务纲要"以后，电子商务受到世界各国政府的重视，许多国家的政府开始尝试"网上采购"，这为电子商务的发展提供了有力的支持。

1.1.3　电子商务的发展阶段

目前关于电子商务的发展阶段问题有两种划分方法，一种是"两阶段"论，即传统电子商务阶段和现代电子商务阶段(以 Internet 的应用为标志)；另一种是"三阶段"论，本节介绍"三阶段"论。

1. 20 世纪 60～90 年代：基于 EDI 的电子商务

从技术的角度来看，人类利用电子通信的方式进行贸易活动已有几十年的历史了。早在 20 世纪 60 年代，人们就开始了用电报报文发送商务文件的工作；到 20 世纪 70 年代，人们又普遍采用方便、快捷的传真机来替代电报。但是由于传真文件是通过纸面打印来传递和管理信息的，不能将信息直接转入到信息系统中，因此，随着计算机技术的迅速发展，人们开始采用电子数据交换(Electronic Data Interchange，EDI)作为企业间电子商务的应用技术，这就是电子商务的雏形。

EDI 在 20 世纪 60 年代末期产生于美国，当时的贸易商们在使用计算机处理各类商务文件的时候,发现由人工输入到一台计算机中的数据 70%来源于另一台计算机输出的文件，但由于过多的人为因素，影响了数据的准确性和工作效率。人们开始尝试在贸易伙伴之间的计算机上使数据自动进行交换，于是 EDI 应运而生。

EDI 是按一个公认的标准将业务文件从一台计算机传输到另一台计算机上去的电子传输方法。由于 EDI 大大减少了纸张票据，因此，人们也形象地称之为"无纸贸易"或"无纸交易"。

从技术上讲，EDI 包括硬件与软件两大部分。硬件主要是计算机网络，软件包括计算机软件和 EDI 标准。从硬件方面讲，20 世纪 90 年代之前的大多数 EDI 不是通过互联网，而是通过租用的线路在专用网络上实现的，这类专用的网络被称为增值网(Value Added Network，VAN)。这样做的目的主要是考虑到数据交换的安全问题。随着互联网安全性的日益提高，作为一个费用更低、覆盖面更广、服务更好的系统，互联网已表现出替代 VAN 而成为 EDI 的硬件载体的趋势，因此有人把通过互联网实现的 EDI 叫做互联网 EDI。

从软件方面看，EDI 所需要的软件主要是将客户数据库系统中的信息翻译成 EDI 的标准格式供传输交换。由于不同行业的企业是根据自己的业务特点来规定数据库的信息格式的，因此，当需要发送 EDI 文件时，必须把从企业专有数据库中提取的信息翻译成 EDI 的标准格式才能进行传输，这就需要相关的 EDI 软件来帮忙。EDI 软件主要有转换软件(Mapper)、翻译软件(Translator)、通信软件等，此外还包括 EDI 标准。

但是，EDI 电子商务存在一定的缺陷，例如它的解决方案都建立在大量功能单一的专用软硬件设施的基础上，同时，EDI 电子商务仅在发达国家的大型企业内应用，多数发展中国家和中小型企业难以开展 EDI 业务。

2. 20 世纪 90 年代以来：基于国际互联网的电子商务

由于使用 VAN 的费用很高，仅大型企业才能使用，因此限制了基于 EDI 的电子商务应用范围的扩大。20 世纪 90 年代中期以后，国际互联网迅速走向普及化，逐步从大学、科研机构走向企业和百姓家庭,其功能也已从信息共享演变为一种大众化的信息传播工具。

从 1991 年起，一直被排斥在互联网之外的商业贸易活动正式进入到这个"王国"，电子商务成了互联网应用的最大热点。人们可以凭借互联网这个载体，在计算机网络上宣传自己的产品和服务，进行交易和结算，将商务活动中的物流、信息流和资金流等业务流程集合在一起。电子商务不仅可以降低经营成本，而且可以提高服务水平，增强企业适应市场的能力。这种基于全球计算机信息网络的电子商务，又被称为第二代电子商务。

3. 现代的 E 概念电子商务阶段

自 2000 年初以来，人们对于电子商务的认识，逐渐由电子商务扩展到 E 概念的高度，人们认识到电子商务实际上就是电子信息技术同商务应用的结合。而电子信息技术不但可以和商务活动结合，还可以和医疗、教育、卫生、军事、政务等有关的应用领域结合，从而形成有关领域的 E 概念。电子信息技术同教育结合，孵化出电子教务——远程教育；电子信息技术和医疗结合，产生了电子医务——远程医疗；电子信息技术同政务结合，产生了电子政务，等等。对于不同的 E 概念，产生了不同的电子商务模式。随着电子信息技术的发展和社会需求的不断提出，人们会不断地为电子信息技术找到新的应用。

1.1.4 电子商务发展对社会经济的影响

随着电子商务魅力的日渐显露，虚拟企业、虚拟银行、网络营销、网络购物、网上支付、网络广告等一大批前所未闻的新词汇正在为人们所熟悉和认同，这些词汇同时也从另一个侧面反映了电子商务正在对社会和经济产生影响。

1. 电子商务改变商务活动的方式

传统的商务活动最典型的情景就是"推销员满天飞"，"采购员遍地跑"，"说破了嘴，跑断了腿"，消费者在商场中筋疲力尽地寻找自己所需要的商品。现在，通过互联网，只要动动手就可以了。人们可以进入网上商场浏览、采购各类产品，而且还能得到在线服务；商家们可以在网上与客户联系，利用网络进行货款结算服务；政府通过网络可以方便地进行电子招标、政府采购等。

2. 电子商务改变人们的消费方式

网上购物的最大特征是消费者的主导性，购物意愿掌握在消费者手中；同时消费者还能以一种轻松自由的自我服务的方式来完成交易，消费者的主权可以在网络购物中充分体现出来。

3. 电子商务改变企业的生产方式

电子商务是一种快捷、方便的购物手段，消费者的个性化、特殊化需要可以完全通过网络展示在生产厂商面前。为了取悦顾客，突出产品的设计风格，制造业中的许多企业纷纷发展和普及电子商务，如美国福特汽车公司在 1998 年 3 月份将分布在全世界的 12 万个计算机工作站与公司的内部网连接起来，并将全世界的 1.5 万个经销商纳入内部网，其最终目的是实现能够按照客户的不同要求按需供应汽车。2018 年福特汽车公司收购了两家技术公司，分别是硅谷技术公司 Autonomic 以及北卡罗来纳州软件平台供应商 TransLoc。其中 Autonomic 主要提供测量、架构等交通工业领域的解决方案。此外，福特表示要将移动

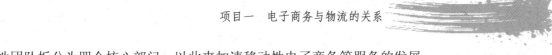

性团队拆分为四个核心部门，以此来加速移动性电子商务等服务的发展。

4．电子商务给传统行业带来革命

电子商务可以贯穿商务活动的全过程，通过人与电子通信方式的结合，极大地提高商务活动的效率，减少不必要的中间环节。各种线上服务为传统服务业提供了全新的服务方式；传统的制造业借此进入小批量、多品种的时代，使"零库存"成为可能；传统的零售业和批发业借此开创了"无实体店铺"、"网上营销"等新模式。

5．电子商务带来一个全新的金融业

在线电子支付是电子商务的关键环节，也是电子商务得以顺利发展的基础条件。随着电子商务在电子交易环节上的突破，网上银行、银行卡支付网络、电子支票、电子现金等服务的出现，将传统的金融业带入一个全新的领域。1995 年 10 月，全球第一家网上银行——"安全第一网络银行"(Security First Network Bank)在美国诞生。这家银行没有建筑物，没有地址，营业厅就是网页，员工只有 10 人。

6．电子商务转变政府的职能

政府承担着管理和服务的功能，尤其作为"看得见的手"，在调节市场经济运行，防止市场失灵带来的不足方面起着很大的作用。电子商务时代，在企业应用电子商务进行生产经营，银行实现金融电子化以及消费者网上消费的同时，同样对政府管理行为提出了新的要求；电子政务将随着电子商务的发展而发展并发挥重要作用。电子政务作为一门新的学科已在一些大学设立。

7．电子商务影响企业管理

电子商务对企业管理的影响是深远的，具体表现在以下方面：

1) 组织结构

电子商务对传统的企业组织形式带来了猛烈的冲击，它打破了传统职能部门依赖于分工与协作完成整个任务的过程而形成了并行工程。在电子商务的构架里，除了市场部和销售部与客户打交道外，其他职能部门也可以通过电子商务网络与客户频繁接触，原有各工作单元之间的界限被打破，重新组合成了一个直接为客户服务的工作组。这个工作组直接与市场接轨，并以市场的最终效果来衡量流程的组织状况。企业间的业务单元不再是封闭的金字塔式的层次结构，而是相互沟通、相互学习的网状结构。这种结构可以使各业务单元广开信息交流渠道，共享信息资源，增加利润，较少摩擦。

在电子商务模式下，企业的经营活动打破了时间和空间的限制，出现了一种类似于无边界的新型企业——虚拟企业。它打破了企业之间、产业之间、地域之间的一切界限，把现有资源组合成为一种超越时空、利用电子手段传输信息的经营实体。虚拟企业可以是企业内部几个要素的组合，也可以是不同企业之间的要素组合；其管理由原来的相互控制转向相互支持，由监控转向激励，由命令转向指导。

2) 管理模式

在电子商务架构下，企业组织信息传递的方式由单向的"一对多"到双向的"多对多"转换，信息无须经过中间环节就可以达到沟通的双方，工作效率明显提高。这种组织结构

的管理模式叫做"第五代模式"，即 21 世纪的管理模式——信息模式。信息模式下的企业管理有三个主要特点：

第一，企业内部构造了内部网(Intranet)、数据库。所有的业务单元都可以通过内部网快捷地交流，管理人员之间沟通的机会大大增加，组织结构出现分布化和网络化。

第二，中间管理人员可以获得更多的直接信息，他们在企业管理决策中发挥的作用更大，使整个组织架构趋向扁平化。

第三，企业管理由集权制向分权制转换。电子商务的推行，使企业过去高度集中的决策中心组织改变为分散的多中心决策组织。单一决策下的许多缺点(官僚主义、低效率、结构僵化、沟通壁垒)在多中心的组织模式下消失了，企业决策由跨部门、跨职能的多功能型的组织单元来制定。这种多组织单元共同参与、共担责任、共享利益的决策过程，增加了员工的参与感和决策能力，调动了员工的积极性，提高了企业决策的科学水平。

3) 生产经营

电子商务对企业生产经营的影响主要表现在以下几个方面。

第一，降低企业的交易成本。首先，电子商务可以降低企业的促销成本。据国际数据公司的调查，利用互联网作为广告媒体进行网上促销活动，结果是销售额增加 10 倍，而费用只是传统广告费用的 1/10。其次，电子商务降低了采购成本。利用电子商务采购系统，企业可以加强与供应商之间的合作，将原材料采购与产品制造有机地结合起来，形成一体化信息传递和处理系统。美国通用电气公司的发言人说，自从采用电子商务采购系统后，公司的采购费用下降了 30%(人工成本降低 20%，原材料成本降低 20%)。

第二，减少企业库存。IBM 集团从 1996 年开始应用电子商务高级计划系统。通过该系统，生产商可以准确地依据销售商的需求来生产，这样就提高了库存周转率，使库存总量保持在适当的水平，从而把库存成本降到最低。

第三，缩短企业的生产周期。网络技术的飞速发展为产品的开发与设计提供了快捷的方式。开发者可以利用网络快速地进行市场调研，可以利用信息的传播速度迅速接收到产品的市场反馈，随时对开发中的产品进行改良，可以利用网络了解到竞争对手的最新情况，从而适当调整自己的产品。

第四，增加企业交易机会。网络的开放性和全球性使得电子商务不受时空的限制，企业必须连续不断地为世界各地的客户提供技术支持和销售服务。不间断的运作给企业增添了许多交易机会。

总而言之，作为一种商务活动过程，电子商务将带来一场史无前例的革命。其对社会经济的影响会远远超过商务的本身。除了上述这些影响外，它还将对就业、法律制度以及文化教育等带来巨大的影响。

1.1.5　电子商务的概念模型

电子商务的概念模型是对现实中电子商务活动的一般抽象描述，它由交易主体、交易事务、电子市场和信息流、资金流、物流、商流等基本要素组成，如图 1-2 所示。关于物流的概念会在后面进一步介绍。

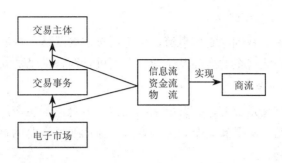

图 1-2　电子商务的概念模型

在这一模型中，交易主体是能够从事电子商务活动的组织或个人；电子市场是电子商务主体从事商品和服务交换的虚拟场所，它由各种各样的商务活动参与者利用各种通信装置，通过网络连接成一个统一的经济整体组成；交易事务是交易主体从事的具体的商务活动内容，例如，询价、报价、转账支付、广告宣传、商品运输等。

电子商务的任何一笔交易都包括信息流、资金流、物流和商流。信息流既包括商品信息的提供、网络促销、技术支持、售后服务等内容，也包括各种单证的传递以及交易双方的支付能力、信誉，等等。资金流主要指资金的转移过程，包括转账、付款、兑换等过程。物流主要是指商品实体的空间转移，包括装卸、运输、配送、储存、包装等环节。对于一些数字化产品，可以通过网络配送。商流指交易双方进行交易和所有权转移的过程，商流标志着交易的最终实现。

1.1.6　电子商务的框架构成和流程

1. 电子商务的组成要素

电子商务的基本组成要素有互联网(包括内联网和外联网)、网上商城、消费者、认证中心、物流中心、网上银行、生产厂家等，如图 1-3 所示。

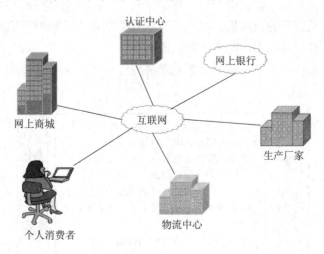

图 1-3　电子商务基本组成要素

1) 互联网、内联网和外联网

互联网是电子商务的基础，是信息流、资金流传送的载体；内联网是企业内部商务活动的场所；外联网是企业与企业之间及企业与个人进行商务活动的纽带。

2) 网上商城与消费者

网上商城既是买方又是卖方，它既要从网上搜集信息，从生产厂家订货，又要发布信息，向消费者销售商品；消费者是个人最终客户，他们通过浏览网页、搜集商品信息，实现足不出户的网上购物。

3) 认证中心

认证中心是法律承认的权威机构，负责发放和管理电子证书，使网上交易的各方能相互确认身份；电子证书是一个包含证书持有人个人信息、公开密钥、证书序号、有效期、发证单位的电子签名等内容的数字文件。

4) 物流中心

物流中心接受商家送货请求，组织运送无法从网上直接得到的商品，跟踪产品的流向，将产品送到最终客户手中。

5) 网上银行

网上银行在网上实现在线转账业务，为客户提供 24 小时实时服务；与信用卡公司合作，发放电子钱包，提供网上支付手段，为电子商务中的客户服务。

2. 电子商务的框架

电子商务影响的不仅仅是交易各方的交易过程，它在一定程度上改变了市场的组成结构。传统的市场交易链是在商品、服务和货币的交换过程中形成的。现在，电子商务在其中强化了一个因素——信息，于是就有了信息商品、信息服务和电子货币。在这里，贸易的实质并没有变，但是贸易过程中的一些环节因为所依附的载体发生了变化，也相应改变了形式。从单个企业来看，贸易的方式发生了一些变化；从整体贸易环境来看，有的商业机会消失了，同时又有新的商业机会产生，有的行业衰退了，同时又有别的行业兴起了，从而使得整个贸易过程呈现出一些崭新的面貌。

了解电子商务的基础设施构成对于企业发展电子商务是十分必要的。简单的电子商务的一般框架如图 1-4 所示。

政策法律及隐私	电子商务应用：供应链管理、视频点播、网上银行、电子市场及电子广告、网上娱乐、有偿信息服务、网上家庭购物 贸易服务的基础设施：安全性认证、咨询服务、市场调研、目录服务、电子支付 信息传递的基础设施：EDI、E-mail、HTTP 多媒体和网络宣传：HTML、Java、WWW	各种技术标准安全网络协议

图 1-4　电子商务框架

1) 网络基础设施

信息高速公路是网络基础设施的一个较为形象的说法，它是实现电子商务的最底层的基础设施。正像公路系统由国道、城市干道、辅道共同组成一样，信息高速公路是由骨干网、城域网、局域网等层层搭建起来的。它使任何一台联网的计算机都能随时同这个世界连为一体。信息可以通过电话线传播，也可以通过点播的方式传递。

有了信息高速公路只是使得通过网络传递信息成为可能，究竟跑怎样的车要看客户的具体做法。目前网上最流行的发布信息的方式是以 HTML(超文本标记语言)的形式将信息发布在 WWW 上。在传统商务环境下，厂商需要花很大的力气做各种广告和促销活动来宣传自己的产品；在电子商务环境下，厂商仍然要宣传自己的产品，不过方式就大大不同了。这种不同有两个前提条件：一是网络基础设施的畅通和方便便宜的接入，二是有数目可观的潜在的网络客户群。因为厂商宣传的目的是要让客户知晓自己的产品，这好比在报纸上做广告就要找读者群多的报纸，效果才会好。有了这两个条件，互联网的优势就是无可争议的了。互联网使得地域界限变得不那么重要，客户只要学会如何使用 Web 浏览器，就能很好地访问和使用 Web 上的电子商务工具。WWW 带来了相对公平的商业竞争机会，小公司也完全有能力在 Web 上发布产品目录和存货清单，从而吸引企业能够为其合作伙伴、供应商和消费者提供更多、更好的信息，HTML 使得消费者和采购人员能够得到最适当、最精练的信息。

2) 消息和信息传递的基础设施

网络上传递的内容包括文本、图片、声音、图像等。但网络本身并不知道传递的是声音还是文字，网络对它们一视同仁，都视为 0、1 字符串。对于这些串的解释、格式编码及还原是由一些用于消息传播的硬件和软件共同实现的，它们位于网络设施的上一层。这些消息传播工具提供了两种交流方式：一种是非格式化的数据交流，如用 FAX 和 E-mail 传递的消息，主要是面向人的；另一种是格式化的数据交流，像我们前面提到的 EDI 就是其典型代表，它的传递和处理过程可以是自动化的、面向机器的，无需人的干涉，诸如订单、发票、装运单等都比较适合格式化的数据交流。对于电子商务来说，目前的消息传递工具要想适应电子商务的业务需要还需扩展其功能，使得传递的消息是可靠的、不可篡改的、不可否认的，在有争议的时候能够提供适当的证据。在这个领域上的另一个挑战是要使这些传播工具适用于各种设备(PC、工作站、无线接收设备)、各种界面(字符界面、图形界面、虚拟现实)和各种网络(有线、无线、光纤、卫星通信)。

3) 贸易服务的基础设施

贸易服务的基础设施是为交易所提供的通用的业务服务，是所有的企业、个人做贸易时都会用到的服务，主要包括安全和认证、电子支付、商品目录和价目表服务等。

首先，这些服务有很大一部分是围绕着怎样提供一个安全的电子销售偿付系统发展而来的。当我们在进行一笔网上交易时，购买者发出一笔电子付款(以电子信用卡、电子支票或电子现金的形式)并随之发出一个付款通知给卖方；卖方通过中介机构对这笔付款进行认证并最终接收，同时发出货物，这笔交易才算完成。为了保证网上支付是安全的，就必须保证交易是保密的、真实的、完整的和不可抵赖的。目前的做法是用交易各方的电子证书(即电子身份证明)来提供端到端的安全保障。

其次,任何一个商业实体都面临着的核心领域可以分为电子销售偿付系统、供货体系服务、客户关系解决方案。例如,市场调研、咨询服务、商品购买指南等都是客户关系解决方案的一部分,加速收缩货链是供货体系服务的目标,这些都是贸易服务的基础设施所提供的服务。

4) 其他影响因素

政策法规和技术标准是整个电子商务框架的两个支柱。国际上,人们对信息领域的立法工作十分重视。美国政府发布的《全球电子商务的政策框架》中,对有关法律做了专门的论述。1996 年联合国贸易组织通过了《全球电子商务示范法》,俄罗斯、德国、英国等国家也先后颁布了多项有关法规。2018 年 8 月 31 日,十三届全国人大常委会第五次会议表决通过了《中华人民共和国电子商务法》。电商法立法从 2013 年年底启动,历时 5 年的立法过程受到社会各界高度关注。目前,我国政府在信息化方面的注意力还主要集中在信息化基础建设方面,针对信息化方面的法律法规还有待健全。其他诸如个人隐私权、信息定价等问题也需要进一步界定,比如,是否允许商家跟踪客户信息,对儿童能够发布哪些信息等,这些问题随着越来越多的人介入到电子商务中,必将变得更加重要和迫切。

另外,提到政策法规,必须考虑到各国的不同体制和国情与互联网和电子商务的跨国界性是有一定冲突的,这就要求加强国际间的合作研究。例如,私有企业在美国经济运行中占主导地位,制定政策法规时美国政府必然向私有企业倾斜,同时尽量减少政府限制;而在中国则会采取以政府为主导的经营政策。此外,由于各国的道德规范不同,也必然会存在需要协调的方面。在很少接触跨国贸易的情况下,我们不会感觉到它们的冲突;而在电子商务时代,在全球贸易一体化的情况下,客户很容易通过网络购买外国产品,这就有可能出现矛盾。比如,酒类在有些国家是管制商品,但商人对此未必知晓,即使知道,也未必不会在利益驱使下去违反。特别是对于大量小宗的跨国交易,海关该如何应对,已成为需普遍面对的问题。当然,通常法律应具有一定的前瞻性,我们在制定法规时应该充分考虑到这些因素。

第二个支柱是技术标准。技术标准定义了客户接口、传输协议、信息发布标准等技术细节。就整个网络环境来说,标准对于保证兼容性和通用性是十分重要的。正像有的国家驾驶使用左行制、有的国家驾驶使用右行制会给交通运输带来一些不便,不同国家 110V 和 220 V 的电器标准会给电器使用带来麻烦一样,我们今天在电子商务中也遇到了类似的问题。目前许多厂商、机构都意识到了标准的重要性,正致力于联合起来开发统一标准,例如,VISA、MasterCard 等国际组织已经同业界合作制定出用于电子商务安全支付的 SET 协议。

3. 电子商务的流程

在全面了解电子商务流程以前,先看一下一般网上购物的流程:

(1) 客户在某电子商务网站订购了三件商品,该网站的一台计算机负责这一工作,计算机把客户的订单(一本书、一个游戏软件和一台数码相机)发送到网站的配送中心之一。

(2) 在一个地方配送中心，客户的订单被传送到离客户最近、有客户所需商品的配送仓库。计算机会告诉送货员取货地址。

(3) 所有商品都放入一个大货篓中，货篓中堆放着许多顾客订购的商品，机器扫描每件商品上的条形码进行分拣，同时配送中心的几百名工人也将监督这一工作。

(4) 客户需要的商品在货运斜管中汇合，然后被装入纸箱，所有货篓都被传送到中心点。在那里，工人核对商品条形码与订单号，以确认哪些商品归哪些顾客。客户所订购的商品最后被装入一个宽约一米的货运斜管中，然后装入一个纸箱。工人在纸箱上贴上一种新条形码，用来表明客户所购买的商品。

(5) 工人将商品装箱、贴胶带、称重、贴标签，最后箱子被装入一辆卡车，离开仓库。选择相应的送货方式，将商品送到客户手中。

完整的电子商务过程包括：交易前的准备，交易中的磋商、合同与执行、支付与清算，交易后的售后服务等环节，如图 1-5 所示。

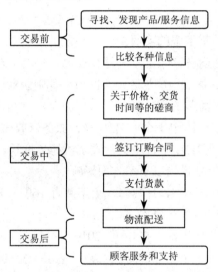

图 1-5　电子商务的流程

4. 电子商务的分类

电子商务参与方主要有四部分，即企业、个人消费者、政府和中介方。中介方只是为电子商务的实现与开展提供技术、管理与服务支持。尽管有些网上拍卖形式的电子商务属于个人与个人之间的交易，也就是通常所说的 Consumer To Consumer(也记做 C to C、C2C)，但是，可以这样讲，企业是电子商务的核心，考察电子商务的类型，主要从企业的角度来进行分析。企业电子商务可以从系统涉及的业务范围、系统的复杂性程度和应用功能情况等不同的角度进行分类。限于篇幅，本书主要介绍按企业电子商务系统业务处理过程涉及的范围分类。

从企业电子商务系统业务处理过程涉及的范围出发，可以把电子商务分为企业内部的电子商务、企业间的电子商务、企业与消费者之间的电子商务、企业与政府之间的电子商务四种类型。

1) 企业内部的电子商务

企业内部的电子商务是指企业通过企业内部网(Intranet)自动进行商务流程处理,增加对重要系统和关键数据的存取,保持组织间的联系。它的基本原理与下面讲的企业间电子商务类似,只是企业内部进行交换时,交换对象是相对确定的,交换的安全性和可靠性要求较低,主要是实现企业内部不同部门之间的交换(或者内部交易)。企业内部电子商务的实现主要是在企业内部信息化的基础上,将企业的内部交易网络化,它是企业外部电子商务的基础,而且相比外部电子商务更容易实现。企业内部的电子商务系统可以增加企业的商务活动处理的敏捷性,对市场状况能更快地做出反应,能更好地为客户提供服务。

2) 企业间的电子商务(Business To Business,B to B,B2B)

企业间的电子商务是指有业务联系的公司之间相互用电子商务将关键的商务处理过程连接起来,形成在网上的虚拟企业圈。例如,企业利用计算机网络向它的供应商进行采购,或利用计算机网络进行付款等。这一类电子商务,特别是企业通过私营或增值计算机网络(Value Added Network,VAN)采用 EDI(电子数据交换)方式所进行的商务活动已经存在多年。这种电子商务系统具有很强的实时商务处理能力,使公司能以一种可靠、安全、简便快捷的方式进行企业间的商务联系活动和达成交易。《中国电子商务报告(2017)》显示,2017 年中国电子商务交易额达 29.16 万亿元人民币,其中企业间的商务活动比重较大,因此企业间的电子商务是电子商务的主要形式。

最新数据显示,2016 年中国中小企业 B2B 平台服务营收规模为 235.9 亿元,同比增长17.1%。整体而言,中小企业 B2B 平台服务营收规模稳步增长。分析认为,2016 年中国中小企业 B2B 运营商平台营收规模受以下三方面影响:

(1) 资本环境。截至 2016 年 12 月中旬,全年共有 169 家 B2B 企业获得总额超过 150亿元融资,中小企业 B2B 依然处在资本风口。

(2) 进出口市场影响。艾瑞咨询数据显示,2016 年中国进出口总值 24.3 万亿元人民币,同比下降 1.1%,外贸环境对中小企业的跨境贸易产生了一定的影响。

(3) B2B 运营商平台服务的战略布局。2016 年较多企业进行了业务和战略调整,探索多元化发展。阿里巴巴提高会员收费标准,开始关注平台盈利;敦煌网加强对平台入驻的规范;慧聪网则增加在不同细分领域的资本布局;科通芯城成立硬蛋平台,探索智能硬件蓝海。此外,这些 B2B 平台继续加大在线上交易、O2O 及互联网金融等 B2B 2.0 业务的投入,整合供应链资源,新的盈利点刺激平台营收规模的增长。

3) 企业与消费者之间的电子商务(Business To Consumer,B to C,B2C)

企业与消费者之间的电子商务活动是人们最熟悉的一种电子商务类型。大量的网上商店和个人消费者利用 Internet 提供的双向交互通信,完在网上购物。这类电子商务的经营模式主要是借助 Internet 开展在线式销售活动。最近几年随着 Internet 的发展,这类电子商务的发展异军突起。例如,在 Internet 上目前已经出现许多大型超级市场,所出售的产品一应俱全,从食品、饮料到电脑、汽车等,几乎包括了所有的消费品。由于这种模式节省了客户和企业双方的时间和空间,大大提高了交易效率,节省了各类不必要的开支,因而这类模式得到了人们的认同,获得了迅速的发展。

艾瑞咨询的研究数据显示，2016 年中国网络购物市场中 B2C 市场交易规模为 2.6 万亿元，在中国整体网络购物市场交易规模中的占比达到 55.3%，较 2015 年提高 3.2 个百分点；从增速来看，2016 年 B2C 网络购物市场增长 31.6%，远超 C2C 市场 15.6%的增速。艾瑞分析认为，B2C 市场占比仍将持续增加。随着网购市场的成熟，产品品质及服务水平逐渐成为影响客户网购决策的重要原因，未来这一诉求将推动 B2C 市场继续高速发展，成为网购行业的主要推动力。而 C2C 市场具有市场体量大、品类齐全的特征，未来也仍有一定的增长空间。从市场份额来看，B2C 市场中，天猫的市场份额位居第一，京东占比有所增长，苏宁易购、唯品会的份额也有所增加。从增速来看，京东、苏宁易购、唯品会的增速高于 B2C 行业 31.6%的整体增速。

4) 企业与政府之间的电子商务(Business To Government，B to G，B2G)

企业与政府之间的各项事务都可以涵盖在其中，包括政府采购、税收、商检、管理条例发布等。政府一方面作为消费者，可以通过 Internet 发布自己的采购清单，公开、透明、高效、廉洁地完成所需物品的采购；另一方面，政府对企业宏观调控、指导规范、监督管理的职能通过网络以电子商务方式更能充分、及时地发挥。借助于网络及其他信息技术，政府职能部门能更及时地获取所需信息，做出正确决策，做到快速反应，能迅速、直接地将政策法规及调控信息传达于企业，起到管理与服务的作用。在电子商务中，政府还有一个重要作用，就是对电子商务的推动、管理和规范作用。

根据实际需要，电子商务还会有许多其他派生形式，如消费者-企业-消费者(C to B to C)等。

5. 电子商务的特点

电子商务与传统商务方式相比具有明显的特点，具体可归纳为以下几点：

1) 高效性

电子商务是提供给买卖双方进行交易的一种高效的服务方式。它的高效性体现在很多方面，例如：网上商店无需营业员，无需实体店铺，可以为企业节省大量的开销，可以提供全天候的服务，提高销售量，提高客户满意度和企业的知名度。企业的电子商务系统还可记录下客户每次访问、购买的情况以及客户对产品的偏好，这样通过统计就可以获知客户想购买的产品是什么，从而为新产品的开发、生产提供有效的信息等。总之，电子商务为消费者提供了一种方便、迅速的购物途径，为商家提供了一个良好的营销环境和遍布世界各地巨大的消费群体。因而，无论是对大型企业还是中小型企业，以及个体经营者来讲，电子商务都是一种基于网络技术的新的交易方式。

2) 方便性

在电子商务环境中，传统商务受时间和空间限制的框框被打破，客户足不出户即可享受到各种消费和服务。客户不再像以前那样受地域的限制，只能在一定区域内、有限的几个商家中选择交易对象，寻找所需的商品，而是可以在更大范围内，甚至是全球范围寻找交易伙伴和商品。更为重要的是，当企业将客户服务过程转移到互联网上之后，过去客户要大费周折才能获得的服务，现在很方便就能得到。例如，将一笔资金从一个存款户头转

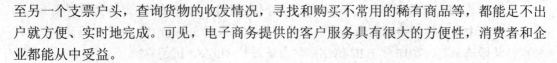

至另一个支票户头，查询货物的收发情况，寻找和购买不常用的稀有商品等，都能足不出户就方便、实时地完成。可见，电子商务提供的客户服务具有很大的方便性，消费者和企业都能从中受益。

3) 社会性

电子商务涉及企业的各个商务环节，消费者、厂商、运输、报关、保险、商检、安全认证机构和银行等不同参与者，通过计算机网络，共同组成一个复杂的网络系统结构，它们相互作用、相互依赖、协同处理，形成一个相互密切联系的连接全社会的信息处理系统。

电子商务的最终目标是实现商品的网上交易，这是一个相当复杂的过程，除了要应用各种有关技术和其他系统的协同处理来保证交易过程的顺利完成，还涉及许多社会性的问题。例如商品和资金流转的方式变革，法律的认可和保障，政府部门的支持和统一管理，电信和网络基础设施建设，公众对网上购物的热情和认可等，都不是一个企业或一个领域就能解决的，而是需要全社会各方面的共同努力和整体实现，才能最终真正体现电子商务的优势。

4) 层次性

电子商务具有层次性结构的特点。任何个人、企业、地区和国家都可以建立自己的电子商务系统，每个系统本身都是一个独立、完备的整体，都可以提供从商品的推销到购买、支付全过程的服务，同时又是更大范围或更高一级的电子商务系统的一个组成部分。因此，在实际应用中，常将电子商务分为一般、国内、国际等不同的级别。另外，也可以从系统的功能和应用的难易程度上来对电子商务进行分级，较低级的电子商务系统只涉及基本网络、信息发布、产品展示和货款支付等，要求较低；而用于进行国际贸易的高级电子商务系统不仅对技术的要求更高，而且涉及不同国家和地区的工商税收、关税、合同法以及不同的银行业务等，结构也比较复杂。商务活动本身是一种协调过程，需要与公司内部、生产商、批发商、零售商等进行协调，在电子商务过程中，需要银行、物流配送中心、通信部门、技术服务等多个部门通力协作才能完成。

5) 集成性

电子商务大量采用了计算机、网络通信等新技术，但这并不意味着企业原有的信息系统和设备将被全部淘汰，而是要对原有的技术设备进行改造，应充分利用企业已有的信息资源和技术，从而高效地完成企业的生产、销售和客户服务。电子商务的集成性还体现在事务处理的整体性和统一性上，它能规范事务处理的工作流程，将人工操作和电子信息处理集成为一个整体。这样，不仅能提高人员和设备的利用率，还可以提高系统运行的可靠性。

6) 可扩展性

要使电子商务能够正常运作，必须确保电子商务系统的可扩展性。网上客户数量是不断增长的，国家统计局公布的数据显示，2017 年我国互联网普及率达到 55.8%，其中农村地区互联网普及率达到 35.4%。互联网上网人数为 7.72 亿人，增加 4074 万人，其中手机上网人数为 7.53 亿人，增加 5734 万人。移动互联网接入流量达 246 亿 GB，比上年增

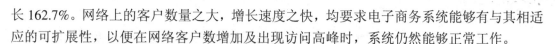

长 162.7%。网络上的客户数量之大，增长速度之快，均要求电子商务系统能够有与其相适应的可扩展性，以便在网络客户数增加及出现访问高峰时，系统仍然能够正常工作。

6. 电子商务的功能

电子商务可提供网上交易和管理等全过程的服务，具有广告宣传、咨询洽谈、网上订购、网上支付、电子账户、服务传递、意见征询、交易管理等各项功能。

1) 广告宣传

电子商务企业可凭借 Web 服务器和客户机的浏览，在互联网上发布各类商业信息，客户可借助网上的检索工具迅速地找到所需商品信息，而商家可利用网上主页和电子邮件在全球范围内做广告宣传。与以往的各类广告相比，网上的广告成本最低廉，而给顾客的信息量却最丰富。

2) 咨询洽谈

电子商务可借助非实时的电子邮件、新闻组和实时的讨论来了解市场和商品信息，洽谈交易事务，如有进一步的需求，还可用即时通讯软件进行即时交流。网上的咨询和洽谈能超越地域限制，提供多种方便的异地交谈形式。

3) 网上订购

电子商务可借助 Web 中的邮件交互功能进行网上订购。网上订购通常是借助产品介绍页面上提供的订购提示信息和订购交互格式框完成的。当客户填完订购单后，系统会回复确认信息单来保证订购信息的收悉。订购信息也可采用加密的方式来保证客户和商家的商业信息不会泄露。

4) 网上支付

电子商务要成为一个完整的过程，网上支付是重要的环节。在网上直接采用电子支付手段可省略交易中很多人员的开销，客户和商家之间可采用信用卡账号实施支付。网上支付需要保证信息传输的安全可靠性，防止欺骗、窃听、冒用等非法行为。

5) 电子账户

网上的支付必须有电子金融的支持，需要银行或信用卡公司及保险公司等金融单位为金融服务提供网上操作的服务。电子账户管理是其基本的组成部分。

信用卡账号或银行账号都是电子账户的一种标志，其可信度需以必要技术措施来保证，数字认证、数字签字、加密等手段的应用提供了电子账户操作的安全性。

6) 服务传递

对于已付款的客户，应尽快地将其订购的货物传递到他们手中，电子商务可在网络中进行物流的配制。最适合在网上直接传递的货物是信息产品，如软件、电子读物、信息服务等，此类货物能直接从电子仓库发到客户端。

7) 意见征询

电子商务可十分方便地采用网页上的表单来收集客户对销售服务的反馈意见，使企业的市场运营形成一个封闭的回路。客户的反馈意见不仅能使企业提高售后服务的水平，更能使企业获得改进产品、发现市场的商业机会。

8) 交易管理

交易管理涉及到人、财、物多个方面,包括企业和企业、企业和客户及企业内部等各方面的协调和管理。因此,交易管理是涉及商务活动全过程的管理。

电子商务的发展将会提供一个良好的交易管理的网络环境及多种多样的应用服务系统。这样就能保证电子商务获得更广泛的应用。

拓展思考:

传统电子商务向移动电子商务和跨境电子商务发展的途径。

思考题:

(1) 阿里巴巴成为电子商务的领头羊,其成功之处在什么地方?

(2) 传统产业的 B2B 之路有哪些优势?

(3) 海尔走的是什么特色之路?

拓展训练:

(1) B2C 电子商务模式实战:京东网购,简述其流程。

(2) C2C 电子商务模式实战:淘宝购物,简述其流程。

 任务二 熟悉电子商务物流的概念及基本特征

导入案例:物流是保障世博会成功举办的关键环节之一

世博会期间大量饮料、食品等生活保障用品能否及时配送,展品、活动品等能否顺利安装到位,直接关系到每天 40 万到 60 万参观者对世博的体验、印象。而随着世博工作秩序展开,物流工作也将接受更大的挑战和考验。官方数据显示,上海世博会的展品物流量预计将达 17.2 万标箱,用于展馆建设的进境货物流量近 25 万立方米,参展人员约 7000 万人次。世博物流的难点在于其具有很强的动态性,并非完全是常态下的物流需求,对企业的应急能力要求甚高。而且,世博物流对运输、配送的时间要求严格,要求参与企业必须做到准确无误。在世博会期间,物流企业每天都需达到最高的运作效率,在很短时间内完成所有规定的配送工作,避免造成延误或错误。可以说,一方面世博物流对参与企业的业务能力提出了相当大的挑战,另一方面参与世博物流也是企业完成自我提升的良好机遇。

提出问题:

(1) 有哪些物流企业参与了上海世博会呢?

(2) 传统物流企业能否快速应对世博会的要求?

任务分析:

通过上海世博会这个窗口,我们可以看到上海世博会物流中心繁忙的景象,也可以看到许多忙碌的物流企业有条不紊地参与世博会的运转。通过了解世博会物流中心以及为世博会服务的一些物流企业,从而了解物流的概念,了解电子商务物流的概念。

1.2　物流的概念及发展

对于"物流"的概念，不同国家、不同机构、不同时期有着不同的理解。

关于物流活动的最早文献记载是在英国。1918 年，英国犹尼利弗的哈姆勋爵成立了"即时送货股份有限公司"，目的是在全国范围内把商品及时送到批发商、零售商和客户手中。从那时起到第二次世界大战，物流一直没有比较明确的概念。

1.2.1　物流的发展历程

二战期间，美国从军事需要出发，在对军火进行的战时供应中，首先引用了"物流管理"(Logistics Management)这一名词，并对军火的运输、补给、屯驻等进行全面管理。二战后，西方工业化国家的经济进入了高速发展阶段。社会生产力得到进一步提高，生产企业为最大限度地追求超额利润，千方百计地降低生产成本，提高产品质量，以求提高产品的市场竞争力。由此引发空前激烈的市场竞争，但在生产技术和管理技术方面，企业降低生产成本的道路已经走到极限，成本再降低的空间很小。

从 20 世纪 50 年代开始，西方国家的经济研究和市场竞争的重心开始转移到非生产领域特别是商品流通领域。在此期间，运筹学理论在生产实践中得到广泛的应用和发展，并取得很好的实际效果。在运筹学原理的推动下，人们对物资流通渠道进行研究，产生了产品分销的概念。这就是物流业的起步阶段，即实物配送阶段。

1963 年，大量有关流通的新概念传入日本，诸如："Material Management"、"Business Logistics"、"Physical Distribution"、"Physical Supply"和"Material Supply"等。池田内阁期间，为解决制约经济发展的运输问题，召开了经济审议会的流通分科会，会上决定采用 PD(Physical Distribution)方式以改善流通问题。经反复推敲，著名流通学家平原直将 PD 译为物理性流通、物的流通，日后被人们简化为物流。

70、80 年代，由于市场竞争进一步白热化，企业的竞争力主要取决于物资供应系统和成品流通系统的有效性和低成本。对于整个社会生产来讲，社会经济水平的提高取决于社会物资供应体系的效率，而不仅是生产过程。企业的竞争力不仅取决于产品到消费者手中的实物配送，而且取决于在采购、运输、仓储等生产过程中对材料、零部件、库存品的管理。国外某些成功企业甚至帮助原料供应商降低物流成本，从而获得较好的原料进货价格。这一阶段被称为全程物流管理阶段。

进入 90 年代，随着世界经济和科学技术的突飞猛进，计算机信息网络的日益普及，竞争日趋激烈，生产规模不断扩大，产品更新频繁，客户需求不断变化，原有的流通模式、管理方法和对流通问题的认识，已远不能适应经济的快速增长。所有这些，对物流服务提出了新的更高的要求，同时，也为其发展提供了必要的条件。为了顺应整个现代社会的要求，物流的服务领域也在不断地扩大，逐步扩展为生产领域的物流管理、流通领域的配送和消费领域的服务。因此，物流是在传统物流的基础上，运用先进的计算机电子技术和先进的网络信息技术，以及诸如供应链管理等先进的管理方法，综合组织物流中的各环节，把制造、运输、销售等环节统一起来管理，使物流资源得到最有效的利用，以平衡物流的服务优势和服务成本，以便更好地为客户服务。

物流业发展的三阶段如图 1-6 所示。

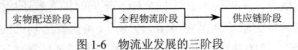

图 1-6 物流业发展的三阶段

1.2.2 物流的概念

随着物流科学的迅速发展，世界许多国家的专业研究机构、管理机构以及物流研究专家对物流概念做出了各种定义。

美国物流管理权威机构——物流管理委员会认为："物流作为客户生产过程中供应环节的一部分，它的实施与控制提供了有效的、经济的货物流动和存储服务，提供了从存货原始地到消费地的相关信息，以期满足客户的需求。"

美国物流协会认为物流是"有计划地将原材料、半成品和产成品由生产地送至消费地的所有流通活动，其内容包括为客户服务、需求预测、情报信息联系、物料搬运、订单处理、选址、采购、包装、运输、装卸、废料处理及仓库管理等。"

日本通商产业省运输综合研究所对物流的定义十分简单，他们认为物流是"商品从卖方到买方的全部转移过程。"

1999 年，联合国物流委员会对物流作了新的界定，指出："物流"是为了满足消费者需要而进行的从起点到终点的原材料、中间过程库存、最终产品和相关信息有效流动和存储计划、实现和控制管理的过程。这个定义强调了从起点到终点的过程，提高了物流的标准和要求，确定了未来物流的发展，较传统的物流概念更为明确。

还有一些专家提出了物流的"7R"定义，认为物流就是"在恰当的时间、地点和恰当的条件下，将恰当的产品以恰当的成本和方式提供给恰当的消费者"。在该定义中，用了 7 个恰当(Right)，故称作 7R。该定义揭示了物流的本质，有助于我们对物流概念的理解。

不论对物流概念的具体理解有何差异，但是有一点认识是共同的，即物流不仅包括原材料、产成品等从生产者到消费者的实物流动过程，还包括伴随这一过程的信息流动。因此，我们可以将物流定义为：物流是指为满足客户需求而进行的原材料、中间库存、最终产品及相关信息从起点到终点间的有效流动，以及为实现这一流动而进行的计划、管理和控制过程。

1.2.3 物流的特征

物流始终伴随着采购、生产和销售的价值链过程。没有物流的支持，就不可能实现价值增值。因此，物流是交易和生产过程中必不可少的重要组成部分。物流不仅考虑生产者对原材料的采购，以及生产者本身在产品制造过程中的运输、销售等市场情况，而且是将

整个价值链过程综合起来进行思考的一种战略措施。因此，在企业物流管理战略目标的推动下，物流逐步形成了如下几个特征：

1. 系统性

物流作为社会流通系统中的组成部分，包含了物的流通和信息的流通两个子系统。在社会流通系统中，物流与商流、资金流和信息流具有同等重要的价值，是一个内涵丰富的集成系统。

2. 复杂性

由于物流在价值增值中的重要作用，使物的流通和信息流通的集成变得相对比较复杂。物的流通中所包含的运输、保管、配送、包装、装卸和流通加工等环节并不是简单的环环相扣，而是一个具有复杂结构的物流链。

3. 成本高

物的流通环节的成本包括运输、保管、配送、包装、装卸和流通加工等综合成本。正是由于这种高昂的成本，才使物流被视为降低成本的"第三利润源泉"。

4. 生产和营销的纽带

物流承担着生产和销售联系的纽带。在社会化环境中，通过物流关联活动架起了企业通向市场、服务客户的桥梁。

1.2.4 物流行业发展现状及趋势

1. 全球物流行业发展状况

随着全球和区域经济一体化的深度推进，以及互联网信息技术的广泛运用，全球物流业的发展经历了深刻的变革并获得越来越多的关注。目前，现代物流已经发展成包括合同物流(第三方物流)、地面运输(公路和铁路系统提供的物流)、快递及包裹、货运代理、第四方物流、分销公司在内的庞大体系。中国物流业市场规模位居全球第一，美国位列其次，预计未来几年，全球物流业仍将快速发展。目前，现代物流行业的发展趋势是从基础物流、综合物流逐渐向供应链管理发展。供应链是生产及流通过程中，涉及将产品或服务提供给最终用户活动的上游与下游企业所形成的网链结构。供应链概念是传统物移理念的升级，将物流划为供应链的一部分，综合考虑整体供应链的效率和成本。供应链管理渗透至物流活动和制造活动，涉及从原材料到产品交付给最终用户的整个物流增值过程。供应链管理属于物流发展的高级阶段，供应链管理的出现标志着物流企业与客户之间从物流合作上升到战略合作的高度。物流企业从基础服务的提供逐渐转变为供应链方案的整合与优化，在利用较少资源的情况下，为客户创造更大的价值。

2. 中国物流行业发展现状

现代物流业属于生产性服务业，是我国重点鼓励发展的行业。物流行业的规模与经济增长速度具有直接关系，近十几年的物流行业快速发展主要得益于国内经济的增长，但是与发达国家物流发展水平相比，我国物流业尚处于发展期向成熟期过渡的阶段。一方面物流企业资产重组和资源整合步伐进一步加快,形成了一批所有制多元化、服务网络化和管理现代化的物流企业,物流市场结构不断优化,以"互联网+"带动的物流新业态增长较快;另一方面,社会物流总费用与GDP的比率逐渐下降,物流产业转型升级态势明显,物流运行质量和效率有所提升。但是,我国社会物流总费用占GDP比重一直远高于发达国家,2016年我国该比例为14.9%,美国、日本、德国均不到10%,因此我国物流产业发展还有较大空间。2010—2017年,全国社会物流总额从125.4万亿元攀升至252.8万亿元,实现10.53%的年均复合增长率,社会物流需求总体上呈增长态势。

任务三 明确电子商务与物流的关系

导入案例:从供应链和物流看盒马新零售模式

2017年我国生鲜市场交易规模达1.79万亿,同比增速为6.55%,自2012年以来始终保持6%~7%的发展增速。但是从渠道端看,73%的消费者通过农贸市场购买生鲜产品,超市和电商渠道分别仅占22%和3%。而在欧美国家,超市渠道占比可达70%~80%。

- 与供应商重塑"新零供"关系。

"新零供"关系就是让盒马、供应商各司其职:盒马负责渠道建设、商品销售、用户体验,如果有商品滞销,盒马自行负责,供应商不再承担责任。供应商专注于商品生产研发,提供最具性价比的商品,不再缴纳任何进场费、促销费、新品费等渠道费用,也不需要管理陈列或派驻商品促销员。

- 建立零供信息一体化系统。

目前盒马正在开发专属供应链系统,实现盒马与供应商之间的数据共享、信息互通。让供应商了解消费者偏好和商品的销售信息,以消费者需求引导供应商的生产决策。

- 物流是盒马新零售线上业务的基石。

2017年4月,曾有记者询问盒马管理者侯毅:"如果将盒马已有的所有资产和优势全部去掉,只允许保留一项,你会选择保留哪个?"侯毅的回复是:"30分钟即时配送。"我们认为,盒马对传统零售的颠覆,很大程度上是对物流效率的颠覆。

- 物流效率取决于自动化水平和管理系统。

从门店效率角度看,盒马拥有先进的管理系统和自动化设备。首先,盒马的智能仓店系统可以根据门店的销售情况均衡店员数量,可以根据线上线下订单的状况智能安排店员的工作内容。其次,盒马的订单库存分配系统根据盒马和阿里系零售终端的数据预测门店的商品品类,预判消费者线上购买的趋势。最后,盒马在门店内拥有悬挂链、传送带等自动化运送、分挑设备,不仅大大节约了人力成本,还充分利用了门店空间,提高了人效和坪效。

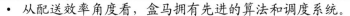

- 从配送效率角度看，盒马拥有先进的算法和调度系统。

一方面，盒马的智能履约集单系统可以将大量的线上订单统一集合，根据商品的生鲜程度、冷热情况和订单的远近合理安排配送路径和时间，实现订单综合成本最低。另一方面，盒马根据订单、批次和包裹大小合理调度配送员和配送次数，实现配送效率的最大化。

提出问题：

(1) 电子商务下的物流有什么特征？

(2) 为什么盒马生鲜的物流体系效率高？

电子商务是 20 世纪信息化、网络化的产物。由于其自身的特点已广泛引起了人们的注意，但是人们对电子商务所涵盖的范围却没有统一、规范的认识。过去，人们对电子商务过程的认识往往只局限于信息流、商流和资金流的电子化、网络化，而忽视了物流的电子化过程，认为对于大多数商品和服务来说，物流仍然可以经由传统的经销渠道。但随着电子商务的进一步推广与应用，物流的重要性对电子商务活动的影响日益明显。1999 年 9 月，我国的一些单位组织了一次 72 小时的网上生存测验。测验中一个突出的问题就是物流问题，尤其是费尽周折填好订单后漫长的等待，使电子商务的跨时域优势也丧失殆尽。此后的一次市场调查证实，人们最关注的热点问题是"物流"。再次使人们认识到物流在电子商务活动中的重要地位，认识到现代化的物流是电子商务活动中不可缺少的部分。

1. 电子商务物流的含义

电子商务物流是电子商务环境下的物流，是指基于电子化、网络化后的信息流、商流、资金流下的物资或服务的配送活动，包括软体商品(或服务)的网络传送和实体商品的物理传送。它包括一系列机械化、自动化工具的应用，利用准确及时的物流信息对物流过程进行监控，使得电子商务中物流的速度加快、准确率提高，从而有效减少库存，缩短生产周期，提高工作效率，使电子商务的发展突破瓶颈，踏上发展的坦途。

2. 电子商务物流的服务内容

电子商务与非电子商务就实现商品销售的本质来讲并无区别，物流是实现销售过程的最终环节，但由于采用不同形式，使这一部分的特殊服务变得格外重要，因此，设计电子商务的物流服务内容时应反映这一特点。电子商务的物流服务内容可以分为以下两个方面。

1) 传统物流服务

电子商务物流在具备普通商务活动中典型物流功能的同时，也根据电子商务的特点对这些功能进行了特定的改进。

(1) 储存功能。电子商务既需要建立 Internet 网站，又需要建立或具备物流中心，而物流中心的主要设施之一就是仓库及附属设备。需要注意的是，电子商务服务提供商的目的不是要在物流中心的仓库中储存商品，而是要通过仓储保证市场分销活动的开展，同时尽可能降低库存占压的资金，减少储存成本。因此，提供社会化物流服务的公共型物流中心需要配备高效率的物流分拣、传送、储存、拣选设备。在电子商务方案中，可以利用电子商务的信息网络，尽可能地通过完善的信息沟通，将实物库存暂时用信息代替，即将信息作为虚拟库存(Visual Inventory)，办法是建立需求端数据自动收集系统(Automated Data Collection，ADC)，在供应链的不同环节采用 EDI 交换数据，建立 Intranet，为客户提供 Web 服务器以便于数据实时更新和浏览查询。一些生产厂商和下游的经销商、物流服务商共用数据库，共享库存信息等，目的都是尽量减少实物库存水平。那些能将供应链上各环节的信息系统有效集成，并能以尽可能低的库存水平满足营销需要的电子商务方案提供商将是竞争的真正领先者。

(2) 装卸搬运功能。这是为了加快商品的流通速度必须具备的功能，无论是传统的商务活动还是电子商务活动，都必须具备一定的装卸搬运能力，第三方物流服务提供商应该提供更加专业化的装卸、提升、运送、码垛等装卸搬运机械，以提高装卸搬运作业效率，降低订货周期(Order Cycle Time，OCT)，减少装卸搬运作业对商品造成的损坏。

(3) 包装功能。物流的包装作业的目的不是要改变商品的销售包装，而是通过对销售包装进行组合、拼配、加固，形成适于物流和配送的组合包装单元。

(4) 流通加工功能。设置物流中心的主要目的是方便生产或销售，专业化的物流中心常常与固定的制造商或分销商进行长期的合作，为制造商或分销商完成一定的加工作业，比如贴标签、制作并粘贴条形码等。

(5) 物流信息处理功能。由于物流系统的作业现在已经离不开计算机，因此将各个物流环节的各种物流作业信息进行实时采集、分析、传递，并向货主提供这种作业明细信息及咨询信息是相当重要的。

2) 增值性物流服务

除了传统的物流服务外，电子商务还需要增值性的物流服务(Value-Added Logistics Services)。增值性的物流服务包括以下几层含义和内容：

(1) 增加便利性的服务。一切能够减化手续、减化操作的服务都是增值性服务。在提供电子商务物流服务时，推行一条龙门到门服务、提供完备的操作或作业提示、免培训、免维护、省力化设计或安装、代办业务、微笑热情服务、24 小时营业、自动订货、传递信息和转账(利用 EOS、EDI、EFT)、物流全过程追踪等都是对电子商务销售有用的增值性服务。

(2) 加快反应速度的服务。快速反应(Quick Response)已经成为物流发展的动力之一。传统观点和做法将加快反应速度等同于加快运输的速度，但在需求方对速度的要求越来越高的情况下，必须借助其他办法来提高速度。而这些方法，也是具有重大推广价值的增值性物流服务方案，通过优化电子商务系统的配送中心、物流中心网络，重新设计适合电子商务的流通渠道，来减少物流环节，简化物流过程，提高物流系统的快速反应能力。

(3) 降低成本的服务。在电子商务发展的初期，物流成本将会居高不下，有些企业可能会因为承受不了这种高成本而退出电子商务领域，或者是有选择地将电子商务的物流服务外包出去，这是很自然的事情。因此发展电子商务，一开始就应该寻找能够降低物流成本的物流方案。企业可以考虑的方案包括：采用第三方物流服务商与电子商务经营者之间或电子商务经营者与普通商务经营者之间进行联合的办法，采取物流共享化计划，同时，如果具有一定的商务规模，例如，像亚马逊这样具有一定销售量的电子商务企业，可以采用比较适用但投资比较少的物流技术和设施设备，或推行物流管理技术，如运筹学中的管理技术、单品管理技术、条形码技术和信息技术等，提高物流的效率和效益，降低物流成本。

(4) 延伸服务。物流服务向上可以延伸到市场调查与预测、采购及订单处理；向下可以延伸到配送、物流咨询、物流方案的选择与规划、库存控制决策和建议、货款回收与结算、教育与培训、物流系统设计与规划方案的制作等。例如结算功能，物流的结算不仅仅只是物流费用的结算，在从事代理、配送的情况下，物流服务商还要替货主向收货人结算货款等。再比如需求预测功能，物流服务商应该负责根据物流中心商品进货、出货信息来预测未来一段时间内的商品进出库量，进而预测市场对商品的需求，从而指导订货。

1.3 电子商务与物流

1.3.1 物流是电子商务概念模型的基本要素

电子商务概念模型是对现实世界中电子商务活动的一般抽象描述，它由电子商务实体、电子市场、交易事务和信息流、资金流、商流、物流等基本要素构成。在信息流、商流、资金流和物流中，前三者均可通过计算机和网络通信设备实现，而作为四者中最为特殊的物流，只有诸如电子出版物、信息咨询等少数商品和服务可以直接通过网络传输方式进行，其他商品和服务无法在网上实现，需借助一系列机械化、自动化工具传输，最多可以通过网络来优化，所以在一定意义上讲，物流是信息流和资金流的基础与载体，是商流的后继者和服务者。

1.3.2 物流是实现电子商务的保证

1. 物流保障生产

无论在传统的贸易方式下，还是在电子商务下，生产都是商品流通之本，而生产的顺利进行需要各类物流活动支持。生产的全过程从原材料的采购开始，便要求有相应的供应物流活动，将所采购的材料运送到位，否则，生产就难以进行；在生产的各工艺流程之间，也需要原材料、半成品的物流过程，即所谓的生产物流，以实现生产的流动性；部分余料、可重复利用的物资的回收，就需要所谓的回收物流；废弃物的处理则需要废弃物物流。可见，整个生产过程实际上就是系列化的物流活动。

合理化、现代化的物流，通过降低费用从而降低成本，优化库存结构，减少资金占压，缩短生产周期，保障了现代化生产的高效进行。相反，缺少了现代化的物流，生产将难以顺利进行。因此，无论电子商务是多么便捷的贸易形式，离开了物流的支持，仍将是无米之炊。

2．物流服务于商流

在商流活动中，商品所有权在签订购销合同并支付货款的那一刻起，便由供方转移到需方，而商品实体并没有因此而移动。在传统的交易过程中，一般的商流都必须伴随相应的物流活动，即按照需方(购方)的需求将商品实体由供方(卖方)以适当的方式、途径向需方(购方)转移。而在电子商务下，消费者通过上网点击购物，就完成了商品所有权的交割过程，即商流过程。但电子商务的活动并未结束，只有商品和服务真正转移到消费者手中，商务活动才宣告终结。

在整个电子商务的交易过程中，物流实际上是以商流的后续者和服务者的姿态出现的。没有现代化的物流，商流活动就会退化为一纸空文。

3．物流是实现"以顾客为中心"理念的根本保证

电子商务的出现在最大程度上方便了最终消费者。他们不必再跑到拥挤的商业街，一家又一家地挑选自己所需的商品，而只需坐在家里，在 Internet 上搜索、查看、挑选，就可以完成他们的购物过程。但试想，如果消费者所购的商品迟迟不能送达，或商家所送并非自己所购，那消费者还会选择网上购物吗？网上购物的不安全性，一直是电子商务难以推广的关键问题所在。物流正是电子商务中实现"以顾客为中心"理念的最终保证，缺少了现代化的物流技术，电子商务给消费者带来的购物便捷就等于零，消费者必然会转向他们认为更为安全的传统购物方式。

由此可见，物流是实现电子商务的重要保证。我们必须摒弃原有的"重信息流、商流和资金流的电子化，而忽视物流电子化"的观念，大力发展现代化物流。

1.4 电子商务下物流的特征

1.4.1 电子商务对物流的影响

在人类社会经济的发展过程中，物流的每一次变革及其发展的方向都是由于其活动的客观环境和条件发生变化所引起的，并由这些因素来决定其发展方向。在 21 世纪，社会更趋于信息化、知识化，作为以信息化和知识化为代表的电子商务正是为适应这一趋势而产生的，它具有传统商务活动所无法比拟的许多优势，代表了传统商务活动的发展方向和未来。

电子商务的主要特点及意义如下：

电子商务所具备的高效率特点，是人类社会经济发展所追求的目的之一；

电子商务所具备的个性化特点，是人类社会发展的一个方向；

电子商务费用低的特点，是人类社会进行经济活动的目标之一；

电子商务所具备的全天候的特点，使人们解除了交易活动所受的时间束缚；

电子商务所具备的全球性的特点，使人们解除了交易活动所受的地域束缚，大大地拓宽了市场主体的活动空间。

电子商务对物流的影响，我们认为其主要表现在以下几个方面：

1. 电子商务将改变人们传统的物流观念

电子商务作为一个新兴的商务活动，它为物流创造了一个虚拟的运动空间。在电子商务状态下进行物流活动时，物流的各种职能及功能可以通过虚拟化的方式表现出来，在这种虚拟化的过程中，人们可以通过各种组合方式，寻求物流的合理化，使商品实体在实际的运动过程中，达到效率最高、费用最省、距离最短、时间最少的目标。

2. 电子商务将改变物流的运作方式

首先，电子商务可使物流实现网络的实时控制。传统的物流活动在其运作过程中，不管其是以生产为中心，还是以成本或利润为中心，其实质都是以商流为中心，从属于商流活动，因而物流的运动方式是紧紧伴随着商流来运动的(尽管其也能影响商流的运动)。而在电子商务下，物流的运作是以信息为中心的，信息不仅决定了物流的运动方向，而且也决定着物流的运作方式。在实际运作过程中，通过网络上的信息传递，可以有效地实现对物流的实施控制，实现物流的合理化。

其次，网络对物流的实时控制是以整体物流来进行的。在传统的物流活动中，虽然也有依据计算机对物流实时控制，但这种控制都是以单个的运作方式来进行的。比如，在实施计算机管理的物流中心或仓储企业中，所实施的计算机管理信息系统大都是以企业自身为中心来管理物流的。而在电子商务时代，网络全球化的特点可使物流在全球范围内实施整体的实时控制。

3. 电子商务将改变物流企业的经营形态

1) 电子商务将改变物流企业对物流的组织和管理

在传统商务活动中物流往往是从某一企业的角度来进行组织和管理的，而电子商务则要求物流以社会的角度来实行系统的组织和管理，以打破传统物流分散的状态。这就要求企业在组织物流的过程中，不仅要考虑本企业的物流组织和管理，而且更重要的是要考虑全社会的整体物流系统。

2) 电子商务将改变物流企业的竞争状态

在传统商务活动中，物流企业之间存在激烈的竞争，这种竞争往往是依靠本企业提供优质服务、降低物流费用等方面来进行的。在电子商务时代，这些竞争内容虽然依然存在，但有效性却大大降低了。原因在于电子商务需要一个全球性的物流系统来保证商品实体的合理流动，对于一个企业来说，既使它的规模再大，也是难以达到这一要求的。这就要求物流企业应相互联合起来，在竞争中形成一种协同竞争的状态，在相互协同实现物流高效化、合理化、系统化的前提下，相互竞争。

4. 电子商务将促进物流基础设施的改善和物流技术与物流管理水平的提高

1) 电子商务将促进物流基础设施的改善

电子商务高效率和全球性的特点，要求物流也必须达到这一目标。而物流要达到这一目标，良好的交通运输网络、通信网络等基础设施则是最基本的保证。

2) 电子商务将促进物流技术的进步

物流技术主要包括物流硬件技术和软件技术。物流硬件技术是指在组织物流过程中所需的各种材料、机械和设施等；物流软件技术是指组织高效率的物流所需的计划、管理、评价等方面的技术和管理方法。从物流环节来考察，物流技术包括运输技术、保管技术、装卸技术、包装技术、加工技术等。物流技术水平的高低是决定物流效率高低的一个重要因素，要建立一个适应电子商务运作的高效率的物流系统，加快提高物流的技术水平是必不可少的。

3) 电子商务将促进物流管理水平的提高

物流管理水平的高低直接决定和影响着物流效率的高低，也影响着电子商务高效率优势的实现问题。只有提高物流的管理水平，建立科学合理的管理制度，将科学的管理手段和方法应用于物流管理当中，才能确保物流的畅通进行，实现物流的合理化和高效化，促进电子商务的发展。

5. 电子商务对物流人才提出了更高的要求

电子商务不仅要求物流管理人员具有较高的物流管理水平，而且要求物流管理人员要具有较高的电子商务知识，并在实际的运作过程中，能有效地将二者有机地结合在一起。

电子商务与传统商务相比较，具有较大的差异，这种差异使支持商务活动的物流也发生了较大的变化。这就要求物流人才必须改变传统商务活动下对物流的看法和观念，解放思想，充分认识电子商务对物流的影响，以及进行物流变革和再构造的重要性和必要性。我们在中国物流的再构造过程中，需正视以下几个方面的问题：

1) 认识物流变革和再构造的重要性和必要性

电子商务对物流的影响，不是对物流的彻底否定，而是使物流更加合理化、高效化和现代化，使物流的时间和空间范围更加拓展了。只有有效地对传统物流进行变革和再构造，才能使物流获得更大的发展。

2) 认识物流的再构造

对物流系统的再构造，并不是对原有物流系统的否定，而是使物流系统的再升华。在进行物流系统的再构造过程中，一是要合理有效地利用现有的物流系统，改造其不合理的部分，使其更加合理、有效。

3) 加强物流系统的建设

加强物流系统的建设是指在适当的情况下，增加投资，使整个社会的物流系统更加完善。在具体运作时，要注意以下两种片面做法。一是认为现有的物流系统完全可以适应电子商务发展的需要，而不加以改进；二是完全否定现有的物流系统而弃之不用，在全国范围内大量投资，新建大量的物流网点。

4) 建设一只良好的员工队伍

由于历史等各方面的原因，中国物流行业现有的从业人员计算机水平普遍较低，操作能力不强，大部分甚至绝大部分人员对电子商务还不了解，这为物流适应电子商务的发展

带来了困难。我们要在加强自身学习的同时，起到积极的模范带头作用，坚定职工的信念和信心，为电子商务的发展创造一个良好的员工队伍。

1.4.2　电子商务下物流的特点

在电子商务时代，虽然人们做贸易时进行交流和联系的工具变了，但贸易顺序并没有改变，还是分为交易前、交易中和交易后几个阶段，并且此时的信息流处于一个极为重要的地位，它贯穿于商品交易过程始终，在一个更高的位置对商品流通的整个过程进行控制，记录整个商务活动的流程，是分析物流、导向资金流、进行经营决策的重要依据。

电子商务时代的来临，给全球物流带来了新的发展，使物流具备了一系列新特点：

1．信息化

电子商务时代，物流信息化是电子商务的必然要求。物流信息化表现为物流信息的商品化、物流信息收集的数据库化和代码化、物流信息处理的电子化和计算机化、物流信息传递的标准化和实时化、物流信息存储的数字化等。因此，条码技术(Bar Code)、数据库技术(Database)、电子定货系统(Electronic ordering System，EOS)、电子数据交换(Electronic Data Interchange，EDI)、快速反应(Quick Response，QR)及有效的客户反映(Effective Customer Response，ECR)、企业资源计划(Enterprise Resource planning，ERP)等技术与观念在我国的物流中将会得到普遍的应用。信息化是一切的基础，没有物流的信息化，任何先进的技术设备都不可能应用于物流领域，信息技术及计算机技术在物流中的应用将会彻底改变世界物流的面貌。

2．自动化

自动化的基础是信息化，自动化的核心是机电一体化，自动化的外在表现是无人化，自动化的效果是省力化，另外自动化还可以扩大物流作业能力、提高劳动生产力、减少物流作业的差错等。物流自动化的设施非常多，如条码/语音/射频自动识别系统、自动分拣系统、自动存取系统、自动导向车、货物自动跟踪系统等。

3．网络化

物流领域网络化的基础也是信息化。这里指的网络化有两层含义：一是物流配送系统的计算机通讯网络，包括物流配送中心与供应商或制造商的联系要通过计算机网络，另外与下游顾客之间的联系也要通过计算机网络，比如物流配送中心向供应商提出订单这个过程，就可以使用计算机通讯方式，借助于增值网(Value-Added Network，VAN)上的电子定货系统(EOS)和电子数据交换技术(EDI)来自动实现；物流配送中，通过计算机网络收集下游客户订货的过程也可以自动完成。二是组织的网络化，即所谓的内联网(Intranet)。比如，台湾的计算机行业在 20 世纪 90 年代创造出了"全球运筹式产销模式"，这种模式的基本点是按照客户订单组织生产，采取分散形式生产，即将全世界的电脑资源都利用起来，采取外包的形式将一台电脑的所有零部件、元器件和芯片外包给世界各地的制造商去生产，然后通过全球的物流网络将这些零部件、元器件和芯片发往同一个物流配送中心进行组装，

由该物流配送中心将组装的电脑迅速发给客户。这一过程需要有高效的物流网络支持，当然物流网络的基础是信息技术和计算机网络。

4．智能化

智能化是物流自动化、信息化的一种高层次应用，物流作业过程中大量的运筹和决策，如库存水平的确定、运输(搬运)路径的选择、自动导向车的运行轨迹和作业控制、自动分拣机的运行、物流配送中心经营管理的决策支持等问题都需要借助于大量的知识才能解决。在物流自动化的进程中，物流智能化是不可回避的技术难题。好在专家系统、机器人等相关技术在国际上已经有了比较成熟的研究成果。为了提高物流现代化的水平，物流的智能化已成为电子商务下物流发展的一个新趋势。

5．柔性化

柔性化原本是为实现"以顾客为中心"理念而在生产领域提出的，但需要真正做到柔性化，即真正地能根据消费者需求的变化来灵活调节生产工艺，没有配套的柔性化的物流系统是不可能达到目的的。20 世纪 90 年代，国际生产领域纷纷推出弹性制造系统(Flexible Manufacturing System，FMS)、计算机集成制造系统(Computer Integrated Manufacturing System，CIMS)、制造资源系统(Manufacturing Requirement Planning，MRP)、企业资源计划(Enterprise Resource Planning，ERP)以及供应链管理的概念和技术，这些概念和技术的实质是将生产、流通进行集成，根据需求端的需求组织生产，安排物流活动。因此，柔性化的物流正是适应生产、流通与消费的需求而发展起来的一种新型物流模式。这就要求物流配送中心要根据消费需求"多品种、小批量、多批次、短周期"的特色，灵活组织和实施物流作业。另外，物流设施标准化、商品包装标准化，物流的社会化、共同化也都是电子商务下物流模式的新特点。

1.4.3 电子商务下物流业的发展趋势

电子商务时代，由于企业销售范围的扩大，企业和商业销售方式及最终消费者购买方式的转变，使得送货上门等业务成为一项极为重要的服务业务，促进了物流行业的发展。如今物流行业可提供完整的物流配套服务，包括运输配送、仓储保管、分装包装、流通加工、代收货款等。电子商务下的物流企业呈现以下发展趋势：

1．物流业向多功能化的方向发展

在电子商务时代，物流发展到集约化阶段，要求一体化配送中心不单单提供仓储和运输服务，还必须开展配货、配送和各种提高附加值的流通加工服务项目，或按客户的需要提供其他服务。现代供应链管理通过从供应者到消费者供应链的运作，使物流达到最优化。企业追求全面、系统的综合效果，而不是单一的、孤立的片面效益。作为一种战略理念，供应链也是一种产品，而且是可增值的产品，其目的不仅是降低成本，更重要的是提供客户期望以外的增值服务，以产生和保持竞争优势。从某种意义上讲，供应链是物流系统的充分延伸，是产品与信息从原料到最终消费者之间的增值服务。

当前供应链系统物流完全适应了流通业客户经营理念的全面更新。以往，商品经由制造、批发、仓储、零售各环节间的多层复杂途径，最终到消费者手里。而现代物流已简化为商品由制造商经物流企业直接配送到各零售点。现代物流使未来的产业分工更加精细，产销分工日趋专业化、一体化，有效地提高了社会的整体生产力和经济效益，使物流业成为整个国民经济活动的中心。加之，在当前电子商务快速发展的阶段，出现了许多新技术，如准时制工作法等，极大地优化了物流的效率。又如，借助信息管理系统，商店将销售情况及时反馈给工厂的物流配送中心，有利于厂商按照市场调整生产，以配送中心调整配送计划，使企业的经营效益跨上一个新台阶，力求效益最大化。

2．物流企业要提供一流的服务

在电子商务下，物流业是介于供货方和购货方之间的第三方，是以服务作为第一宗旨的。从当前物流的现状来看，物流企业不仅要为本地区服务，而且还要做长距离的服务。因为有些大客户不但希望得到很好的服务，而且希望服务点不是一处，而是多处。因此，如何服务好，便成了物流企业管理的中心课题。一般来说，配送中心离客户最近，联系最密切。美、日等国物流企业成功的要诀，就在于他们都十分重视客户服务的研究。

物流企业要在概念上变革，完成由"推"到"拉"。配送中心应更多地考虑客户要我提供哪些服务，从这层意义讲，它是"拉"(PULL)，而不是仅仅考虑"我能为客户提供哪些服务"，即"推"(PUSH)。如有的配送中心起初提供的是区域性的物流服务，以后发展到提供长距离服务，而且能提供越来越多的服务项目。又如配送中心派人到生产厂家"驻点"，直接为客户发货。越来越多的生产厂家把所有物流工作全部委托配货中心去干，从根本意义上讲，配送中心的工作已延伸到生产家里去了。

如何满足客户的需要把货物送到客户手中，就要看配送中心的作业水平了。配送中心不仅与生产厂家保持紧密的伙伴关系，而且直接与客户联系，能及时了解客户的需求信息，并沟通厂商和客户双方，起着桥梁作用。如美国普雷兹集团公司(APC)是一个以运输和配送为主的庞大公司，它不仅为货主提供优质的服务，而且具备运输、仓储、进出口贸易等一系列知识，深入研究货主企业的生产经营发展流程设计和全方位系统服务。这样一方面有助于货主企业的产品迅速进入市场，提高竞争力；另一方面则使物流企业有稳定的资源，对物流企业而言，服务质量和服务水平正逐渐成为比价格更为重要的选择因素。

3．物流业必由之路是信息化

在电子商务时代，要提供最佳的服务，物流系统必须具有良好的信息处理和传输系统。美国洛杉矶西海报关公司与码头、机场、海关信息联网。当货从世界各地起运，客户便可以从该公司获得到达的时间、到泊(岸)的准确位置，使收货人与各仓储、运输公司等做好准备，使商品在几乎不停留的情况下，快速流动、直达目的地。又如，美国干货储藏公司(D.S.C)有200多个客户，每天接受大量的订单，需要很好的信息系统。为此，该公司将许多表格编制了计算机程序，大量的信息可迅速输入、传输，各子公司也是如此。再如，美国橡胶公司(USCO)的物流分公司设立了信息处理中心，接受世界各地的订单，IBM 公司只需按动键盘，即可接通 USCO 公司订货，通常在几小时内便可把货送到客户手中。良好的信息系统能提供极佳的信息服务，以赢得客户的信赖。

在大型的配送公司里，往往建立了 ECR 和 JIT(即时服务)系统。所谓 ECR(Efficient Customer Response)即有效客户信息反馈，它对企业来讲，是至关重要的。有了它，就可做到客户要什么就生产什么，而不是生产出东西等顾客来买。这样，可使仓库的吞吐量大大增加。通过 JIT 系统，可从零售商店很快地得到销售反馈信息。配送不仅实现了内部的信息化、网络化，而且增加了配送货物的跟踪信息，从而大大提高了物流企业的服务水平，降低了成本。成本一低，竞争力便增强了。

商品与生产要素在全球范围内以空前的速度自由流动。电子数据交换技术与国际互联网的应用，使物流效率的提高更多地取决于信息管理技术，电子计算机的普遍应用提供了更多的需求和库存信息，提高了信息管理的科学化水平，使产品流动更加容易和迅速。物流信息化，包括商品代码和数据库的建立、运输网络合理化、销售网络系统化和物流中心管理电子化建设等等，目前还有很多工作有待实施。可以说，没有现代化的信息管理，就没有现代化的物流。

4．物流企业竞争的趋势将全球化

20 世纪 90 年代早期，由于电子商务的出现，加速了全球经济的一体化，致使物流企业的发展实现了多国化。它从许多不同的国家收集所需资源，再加工后向各国出口，如前面提及的台湾计算机业。

全球化的物流模式，使企业面临着新的问题，例如，当北美自由贸易区协议达成后，其物流配送系统已不是仅仅从东部到西部的问题，还有从北部到南部的问题。这里面有仓库建设问题也有运输问题。又如，从加拿大到墨西哥，如何来运送货物，又如何设计合适的配送中心，还有如何提供良好服务的问题。另外，一个很大困难是较难找到素质、水平均较高的管理人员，因为有大量牵涉到合作伙伴的贸易问题。如日本在美国开设了很多分公司，而两国存在着不小的差异，势必会碰到如何管理的问题。

还有一个信息共享问题。因为很多企业都有属于自己的内部机密，此类信息不得为物流企业所知晓，因此，如何建立信息处理系统，以及时获得必要的信息，对物流企业来说是个难题。同时，在将来的物流系统中，能否做到尽快将货物送到客户手里，是提供优质服务的关键之一。

全球化战略的趋势，使物流企业和生产企业更紧密地联系在一起，形成了社会大分工。生产厂家集中精力制造产品、降低成本、创造价值；物流企业则花费大量时间、精力从事物流服务。物流企业所能提供的服务种类比原来更多样化了。例如，在配送中心里，可对进口商品开展代理报关业务，暂时储存、搬运和配送，必要的流通加工等，实现从商品进口到送交消费者手中的一条龙服务。

总之，物流将会影响电子商务的发展，但最终将会是电子商务改变物流，而物流体系的完善将会进一步推动电子商务的发展。

拓展思考：

智慧物流与城市配送服务。

思考题：

(1) 电子商务与物流供应链的关系是怎样的？

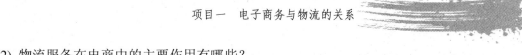

(2) 物流服务在电商中的主要作用有哪些？

拓展训练：

运用网络工具收集电子商务企业成功做好物流或物流企业成功做好电子商务的资料，运用所学电子商务与物流关系的知识进行分析，并提交分析报告。

1.4.4 案例分析

敦豪环球速递(DHL Worldwide Express)

1．基本情况

DHL Worldwide Express 是世界上最大的且经验最丰富的国际快递网络，服务范围覆盖 233 个国家和地区的 635 000 个目的地。DHL 的 2300 个办公室支持公司覆盖世界范围内的业务。这其中的 2/3 以上是 DHL 自己拥有并且操作的，远远超过快递业的其他任何公司。这也正是 DHL 的主要优势，不像其他公司使用外国的第三方代理。DHL 得到了 140 多个国家的授权报关行支持。这些优点的结果是更快的转口时间，精简的出口结关，有效的跟踪装运，简化的收费项目。

DHL 这一无与伦比的全球性系统，包含 34 个集线器和 275 个网关。整个运营网络由在美国的 101 架飞机和世界范围内的 222 架飞机组成的一支现代化的编队组成。除了自己的飞机，DHL 还租用商业航空公司的飞机来运送材料。这样 DHL 通过采用到达目的地最快的方式来提高自身的灵活性。

2．DHL CONNECT 的功能

DHL 提供的软件 DHL CONNECT，可以帮助货主应付许多特别的国际装运业务。

DHL CONNECT 的功能如下：

打印空白的空运货单；

自动准备必要的海关文档：

—商业发票

—产地证明书

—货主的出口申报单

—加拿大海关发票

—北美自由贸易协定(NAFTA)的产地证明书

时间表读取；

生成与 Symantec Act、Microsoft Outloolk 和 Lotus Organizer 集成的货主的地址簿；

命令 DHL 供应；

跟踪 DHL、FedEx、UPS、RPS 和 Airbome 的装运；

提供装运报告；

计算装运费率；

自动分配 DHL 路由(国际空运协会)编码；

连接相关站点，给 DHL 发送电子邮件；

可以通过电子邮件给装运接受者发送预告信息；

生成报告。

DHL 中国的主页如图 1-7 所示。

图 1-7　DHL 中国的主页

项 目 小 结

通过本项目相关任务的学习，学生应了解电子商务作为一个新兴的商务活动，为物流创造了一个虚拟性的运动空间。本项目从电子商务和物流的概念入手，分别介绍了其发展历程、分类及发展情况，并从电子商务与物流之间的关系出发，阐述了物流是电子商务的重要组成部分，及电子商务下物流的特征和物流的发展趋势。通过本项目的学习，学生能够理解物流在电子商务活动中的地位和作用以及电子商务物流的特征。

教学建议：建议本项目讲授 6 课时，其中实验 4 课时。

【推荐研究网址】

1．http://www.alibaba.com.cn　阿里巴巴网

2．http://www.156net.com　中储物流在线

3．http://www.3rd56.com　中国第三方物流网

4．http://www.ehaier.com　海尔物流网

5．http://www.suning.com　苏宁易购

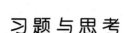

习题与思考

一、思考题

(1) 电子商务对物流产生哪些影响？在电子商务形势下应如何发展物流？

(2) 简述电子商务物流的含义。电子商务物流的服务内容有哪些？

(3) 简述电子商务物流的特点。

(4) 为什么说物流是电子商务发展的瓶颈？

二、上机实训题

通过百度或其他搜索工具查询第三方物流企业，客户认为中国最大的 3PL 企业是哪家？它的竞争优势有哪些？还存在哪些问题？浅谈电子商务对其有何影响？

项目二

电子商务物流基础理论

知识目标

了解电子商务物流的基础知识；

了解电子商务物流系统的模式；

掌握电子商务物流系统各环节的功能。

能力目标

了解电子商务物流系统合理化途径；

学会对电子商务系统进行分析和评价；

学会运用物流系统功能，合理开展电子商务物流的包装、运输、装卸、储存、流通加工等一系列的活动。

项目任务

任务一　了解电子商务物流系统合理化的途径

任务二　了解电子商务物流系统的模式

任务三　掌握电子商务物流系统各环节的功能

任务导入案例

洋山深水港：世界上规模最大设备最先进的码头

距离地面最高点近 90 米、起升高度近 50 米的全自动化桥吊能够按照设定好的程序需求自动运行，实现全自动化的生产场景。"未来整个码头上几乎看不到人，全都是系统自动调度。运用全自动化的系统、设备后，我们的作业效率预计可以提高 30% 以上。船靠岸后，计算机会自动安排作业时间点，系统提前通知无人转运车到达位置。计算机会根据卸船计划，实时计算路径，无人转运车则会按照计算机规划的行驶路径，前往堆场，整个计划可以精确到秒级。由于主要装卸环节均实现全电力驱动，码头还将实现零排放。"上港集团相关负责人介绍道。洋山四期自动化码头的核心技术将完全依靠自主研发。码头泊位岸线长近 2800 米，设置 7 个泊位，设计年通过能力为 630 万标准箱。洋山四期自动化码头建成运行后，其吞吐量预计将超过整个上海港总吞吐量的一半以上。

（资料来源：https://picture.youth.cn/qtdb/201706/t20170613_10059273_2.htm）

 任务一　了解电子商务物流系统合理化的途径

2.1 物 流 概 述

2.1.1 物流的定义

简单地说，物流就是物的流动。物流(Logistics)，原词直译为"后勤"，起源于西方，并于第二次世界大战期间被广泛使用，当时是指军队为了维持战争所需的支持保障系统。而后，这个词被美学者借用在工商领域，一般是指一个企业对其原材料管理、货物运输和仓储、集散之间实施的计划、组织、指挥、协调和控制。

不同国家、地区的组织，从不同的角度对物流有不同的定义，见表 2-1。

表 2-1　不同国家、地区的组织对物流的不同定义

不同国家、地区的组织	物流的定义
美国物流管理协会	物流是高效、低成本地将原材料、在制品、产成品等由始发地向消费地进行储存和流动，并对与之相关的信息流进行规划、实施和控制，以满足用户需求的过程
欧洲物流协会	物流是一个在系统内对人员或货物的运输、安排及与此相关的支持活动的计划、执行与控制，以达到特定的目的
日本日通综合研究所	物流是物质资料从供应者向需要者的物理性移动，是创造时间性、场所价值的经济活动。从物流的范畴看，包括包装、装卸、保管、库存管理、流通加工、运输、配送等诸种活动
加拿大物流管理协会	物流是对原材料、在制品库存、产成品及相关信息从起源地到消费地的有效率的、成本有效益的流动和储存进行计划、执行和控制，以满足顾客要求的过程
原中国科技部、国家质量技术监督局、中国物流与采购联合会	2001 年 4 月正式颁布《物流术语》，并于 2001 年 8 月 1 日起实施。中国物流术语标准将物流定义为：物流是物品从供应地向接收地的实体流动过程中，根据实际需要，将运输、储存、装卸搬运、包装、流通加工、配送、信息处理等功能有机结合起来实现用户要求的过程

综合以上多种定义，采用我国在《物流术语》中对物流的定义，即：物流是指物品从供应地向接收地的实体流动过程，在此过程中，根据实际需要，将运输、储存、装卸、搬运、包装、流通加工、配送、信息处理等基本功能实施有机结合。

2.1.2 物流的分类

社会经济领域中的物流活动无处不在，对于各个领域的物流，虽然其基本要素都存在并且相同，但由于物流在供应链中的作用不同，物流活动的主题不同，物流活动覆盖的范围、范畴不同，物流系统性质不同等形成了不同的物流类型。物流主要的分类方法有以下几种。

1. 按照物流在供应链中的作用分类

供应链是在生产及流通过程中，为了提高效率和降低成本，对提供产品或服务的上、下游企业所进行的网络组织的管理。供应链中的物流活动应按照专业化原则进行组织，可以有不同类型的物流。

(1) 生产物流。从工厂的原材料购进入库起，直到工厂产品库的产品发送到指定位置，这一全过程的物流活动称为生产物流。

生产物流是制造产品的企业所特有的，需要与生产过程同步。原材料及半成品等按照工艺流程在各个加工点之间不停地移动、流动形成了生产物流。

(2) 销售物流。生产企业、流通企业出售商品时，物品在供方与需方之间的实体流动，称为销售物流。对于工业企业而言，是指售出产品；对于流通企业而言，是指交易活动中从卖方角度出发的交易行为中的物流。

(3) 供应物流。为生产企业、流通企业或消费者购入原材料、零部件或商品的物流过程称为供应物流，也就是商品生产者、持有者及使用者之间的物流。对生产企业而言，供应物流需将原材料配发给工厂，其客户是工厂，处理的对象是生产商品所需的原材料和零部件。对于流通领域而言，供应物流是指在为商品配置而进行的交易活动中，从买方角度出发的交易行为中所发生的物流。

(4) 回收物流。不合格物品的返修、退货以及周转使用的包装容器从需方返回到供方所形成的物品实体流动称为回收物流。

(5) 废弃物物流。将经济活动中失去原有价值的物品，根据实际需要进行收集、分类、加工、包装、搬运、储存等，并分送到专门处理场所时形成的物品实际流动称为废弃物物流。

2. 按照物流活动的承载主体分类

按照物流活动的承载主体，可以将物流划分为企业自营物流、专业子公司和第三方物流。

(1) 企业自营物流。在计划经济体制下，大多数企业都是采用"以产定销"的经营方式，因此其物流运作的规模、批量、时间都是在计划指导下进行的，企业自备车队、仓库、场地、人员等。这种自给自足的自营物流的方式称为传统企业物流的主体。

(2) 专业子公司。专业子公司一般是从企业传统物流运作功能中剥离出来的，成为一个独立运作的专业化实体。它与母公司或集团之间的关系是服务与被服务的关系。它以专业化的工具、人员、管理流程和服务为母公司提供专业化的物流服务。

(3) 第三方物流。第三方物流是指企业为了更好地提高物流运作效率及降低物流成本，而将物流业务外包给第三方物流公司的做法。通过第三方物流企业提供的物流服务，有助于促进货主企业的物流效率和物流合理化。

3．按照物流活动覆盖的范围分类

按照物流活动覆盖的范围，物流可以被划分为国际物流和区域物流。

(1) 国际物流。国际物流是现代物流系统中发展很快、规模很大的一个物流领域，国际物流是伴随和支撑国际经济交往、贸易活动和其他国际交流所发生的物流活动。由于近十几年国际贸易的急剧扩大，国际分工日益深化，东西方之间贸易往来的加大，以及诸如欧洲等地一体化速度的加快，国际物流成为现代物流研究的热点问题。

(2) 区域物流。相对于国际物流而言，一个国家范围内的物流，一个城市的物流，一个经济区域内的物流都处于同一法律、规章、制度之下，都受相同文化及社会因素影响，都处于基本相同的科技水平和装备水平之中，因而都有其独特的特点，都有其区域的特点。

区域物流要研究的问题很多，例如，一个城市的发展规划，不但要直接规划物流设施及物流项目，例如建公路、桥梁，建物流园，建仓库等，而且需要以物流为约束条件，来规划整个市区，如工厂、住宅、车站、机场等。物流已成为世界上各大城市在进行城市规划和建设时要考虑的一项重点。

在城市形成之后，整个城市的经济、政治、人民生活等活动也是以物流为依托的，所以，区域物流还要研究城市生产、生活所需商品的流入、流出，以及如何以更有效的形式供应给每个工厂、机关、学校和家庭，城市巨大的耗费所形成的废物又如何组织物流运出等等。可以说区域物流内涵十分丰富，很有研究价值。

4．按照物流活动的宏观性和微观性分类

按照物流活动的宏观性和微观性，可以将物流划分为宏观物流和微观物流。

(1) 宏观物流。宏观物流是指社会再生产总体的物流活动，是从社会再生产总体角度认识和研究的物流活动。这种物流活动的参与者是构成社会总体的大产业、大集团，宏观物流也就是研究社会再生产的总体物流，是研究产业或集团的物流活动和物流行为。

(2) 微观物流。微观物流是指消费者、生产企业所从事的实际的、具体的物流活动。在整个物流活动中的一个局部、一个环节的具体物流活动也属于微观物流。在一个小地域空间发生的具体的物流活动也属于微观物流。

5．按照物流系统性质分类

按照物流系统性质，可以将物流划分为社会物流和企业物流等。

(1) 社会物流。社会物流是指超越一家一户、以一个社会为范畴，面向社会为目的的物流。社会物流是由专门的物流承担人承担的，社会物流的范畴是社会经济大领域。

(2) 企业物流。企业物流是指企业内部物品的实体流动。从企业角度研究与之有关的物流活动，是具体的、微观的物流活动的典型领域。

2.1.3 物流的功能

物流的基本功能是指物流系统所具有的基本能力，有效地组合这些基本能力便能合理地实现物流系统的总目标。物流系统的基本功能包括运输、包装、装卸、储存、流通加工、配送、物流信息管理等。

(1) 运输功能。运输功能是物流的主要功能之一。运输(Transportation)是用设备和工具，将物品从一地点向另一地点运送的物流活动。运输的形式主要有铁路运输、公路运输、水上运输、航空运输和管道运输等。物流的运输功能是为客户选择满足需要的运输方式，然后具体组织网络内部的运输作业，在规定的时间内将客户的商品运抵目的地。

(2) 包装功能。包装功能包括产品的出厂包装、生产过程中制成品和半制成品的包装及在物流过程中换装、分装和再包装等活动。物流包装作业的目的不是要改变商品的销售包装，而是在于通过对销售包装进行组合、拼配和加固，形成适合于物流和配送的组合包装单元。对于包装活动的管理应根据物流方式和销售要求来确定。

(3) 装卸功能。装卸功能是为了加快商品在物流过程中流通速度而必须具备的功能，包括对运输、存储、包装、流通加工等物流活动进行衔接的活动，以及在储存等活动中为进行检验、维护和保养所进行的装卸和搬运活动。装卸功能分为装卸和搬运。装卸(Loading and Unloading)功能是指在指定地点以人力或机械将物品装入运输设备或从运输设备卸下。它是一种以垂直方向移动为主的物流作业。搬运(Handing/Carrying)功能是指在同一场所内，对物品进行以水平方向移动为主的物流作业

(4) 储存功能。储存功能是物流的基本功能之一。储存(Storing)是指保护、管理、储藏物品，具有时间调整和价格调整的功能。它的重要设施是仓库，在商品入库的基础上进行在库管理。储存功能包括堆放、保管、保养、维护等活动。专业物流中心需要配备高效率的分拣、传送、储存和挑拣设备。

(5) 流通加工功能。流通加工功能是物品从生产地到使用地的过程中，根据需要所施加的包装、分割、计量、分拣、刷标志、系标签、组装等简单作业的总称。

(6) 配送功能。配送功能是以配货、送货、发货等形式完成社会物流，并最终实现资源配置的活动。配送作为一种现代流通方式，特别是在电子商务物流中的作用非常突出。

(7) 电子商务物流系统的功能。电子商务物流系统是指在实现电子商务特定过程的时间和空间范围内，由所需位移的商品(或物资)、包装设备、装卸搬运机械、运输工具、仓储设施、人员和通信联系设施等若干相互制约的动态要素所构成的具有特定功能的有机整体。电子商务物流系统的目的是实现电子商务过程中商品(或物资)的空间效益和时间效益，在保证商品满足

供给需求的前提下，实现各种物流环节的合理衔接，并取得最佳经济效益。电子商务物流系统既是电子商务系统中的一个子系统或组成部分，也是社会经济大系统的一个子系统。

2.2 电子商务物流系统

2.2.1 电子商务物流系统概述

1. 电子商务物流系统的含义

电子商务物流系统是指在实现电子商务特定过程的时间范围和空间范围内，由所需位移的商品或物资、包装设备、装卸搬运机械、运输工具、仓储设施、人员和卫星定位技术以及地理信息系统等若干个相互制约的动态要素所构成的具有特定功能的有机整体。

现代电子商务物流系统通常具有三大要素，包括：

(1) 功能要素：物流系统所具有的基本能力，这些基本能力有效地组合、连结在一起，便成了物流的总功能，便能合理、有效地实现物流系统的总目的。

(2) 支撑要素：系统的建立需要有许多支撑手段，尤其是处于复杂的社会经济系统中，要确定物流系统的地位，要协调与其他系统的关系，这些要素必不可少。支撑要素主要包括体制、制度、法律、规章、行政命令和标准化系统。

(3) 物质基本要素：物流系统的建立和运行，需要有大量技术装备手段，这些手段的有机联系对物流系统的运行有决定意义。这些要素对实现物流和某一方面的功能是必不可少的。

2. 电子商务物流系统的功能及作用

1) 电子商务物流系统的功能

与一般系统的功能一样，电子商务物流系统具有输入、转换、输出等功能，但又有电子商务物流系统自身的功能。输入功能包括人力、物力、财力和信息等，其中，订单和货物信息跟踪功能较为重要；输出功能包括效益、服务、环境的影响等。

2) 电子商务物流系统的作用

实现电子商务过程中商品或物资的空间效益和时间效益。在保证商品满足供给需求的前提下，实现各种物流环节的合理衔接，并取得最佳效益，即减少生产企业库存，加速资金周转，提高物流效率，提高整个社会的经济效益，促进市场经济的健康发展。

2.2.2 电子商务物流系统合理化

1. 电子商务物流系统合理化的意义

电子商务物流系统的各种功能是相互联系、相互作用的。只有整体考虑和综合管理电子商务物流系统的各子系统，才能有效地推动电子商务物流系统的合理化。

电子商务物流系统合理化的意义如下：

(1) 电子商务物流系统合理化可以确保电子商务企业的业务活动的开展，主要有以下几方面：

① 将商品或物资在要求交货期内准确地向客户配送。

② 满足顾客的订货要求，不缺货、断货。

③ 合理配置仓库和配送中心的位置。

④ 实现运输、装卸和仓储的自动化、一体化。

⑤ 确保整个系统信息的通畅。

(2) 电子商务物流系统合理化可以降低物流成本和费用。对于电子商务企业来说，物流费用在整个成本中占有很大的比重。

(3) 电子商务物流系统合理化可以达到合理地控制库存。库存控制是物流系统合理化的一项重要内容。库存控制的目的就是通过各种方法使电子商务企业在满足客户需求的前提下把库存控制在合理范围内。

2. 电子商务物流系统合理化的途径

对于电子商务企业来讲，要实现物流系统的合理化，可以通过以下几种途径：

(1) 仓储合理化。所谓仓储合理化，是指建立合适的储存条件，对合适的储存品种进行合适的库存管理的复杂的系统工程。仓储合理化包括：储存品种结构合理化、储存数量合理化、储存时间合理化。

(2) 运输合理化。运输是电子商务物流系统的重要组成部分，运输合理化对电子商务物流企业具有非常重要的意义。运输合理化的途径有运输网络的合理布局、选择最佳的运输方式、提高运送效率、发展社会化运输体系等。

(3) 流通加工合理化。实现流通加工合理化主要考虑以下几个方面：

① 加工和配送结合。这是将流通加工设置在配送点中，一方面按配送需要进行加工，另一方面加工又是配送业务流程中分拣、拣货、配货等环节之一，加工后的产品直接投入配货作业。

② 加工和配套结合。在对配套要求较高的流通中，配套的主体来自各个生产单位，但是，完全配套又是全部依靠现有的生产单位，进行适当的流通加工，可以有效促成配套，大大提高流通作为桥梁与纽带的能力。

③ 加工和合理化运输结合。利用流通加工，在支线运输转干线运输或干线运输转支线运输等原本必须停顿的环节，不进行一般的支转干或干转支，而是按干线或支线运输合理的要求进行适当的加工，从而大大提高运输及运输转载水平。

④ 加工和商流相结合。通过加工，提高配送水平，强化销售，是加工与商流相结合的一个成功的例证。

⑤ 加工和节约相结合。节约能源、节约设备、节约人力、节约耗费是流通加工合理化重要的考虑因素，也是目前我国设置流通加工，考虑其合理化的较普遍形式。

(4) 配送合理化。推行一定综合程度的专业化配送，通过采用专业设备、技术及操作程序，可取得较好的配送效果并降低配送过程中的复杂程序及难度。

 任务二 了解电子商务物流系统的模式

2.2.3 电子商务物流系统模式

电子商务物流系统模式主要指获取系统总效益，最优化地适应现代社会经济发展的模式，途径如下。

1. 国家与企业共同参与，建立电子化物流系统

形成全社会的电子化物流系统，需要政府和企业共同出资，政府要在高速公路、铁路、航空、信息网络等方面投入大量资金，以保证交通流和信息流的通畅，形成一个覆盖全社会的交通网络和信息网络，为复杂电子商务物流提供良好的社会环境。

2. 第三方物流发展电子商务

电子商务的发展是未来发展的趋势，而电子商务发展的关键就在于物流。第三方物流发展电子商务有自己得天独厚的优势：第三方物流企业的物流设施力量雄厚，有一定的管理人才和管理经验，有遍布全国的物流渠道和物流网络，适应性强，能根据客观的经济需要提高物流技术力量，完成各项物流任务。电子商务集信息流、商流、资金流、物流四者于一身，第三方物流也一样。第三方物流企业具有物流网络上的优势，在达到一定规模后，随着其业务沿着主营业务供应链向上游延伸，第三方物流企业转而进入网上购物的经营，有相当大的经营优势。

3. 组建物流联盟，共建企业的电子商务物流系统

对于已经开展普通商务的公司，可以建立基于 Internet 的电子商务销售系统；同时可以利用原有的物流资源，承担电子商务的物流业务。从专业分工的角度看，制造商的核心任务是商品开发、设计和制造，但越来越多的制造商不仅有庞大的销售网络，而且还有覆盖整个销售区域的物流配送网。制造企业的物流设施普通比专业物流企业的物流设施先进，这些制造企业完全可以利用现有的物流网络和设施支持电子商务业务。

2.2.4 电子商务物流系统分析与评价

电子商务物流系统分析与评价是从对电子商务物流系统整体最优出发，在优化系统目标、确定系统准则的基础上，根据电子商务物流的目标要求，分析构成系统各级子系统的功能和相互关系，以及系统与环境的相互影响，寻求实现系统目标的最佳途径。分析时要运用科学的分析工具和计算方法，对系统的目的、功能、结构、环境、费用和效益等，进行充分、细致的调查研究，收集、比较、分析和处理有关数据，建立若干拟定方案，比较和评价物流结果，寻求系统整体效益最佳和有限资源配置最佳的方案，为决策者最后抉择提供科学依据。

1. 电子商务物流系统分析

1) 电子商务物流系统分析的要素

电子商务物流系统分析的要素主要有：

(1) 目的。物流系统分析人员的首要任务就是充分了解物流系统的目的和要求，同时还应明确物流系统的构成和范围。

(2) 替代方案。应充分考虑实现系统目的的各种可行方案，从中选择最合理的。

(3) 模型。模型是对实体物流系统抽象的描述。借助一定的模型，可有效地求得物流系统分析所需的参数。

(4) 费用和效益。费用和效益是分析、比较、选择方案的重要根据。

(5) 评价基准。评价基准一般根据物流系统的具体情况而定，但费用和效益的比较是评价各个方案优劣的基本手段。

2) 电子商务物流系统分析的内容

电子商务物流系统分析主要包括两个方面的内容，即物流系统外部环境分析和物流系统内部分析。

(1) 物流系统外部环境分析。电子商务物流系统的外部环境非常复杂，物流与各种外部环境因素密切相关，离开外部环境研究电子商务物流系统是不可能的。

(2) 物流系统内部分析。电子商务物流系统内部分析的具体内容主要有：

- 商品需求变化的特点、需求量、需求构成等。
- 物流系统内部各个子系统的有关物流活动的数据，包括采购、运输和储存等。
- 构成物流系统的新技术、新设备和新要求等。
- 库存商品的数量、品种、产品质量情况等。
- 运输能力的变化、运输方式的选择情况等。
- 各种物流费用的占用和支出等。

2. 电子商务物流系统评价

1) 电子商务物流系统的评价原则

在对电子商务物流系统进行评价时应遵守以下原则：

(1) 保证系统评价的客观性。评价的目的就是为了决策，只有保证评价的客观性，才能实现决策的正确性。

(2) 保证系统方案的可比性。替代方案在保证实现电子商务物流系统的基本功能上要有可比性和一致性。

(3) 确保方案指标的系统性。评价指标是为了达到系统目标，从系统众多的输出特性中选择的量化指标。评价指标具有评价标准和控制标准双重功能，要包括系统目标所涉及的一切方面，从而确保方案指标的系统性。

2) 电子商务物流系统的评价标准

对电子商务物流系统进行评价时要有一定的标准，才能准确衡量出物流系统的实际运行情况。通常评价标准包括以下几个方面：经济性、可靠性、灵活性、安全性、易操作性

和可扩展性。

3) 电子商务物流系统的评价方法

由于各个电子商务物流系统的结构不同、性能不同，因此，评价的方法也不相同，必须根据各个系统的不同情况来选择系统评价方法：

(1) 从评价因素的个数来分，可分为：单个因素评价和多数因素评价。

(2) 从时间上来分可分为：对物流现状进行系统，为系统调整、优化提供基础信息、思路；通过研究物流项目的可行性及其效益情况，从而为最终决策提供辅助信息。

(3) 从评价手段来分，可分为：定性分析评价、定量分析评价和两者相结合的评价方法。

2.2.5 电子商务物流系统与传统物流系统的区别和特点

1．电子商务物流系统与传统物流系统的区别

电子商务物流系统与传统物流系统的区别在于电子商务物流系统突出强调一系列电子化、机械化、自动化工具的应用，以及准确、及时的物流信息对物流过程的监督。它加快了物流的速度，强调物流系统信息的通畅和整个物流系统的合理化。电子商务物流系统拥有畅通的信息流，可以把相应的采购、运输、仓储、配送等业务活动联系起来，协调一致，提高了物流整体的效率。

2．电子商务物流系统的特点

电子商务物流系统定位在为电子商务的客户提供服务。它是对整个物流系统实行统一信息管理和调度，按照用户订货要求，在物流基地进行理货工作，并将配好的货物送交收货人的一种物流方式。这种体系要求物流系统提高服务质量、降低物流成本及优化资源配置。为了实现这些目的，电子商务物流系统需要具备以下特点：

(1) 信息化。在电子商务时代，物流信息化是电子商务的必然要求。物流信息化表现为物流信息的商品化，物流信息收集的数据库化、代码化，物流信息处理的电子化、计算机化，物流信息传递的标准化、实时化以及物流信息存储的数字化等。因此，条形码技术、数据库技术、电子订货系统、电子数据交换、快速反应及有效客户反馈、企业资源计划等技术与观念在我国的物流中将会得到普遍的应用。没有物流的信息化，任何先进的技术设备都不可能应用于物流领域，反之信息技术及计算机技术在物流中的应用将会彻底改变世界物流的面貌。

(2) 自动化。自动化的基础是信息化，自动化的核心是机电一体化，自动化的外在表现是无人化，自动化的效果是省时、省力。另外，自动化还可以扩大物流作业能力，提高劳动生产率以及减少物流作业的差错等。物流自动化的设施非常多，如条形码/语音/射频自动识别系统、自动分拣系统、自动存取系统、自动导向车以及货物自动跟踪系统等。这些设施已普遍应用于物流作业流程中。

(3) 网络化。物流领域网络化的基础也是信息化，这里指的网络化有两层含义：一是物流配送系统的计算机通信网络，包括物流配送中心与供应商或制造商的联系要通过计算机网络，与下游顾客之间的联系也要通过计算机网络；二是组织的网络化，物流的网络化

是物流信息化的必然产物，是电子商务物流活动的主要特征之一。

(4) 智能化。智能化是物流的自动化、信息化的一种高级应用，物流作业过程中大量的运筹和决策都需要借助大量的知识才能解决。在物流自动化的进程中，物流智能化已成为电子商务物流发展的一个新趋势，需要通过专门系统、机器、人工智能等相关技术来解决。

(5) 柔性化。柔性化的物流是应生产、流通与消费的需求而发展起来的一种新型物流模式。它要求物流配送中心根据消费者需求"多品种、小批量、多批次、短周期"的特色，灵活组织和实施物流作业。

另外，物流设施和商品包装的标准化、物流的社会化和共同化也都是电子商务物流系统的新特点。

任务三　了解电子商务物流系统各环节的功能

2.3　电子商务物流系统的功能

2.3.1　包装

1. 包装的含义及功能

1) 包装的含义

包装是指为在流通过程中保护商品、方便储运、促进销售，按一定技术方法而采用的容器、材料及辅助物等的总体名称，也指为了达到上述目的而采用容器、材料和辅助物的过程中所施加的技术方法等操作活动。

2) 包装的功能

包装的功能主要有以下四个方面：

(1) 保护商品。保护商品内的商品不受损伤是商品包装的一个重要的功能。为防止商品在空间位移和储存过程中发生破碎、挥发、污染、渗漏等数量减少和质量变化，包装要选用适宜的包装材料，采用相应的防护措施，从而起到保护商品的作用。

(2) 方便物流。合理的包装材料、包装技术、包装标志等，不仅在整个物流过程中起到保护商品的作用，同时有利于物流过程中安全装卸、合理运输、科学堆码等物流作业的顺利进行。

(3) 促进商品的销售。商品的包装就是企业的面孔，是无声的推销员，精美的商品包装在一定程度上能促进商品的销售。

(4) 方便消费。恰到好处的商品包装设计，可以方便消费者使用，如便携式包装等。

2. 包装的分类以及包装材料

1) 包装的分类

商品包装按照一定的分类标志可以分为以下几种类型：

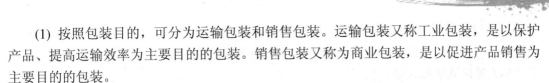

(1) 按照包装目的，可分为运输包装和销售包装。运输包装又称工业包装，是以保护产品、提高运输效率为主要目的的包装。销售包装又称为商业包装，是以促进产品销售为主要目的的包装。

(2) 按照产品包装结构，可分为件装、内装和外装。件装是在每一个产品上所做的包装；外装是包装产品的外部包装，如箱装、袋装、桶装等；内装是介于外装和件装之间的包装，用于防止水分、湿气和日光的侵入，并防止同一外装的产品相互摩擦、碰撞而可能受到破坏。但是，这种划分也不是绝对的，有时各种包装方式也混合使用。

(3) 按照包装器材的类别不同，可分为纸盒纸制品包装、塑料制品包装、木包装、金属包装、玻璃包装、陶瓷包装、草编包装及棉纺织品包装等。

(4) 按产品的种类不同，可分为食品包装、药品包装、服装包装、五金包装、化工产品包装、电子产品包装等。

(5) 按照包装技术或包装目的不同，可分为防水包装、防潮包装、防锈包装、防虫包装、防鼠包装、通风包装、压缩包装、真空包装及耐寒包装等。

2) 包装材料

(1) 纸及纸制品。在包装材料中，纸的用途最为广泛，其品种也非常多，如牛皮纸、玻璃纸、植物羊皮纸、沥青纸、瓦楞纸板等。

(2) 塑料及塑料制品。这类材料主要有聚乙烯、聚丙烯、聚苯乙烯、聚氯乙烯、钙塑材料等。

(3) 木材及木制品。几乎所有的木材都可以作为包装材料，木质包装具有牢固、抗压、抗震等特点。

(4) 金属。金属材料主要有镀锡薄板、涂料铁、铝合金。目前在包装界使用较多的是可锻铁和金属箔等。

(5) 玻璃、陶瓷。玻璃和陶瓷具有耐酸、耐热、耐磨、耐风化、不变形等特点，比较适合各种液体商品的包装。

(6) 复合材料。复合材料是指将两种及两种以上具有不同特性的材料复合在一起，以改进单一包装材料的性能，发挥包装材料的更多优点。

(7) 绿色包装材料。绿色包装材料是包装材料发展的新趋势。

3. 包装的保护技术及其应用

1) 防振保护技术

防振包装又称缓冲包装，是应用防振保护技术的包装。防振包装在各种包装方法中占有重要的地位。产品从生产出来到开始使用要经过运输、保管、堆码和装卸等一系列的过程，最后置于一定的环境中。在任何环境中都会有力作用在产品之上，并有可能使产品发生机械性损坏。防振保护技术分为以下几种：

(1) 全面防振包装方法。全面防振包装方法是指内装物和外包装之间全部用防振材料填满进行防振的包装方法。

(2) 部分防振包装方法。对于整体性好、有内装容器的产品，仅在产品或内装的拐角或局部地方使用防振材料进行衬垫即可，称为部分防振包装方法。

(3) 悬浮式防振包装方法。对于某些贵重易损的物品，为有效地保证在流通过程中不被损坏，外包装容器比较牢固，然后用绳、带、弹簧等将被装物悬吊在包装容器内，这种方法称为悬浮式防振包装方法。

2) 防破损保护技术

缓冲包装具有较强的防破损能力，因而是防破损保护技术中有效的一类。此外还可以采取以下几种防破损保护技术：

(1) 捆扎机裹紧技术：使杂货、散货形成一个牢固整体，增加整体性，以便于处理及防止物品散堆来减少破损。

(2) 集装技术：利用集装，减少外物与货体的接触，从而防止破损。

(3) 选择高强度保护材料：通过外包装材料的高强度来防止内装物受外力作用而破损。

3) 封存包装技术

封存包装技术主要有：缓蚀油封存包装技术、气相缓蚀封存包装技术。

(1) 缓蚀油封存包装技术。大气锈蚀是指空气中的氧、水蒸气及其他有害气体等作用于金属表面引起电化学作用的结果，使用油作为缓蚀剂可以降低这种锈蚀。

(2) 气相缓蚀封存包装技术。气相缓蚀封存包装技术就是用气相缓蚀剂，在密封包装容器中对金属制品进行处理的技术。

4) 防霉腐包装技术

在运输包装内装运食品和其他有机碳水化合物货物时，货物表面可能生长霉菌，在流通过程中如遇潮湿，霉菌生长繁殖极快，甚至延伸至货物内部，使其腐烂、发霉、变质，因此要采取特别防护措施。

防霉腐变质的包装措施，通常是采用冷冻包装、真空包装或高温灭菌方法。

5) 防虫包装技术

防虫包装技术常用的是驱虫剂，即在包装中放入有一定毒性和气味的药物，利用药物在包装中的挥发气体杀灭和驱除各种害虫。常用驱虫剂有樟脑精，也可采用真空包装、充气包装、脱氧包装等技术，使害虫无生存环境，从而防止害虫。

6) 危险品包装技术

危险品有上千种，按其危险性，交通运输部门及公安消防部门将其分为十大类，即爆炸性物品、氧化剂、压缩气体和液化气体、自燃物品、遇水燃烧物品、易燃液体、易燃固体、毒害品、腐蚀性物品、放射性物品。有些物品会同时具有两种以上危险性能。

(1) 对有毒商品的包装要明显地标明有毒标志。防毒的主要措施是包装严密不漏、不透气。

(2) 对有腐蚀性的商品，要注意防止商品和包装容器的材质发生化学变化。金属类的包装容器，要在容器壁上涂上涂料，防止腐蚀性商品对容器的腐蚀。

(3) 对黄磷等易自燃商品的包装，宜将其装入壁厚不少于 1 毫米的铁桶中，桶内壁须涂耐酸保护层，桶内盛水，并使水面浸没商品，桶口严密封闭。

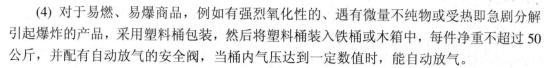

(4) 对于易燃、易爆商品，例如有强烈氧化性的、遇有微量不纯物或受热即急剧分解引起爆炸的产品，采用塑料桶包装，然后将塑料桶装入铁桶或木箱中，每件净重不超过50公斤，并配有自动放气的安全阀，当桶内气压达到一定数值时，能自动放气。

4. 包装合理化与发展趋势

1) 包装合理化的含义及内容

正确认识包装合理化，了解包装合理化的含义及内容具有重要意义。

(1) 包装合理化的含义：包装合理化既包括包装总体合理化，这种合理化往往用整体物流的效益与微观包装的效益来衡量，也包括包装材料、包装技术、包装方式的合理组合及应用。

(2) 包装合理化的主要内容：

① 包装应根据相应的标准要求，妥善保护好包装内的商品，使其数量不发生减少、质量不受损耗。

② 包装材料及包装容器应当安全无害。

③ 包装容量应当适中，以便于物流作业。

④ 包装标志应当简单、醒目、清晰。

⑤ 包装费用应当与内装商品相适应。

⑥ 包装过程中应当节省资源。

⑦ 包装物应当便于废弃物的治理，有利于环境保护。

2) 包装合理化应注意的问题

主要应注意以下几个方面：

(1) 防止包装不足。由于包装强度不足、包装材料不足等因素所造成商品在流通过程中发生的耗损不可低估。根据我国相关统计分析，认定因此而引起的损失，一年可达100亿元以上。

(2) 防止包装过剩。由于包装物强度设计过高，包装的保护材料选择不当而造成包装过剩，这一点在发达国家表现尤为突出，日本的调查结果显示，发达国家包装过剩在20%以上。

(3) 防止包装成本过高。包装成本过高一方面是指包装成本的支出使可能获得的效益减少；另一方面也损害了消费者的利益。

3) 影响包装合理化的因素

由于电子商务物流各个因素都是可变的，因此包装也是不断发生变化的。影响包装合理化的因素有：

(1) 产品设计。包装的合理化应该从源头抓起，产品设计便是包装合理化的源头。传统的工业在产品设计时，往往主要考虑产品的质量、性能、款式、原材料选用、成本、大小以及紧凑性等而忽略了包装的可行性。

(2) 装卸。不同装卸方法影响着包装。目前我国铁路运输和公路运输还大多数采用手工装卸，因此，包装的外形和尺寸就要适合于人工操作。另一方面，装卸人员素质不高、作业不规范也可能引发商品损失。

(3) 保管。在确定包装时，应根据电子商务物流中商品或货物不同的保管条件和方式而采用与之相适合的包装材料、包装容器、包装技术等，以保护商品或货物的质量。

(4) 运输。运送工具类型、输送距离长短、道路情况等对包装都有影响。我国现阶段，存在很多种不同类型的运输方式，如航空的直航与中转、铁路快运集装箱、包裹快件、行包专列、篷布车、密封车等，以上不同的运送方式和不同的运输工具对包装都有着不同的要求和影响。

(5) 包装要考虑人格因素和环境保护。包装本身除了考虑物流因素外，还要考虑"人格因素"和环保要求。商品的包装要适合携带、陈列、馈赠，要美观、大方，兼顾装饰性。

4) 电子商务物流包装的发展趋势

电子商务物流是商品的包装、装卸、保管、流通加工、运输、配送等诸多活动的有机结合，形成完整的供应链，为用户提供多种功能和一体化的综合性服务。随着电子商务物流的迅速发展，包装也迎来了新的机遇，同时市场也对包装提出了新的要求。

(1) 包装智能化。电子商务物流信息化发展和管理的一个基础条件就是包装的智能化，因为在电子商务物流活动过程中，信息的传递大部分是靠包装来完成的。也就是说，如果包装上信息不足或错误，将会直接影响电子商务物流管理中各种活动的进行。

(2) 包装绿色化。从整个电子商务物流过程看，唯有包装这一环节如此依赖于资源并如此影响人类生态环境。包装工业要消耗大量的资源，并增加商品的投入，同时包装废弃物又要导致环境污染等，因此要提倡绿色包装。

(3) 包装标准化。包装标准化包括包装的规格尺寸标准化、包装工业的产品标准化和包装强度的标准化三个方面的内容。

(4) 包装方便化。方便功能是包装本身所应具有的，但在电子商务物流活动中的配送、流通加工等环节，对包装的方便性提出了很高的要求，即分装、包装的开启和再封合包装要求简便。

(5) 包装单元化。单元化的概念包含两个方面：一是对物品进行单元化的包装，即标准的单元化物流容器的概念，将单件或散装物品，通过一定的技术手段，组合成尺寸规格相同、质量相近的标准"单元"。二是围绕这些已经单元化的物流容器，它们的周边设备包括工厂的工位器具的应用和制造也有一个单元化技术的含义在里面，包括规格尺寸的标准化、模块化的制造技术和柔化的应用技术。

(6) 包装系统化。包装作为电子商务物流的一个组成部分，必须置于电子商务物流系统加以研究。

2.3.2 装卸搬运

1. 装卸搬运的概念及特点

1) 装卸搬运的概念

装卸搬运从某种意义上来说是两个不同的概念。所谓装卸，是指物资在空间上所发生的以垂直方向为主的位移；搬运是指物资在仓库范围内所发生的短距离的、以水平方向为

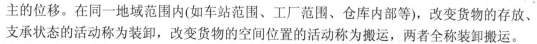

主的位移。在同一地域范围内(如车站范围、工厂范围、仓库内部等),改变货物的存放、支承状态的活动称为装卸,改变货物的空间位置的活动称为搬运,两者全称装卸搬运。

2) 装卸搬运的特点

装卸搬运的特点主要有:

(1) 装卸搬运是附属性、伴生性的活动。装卸搬运是物流每一项活动开始及结束时必然发生的活动,因而有时常被人忽视,有时又被看做其他操作不可缺少的组成部分。例如,一般而言的"汽车运输",就实际包含了相随的装卸搬运,仓库中泛指的保管活动,也含有装卸搬运活动。

(2) 装卸搬运是支持、保障性活动。装卸搬运的附属性不能理解成被动的,实际上,装卸搬运对其他物流活动有一定决定性。装卸搬运会影响其他物流活动的质量和速度,例如,装车不当,会引起运输过程中的损失;卸放不当,会引起货物转换成下一步运动时的困难。

(3) 装卸搬运是衔接性活动。在任何其他物流活动相互过渡时,都是以装卸搬运来衔接的,因而,装卸搬运往往成为整个物流的"瓶颈",是物流各功能之间能否形成有机联系和紧密衔接的关键,而这又是整个系统的关键。建立一个有效的物流系统,关键看这一衔接是否有效。

2. 装卸搬运的分类

1) 按装卸搬运施行的物流设施、设备对象分类

以此可分为仓库装卸、铁路装卸、港口装卸、汽车装卸等。

· 仓库装卸配合出库、入库、维护保养等活动进行,并且以堆垛、上架、取货等操作为主。

· 铁路装卸是对火车车皮的装进及卸出,特点是一次作业就可以实现一车皮的装进和卸出,很少有像仓库装卸时出现的整装零卸或零装整卸的情况。

· 港口装卸既包括码头前沿的装船,也包括后方的支持性装卸搬运,有时港口装卸还可以采用小船在码头与大船之间"过驳"的方法,因而其装卸的流程较为复杂,往往经过几次的装卸及搬运作业才能最后实现船与陆地之间货物过渡的目的。

· 汽车装卸一般一次装卸批量不大,由于汽车装卸的灵活性,可以减少或减去搬运活动,而直接、单纯利用装卸作业达到车与物流设施之间货物过渡的目的。

2) 按装卸搬运的机械及机械作业方式分类

以此可分成使用吊车的"吊上吊下"方式,使用叉车的"叉上叉下"方式,使用半挂车或叉车的"滚上滚下"方式、"移上移下"方式及散装方式等。

3) 按被装物的主要运行形式分类

以此可分为垂直装卸、水平装卸两种形式。

4) 按装卸搬运对象分类

以此可分为散装货物装卸、单件货物装卸、集装货物装卸等。

5) 按装卸搬运的作业特点分类

以此可分为连续装卸与间歇装卸两类。

2.3.3 运输

1. 运输的功能与运输原理

运输是电子商务物流活动中最主要的功能之一，它创造了空间价值和时间价值，是电子商务物流活动中最主要的增值活动。

1) 运输的概念

运输是指人和物的载运及输送。本书中专指"物"的载运及输送。它是在不同的地域范围之间，以改变"物"的空间位置为目的的活动，对"物"进行空间位移。

2) 运输的功能

一般认为运输提供两大功能：物品的空间转移和物品短时间存放。把运输置于电子商务物流活动中考虑，则有以下功能：

(1) 运输可以实现物品的空间转移。

(2) 运输可以创造出物品的空间效用和时间效用。

(3) 运输可以扩大电子商务物流企业的市场范围。

(4) 运输可以促进物品价格的稳定。

(5) 运输可以促进社会分工的发展。

(6) 物品短时间存放。

对物品进行短时间存放是一个特殊的运输功能，即将运输车辆临时作为相当昂贵的储存设备。然而，如果转移中的物品需要储存，但在短时间内又将重新转移的话，那么，该物品在仓库卸下和装上去的成本也许会超过储存在运输工具中的费用。

2. 运输方式

1) 运输方式的分类

运输方式是指以运输工具和运输线路为标志的各种交通运输类型的统称。按运输设备及运输工具不同，运输方式可分类如下：

(1) 公路运输。这是主要使用汽车，也使用其他的车辆(如人力车、畜力车)在公路上进行货运的一种方式。公路运输主要承担近距离、小批量的货运和水运、铁路运输难以到达地区的长途、大批量货运及铁路、水运难以发挥优势的短途运输。

(2) 铁路运输。这是使用铁路列车运送客货的一种方式。铁路运输主要承担长距离、大数量的货运，在没有水运条件的地区，几乎所有大批量货物都是依靠铁路。铁路运输是在干线运输中起主力运输作用的运输形式。铁路运输的优点是速度快，运输不大受自然条件限制，载运量大，运输成本低。

(3) 水路运输。这是使用船舶运送客货的一种运输方式。水路运输主要承担大数量、长距离的运输业务，是在干线运输中起主力作用的运输形式。水路运输的主要优点是成本低，能进行低成本、大批量、远距离的运输。

(4) 航空运输。这是使用飞机或其他航空器进行运输的一种形式。航空运输的单位成本很高，因此，主要适合运载的货物有两类：一类是价值高、运费承担能力很强的货物，如贵重设备的零部件、高档产品等；另一类是紧急需要的物资，如救灾抢险物资等。

(5) 管道运输。这是利用管道作为载体的运输方式，主要用于运输气体、液体和粉末状固体。其运输形式是靠物体在管道内顺着压力方向循序移动实现的，和其他运输方式的主要区别在于，管道设备是静止不动的。管道运输的主要优点是，由于采用密封设备，在运输过程中可避免散失、丢失等损失，也不存在其他运输设备本身在运输过程中消耗动力所形成的无效运输问题。

2) 运输方式的定性分析法

一个现代的综合运输体系是由以上五种主要的运输方式以及各种相互适应的配套设施组成的。每一种运输方式都有各自的特点和竞争优势。定性分析就是根据五种运输方式的如下主要经济特征做出判定：运输速度、运输工具容量和线路、运输能力、运输成本、环境影响。定性分析的特点是简单、实用。

(1) 铁路运输的选择。根据铁路运输的批量大、范围广、运输速度较快、运输费用较低、受气候影响很小等特点，铁路运输比较适用于大宗、笨重物资和杂件货物的中长途运输。

(2) 公路运输的选择。根据公路运输的机动灵活、适应性强、能源消耗大、成本高、对空气污染严重、占用土地多等特点，公路运输比较适合短途、零担、门对门运输。

(3) 水路运输的选择。根据水路运输的运输能力较大、成本低、速度慢、连续性能源消耗小、土地占用少等特点，水路运输适合中长途大宗货物运输、海运等，特别是轨迹货物运输。

(4) 航空运输的选择。根据航空运输的速度快、成本高、对环境污染严重、运输途径较局限等特点，航空运输比较适合中长途及贵重、保险货物运输等。

(5) 管道运输的选择。根据管道运输的运输能力大、占用土地少、成本低、连续性强等特点，管道运输比较适合长期稳定的流体、气体及浆化固体的运输等。

总之，由于运输的需求千差万别，具体环境也各不相同，具体采用何种方法，要考虑运输物品的种类、运输量、运输距离、运输时间、运输费用等，要具体问题具体分析，有时是多种运输方式相结合使用。

3) 运输方式的定量分析法

运输方式的定量分析法主要有：

(1) 成本比较法：如果不将运输服务作为竞争手段，那么能使该运输服务的成本与该运输服务水平以及相关间接库存成本达到平衡的运输服务就是最佳服务。

(2) 竞争因素法：运输方式的选择如果直接涉及到竞争优势时，竞争可以促使购买方将更大的订单转向能提供更好运输服务的提供商，这样供应商可以从这些订单中获得更多的利润，从而弥补为了选取运输方式而增加的成本。

(3) 时间因素法：考虑时间因素的运输方式选择，有利于提高总体物流的合理性和经济性。

3. 运输的合理化与发展趋势

1) 不合理运输

不合理运输是指在现有的条件下可以达到的运输水平而未达到，从而造成了运力浪费、运输时间增加、运费超支等问题的运输形式。导致不合理运输的原因有以下几种：

(1) 返程或起程空驶。空车无货载行驶，可以说是不合理运输的最严重形式。在实际运输组织中，有时候必须调运空车，从管理上不能将其看成不合理运输。但是，因调运不当、货源计划不周、不采用社会化运输而形成的空驶，则属不合理运输。造成空驶的不合理运输的原因主要有以下几种：

· 能利用社会化的运输体系而不利用，却依靠自备车送货提货，这往往会出现单程重车、单程空驶等不合理运输现象。

· 由于工作失误或计划不周，造成货源不实，车辆空去空回，形成双程空驶。

· 由于车辆过分专用，无法搭运回程货，只能单程实车、单程空驶周转。

(2) 对流运输。对流运输又称为"相向运输"或者"交错运输"，指同一种货物，或彼此间可以相互代用而不影响管理、技术及效益的货物，在同一线路上或平行线路上作相对方向的运送，而与对方运程的全部或一部分发生重叠交错的运输。

(3) 迂回运输。迂回运输是一种舍近求远的运输，是放弃短距离运输，选择路程较长路线进行运输的一种不合理形式。

(4) 重复运输。本来可以直接将货物运到目的地，但是在未到达目的地或者在目的地之外的其他场所将货物卸下，再重复装运送达目的地，这是重复运输的一种形式。

(5) 倒流运输。这是指货物从销地或中转地向产地或起运地回流的一种运输现象。

(6) 过远运输。过远运输是指调运物资舍近求远，近处有资源不调运而从远处调运，这就造成可以采取近程运输而未采取，拉长了货物运距的浪费现象。

(7) 运力选择不当。常见有以下几种运力选择不当的形式：

· 弃水走陆：在同时可以利用水运及陆运时，不利用成本较低的水运或水陆联运，而选择成本较高的铁路运输或汽车运输，使水运优势不能发挥。

· 铁路、大型船舶的过近运输：不是铁路及大型船舶的经济运行里程却利用这些运力进行运输的不合理做法。其主要不合理之处在于火车及大型船舶起运及到达目的地的准备、装卸时间长，且机动灵活性不足，在过近距离中利用，发挥不了其优势。相反，由于装卸时间长，反而会延长运输时间。另外，和小型运输设备比较，火车及大型船舶装卸难度大，费用也较高。

· 运输工具承载能力选择不当：不根据承运货物数量及重量选择，而盲目决定运输工具，造成过分超载、损坏车辆或货物不满载、浪费运力的现象。尤其是"大马拉小车"现象发生较多。由于装货量小，单位货物运输成本必然增加。

(8) 托运方式选择不当。对于货主而言，这是可以选择最好的托运方式而未选择，造成运力浪费及费用支出加大的一种不合理运输方式。

2) 造成运输不合理的原因

造成不合理运输的原因主要由于工农业生产、路网、有关仓储站点布局上的缺陷，各种运输方式利用欠妥，物资调运安排不当，以及运输的计划、组织与管理不善等。

因此，合理布局生产力，不断改善交通网，正确配置中转仓储站点，合理调运物资，科学组织与通盘规划货流以及改进运价等，都是消除各种不合理运输的重要途径与措施。

3) 物流运输合理化的有效措施

物流运输合理化是一个系统分析过程，常采用定性与定量相结合的方法，对运输的各个环节和总体进行分析研究。研究的主要内容和方法主要有以下几点：

(1) 提高运输工具的实载率。实载率的含义有两个：一是单车实际载重与运距之乘积和标定载重与行驶里程之乘积的比率，在安排单车、单船运输时它是判断装载合理与否的重要指标；二是车船的统计指标，即在一定时期内实际完成的货物周转量(吨公里)占载重吨位与行驶公里乘积的百分比。

提高实载率如进行配载运输等，可以充分利用运输工具的额定能力，减少空驶和不满载行驶的时间，减少浪费，从而实现运输的合理化。

(2) 减少劳力投入，增加运输能力。运输的投入主要是能耗和基础设施的建设，在运输设施固定的情况下，尽量减少能源动力投入，从而大大节约运费，降低单位货物的运输成本，达到合理化的目的。如铁路运输过程中，在机车能力允许的情况下，多加挂车皮；在内河运输中，将驳船编成队形，由机运船顶推前进；在公路运输中，实行汽车挂车运输，以增加运输能力等。

(3) 发展社会化的运输体系。运输社会化的含义是发展运输的大生产优势，实行专业化分工，打破物流企业自成运输体系的状况。单个物流公司车辆自有，自我服务，不断形成规模，且运量需求有限，难于自我调剂，因而经常容易出现空驶、运力选择不当、不能满载等浪费现象，且配套的接、发货设施和装卸搬运设施也很难有效的运行，所以浪费颇大。实行运输社会化，可以统一安排运输工具，避免出现迂回、倒流、空驶、运力选择不当等多种不合理运输，不但可以追求组织效益，而且可以追求规模效益，所以发展社会化的运输体系是运输合理化的非常重要的措施。

(4) 开展中短距离公路运输。在公路运输经济里程范围内，应充分利用公路运输进行分流。这种方式的好处有两点：一是对于比较紧张的铁路运输，使用公路分流后，可以得到一定程度的缓解，从而加大这一区段的运输通过能力；二是充分利用公路从门到门和在中途运输中速度快且灵活机动的优势，实现铁路运输难以达到的水平。目前在杂货、日用百货及煤炭等货物运输中较为普遍地运用公路运输。一般认为，目前的公路经济里程为200～500公里，随着高速公路的发展，高速公路网的形成，新型与特殊货车的出现，公路的经济里程有望达到1000公里以上。

(5) 尽量发展直达运输。直达运输，就是在组织货物运输过程中，越过商业、物资仓库环节或交通中转环节，把货物从产地或起运地直接运到销地或用户手中，以减少中间环节。直达运输的优势，尤其是在一次运输批量和用户一次需求量达到了一整车时表现最为突出。此外，在生产资料、生活资料运输中，通过直达，建立稳定的产销关系和运输系统，有利于提高运输的计划水平。近年来，直达运输的比重逐步增加，它为减少物流中间环节创造了条件。特别值得一提的是，如同其他合理化运输一样，直达运输的合理性也是在一定条件下才会有所表现，如果从用户需求来看，批量大到一定程度，直达是合理的，批量较小时中转是合理的。

(6) 配载运输。配载运输是充分利用运输工具载重量和容积，合理安排装载的货物及方法以求合理化的一种运输方式。配载运输往往是轻重商品的合理配载，在以重质货物运输为主的情况下，同时搭载一些轻泡货物，如海运矿石、黄沙等重质货物时，在上面捎运木材、毛竹等，在基本不增加运力的情况下，解决了轻泡货物的搭运，因而效果显著。

(7) 提高技术装载量。依靠科技进步是运输合理化的重要途径。它一方面最大限度地利用运输工具的载重吨位，另一方面充分使用车船装载容量。其主要做法有如下几种：如，专用散装及罐车，解决了粉状、液体物运输损耗大、安全性差等问题；袋鼠式车皮、大型托挂车解决了大型设备整体运输问题；集装箱船比一般船能容纳更多的箱体，集装箱高速直达加快了运输速度等。

(8) 进行必要的流通加工。有不少产品由于产品本身形态及特性问题，很难实现运输的合理化，如果进行适当加工，针对货物本身的特性进行适当的加工，就能够有效解决合理运输的问题。例如将造纸材料在产地先加工成纸浆，然后压缩体积运输，就能解决造纸材料运输不满载的问题。

2.3.4 储存

1. 商品储存的功能与作用

商品储存是指在商品生产出来之后而又没有到达消费者手中之前所进行的商品保管的过程。它是电子商务物流系统的一个重要组成部分。其功能和作用如下：

(1) 通过商品储存，可以调节商品的时间需求，消除商品的价格波动。一般来说，商品的生产和消费不可能是完全同步的，为了弥补这种不同步所带来的损失，就需要储存商品来消除这种时间性的需求波动。

(2) 通过商品储存，可以降低运输成本，提高运输效率。商品的运输存在规模经济性，但对于电子商务物流企业来说，客户的需求一般都是小批量的。如果对每一个客户都单独为其运送货物，将无法实现运输的规模经济，物流成本会加大。通过商品的储存，虽然会产生商品储存的成本，但可以更大限度地降低运输成本，提高运输效率。

(3) 通过商品在消费地的储存，可以达到更好的客户满意度。对于电子商务物流企业来讲，使消费者能够及时地消费到企业的商品是十分重要的。

(4) 通过商品储存，可以更好地满足消费者个性化消费的需求。在电子商务时代，消费者的消费行为越来越向个性化的方向发展，利用商品的储存对商品进行再次加工，可以满足消费者的多样化需求。

2. 商品储存合理化

商品储存合理化的含义是用最经济的办法实现储存的功能，商品合理储存的实质是在

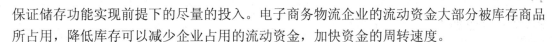

保证储存功能实现前提下的尽量的投入。电子商务物流企业的流动资金大部分被库存商品所占用，降低库存可以减少企业占用的流动资金，加快资金的周转速度。

1）储存合理化的标志

判断储存是否合理化的主要标志有以下几个方面：

(1) 质量标志。保证被储存物的质量，是完成储存功能的根本要求，只有这样，商品的使用价值才能通过物流之后得以实现。

(2) 数量标志。在保证储存功能实现的前提下有一个合理的数量范围。目前管理科学的方法已能在各汇总约束条件下，确定一个合理数量范围，但是较为实用的还是在消耗稳定、资源及运输可控的约束条件下，所形成的储存数量控制方法。

(3) 时间标志。在保证储存功能实现前提下，寻求一个合理的储存时间，这是和数量有关的问题，储存量越大而消耗速率越慢，则储存的时间越长，相反则越短。

(4) 结构标志。结构标志是从被储物不同品种、不同规格、不同花色的储存数量的比例关系的角度对储存合理化的判断。

(5) 分布标志。分布标志指不同地区储存的数量比例关系，以此判断和当地需求比，对需求的保障程度，也可以此判断对整个物流的影响。

(6) 费用标志。仓租费、维护费、保管费、损失费、资金占用利息支出等，都能从实际费用上判断储存的合理与否。

2）实现商品储存合理化的措施

实现商品储存合理化主要有以下几种措施：

(1) 进行储存物的 ABC 分析。ABC 分析是实施储存合理化的基础分析。在 ABC 分析基础上实施重点管理。

(2) 在形成了一定的社会总规模前提下，追求经济规模，适度集中储存。适度集中储存是合理化的重要内容，所谓适度集中储存是利用储存规模优势，以适度集中储存代替分散的小规模储存来实现储存合理化。

(3) 加速总的周转，提高单位产出。储存现代化的重要课题是将静态储存变为动态储存，周转速度一快，会带来一系列的合理化好处。

(4) 采用有效的"先进先出"方式。保证每个被储存物的储存期不至于过长。"先进先出"是一种有效的方式，也成为储存管理的准则之一。

(5) 提高储存密度，提高仓容利用率。主要目的是减少储存实施的投资，提高单位储存面积的利用率，以降低成本，减少土地占用。

(6) 采用有效的储存定位系统。储存定位的含义是被储存物位置的确定。如果定位系统有效，则能大大节约寻找、存放和取出时间，节约劳动力，而且能防止差错，便于清点及实行订货等管理方式。

(7) 采用有效的检测清点方式。对储存物资数量和质量的检测，不但是掌握基本情况之必须，也是科学库存控制之必须。

(8) 采用现代储存保养技术。利用现代技术是储存合理化的重要方面。

2.3.5 流通加工

1．流通加工的含义

1）流通加工的含义

所谓流通加工是商品在流通中的一种特殊加工方式，指在商品从生产领域流通的过程中，为了促进产品的质量和提高物流效率，而对商品所进行的加工，使商品发生物理、化学或形状上的变化，以满足消费者的多样化需求和提高商品的附加值。流通加工作业多在配送中心、流通仓库、货运终端等物流场所进行。

2）流通加工与生产加工的区别

主要有以下一些区别：

(1) 加工的对象不同。流通加工的对象是进入流通领域的商品，生产加工的对象不是最终商品而是原材料、零部件、半成品。

(2) 加工程度的深浅不同。流通加工大都为简单加工，是生产加工的一种辅助和补充，而生产加工则较为复杂。

(3) 加工的目的不同。生产加工的目的是创造价值和使用价值，流通加工的目的是完善商品的使用价值并在对原商品不做大的改动的情况下提高其价值。

(4) 组织加工者不同。流通加工的组织者是从事流通工作的商业、企业或物流企业，而生产加工的组织者是生产企业。

2．流通加工的内容

(1) 食品的流通加工。流通加工最多的是食品行业，为了便于保存、提高流通效率，食品的流通加工是不可缺少的，如鱼和肉类的冷冻、蛋品加工、生鲜食品的包装、大米的自动包装、上市牛奶的灭菌等。

(2) 消费资料的流通加工。消费资料的流通加工是以服务客户、促进销售为目的，如衣料品的标志和印记商标、家具的组装、地毯的剪接等。

(3) 生产资料的流通加工。具有代表性的生产资料加工是钢铁的加工，如钢板的切割、使用校直机将卷材展平等。

2.3.6 物流信息化

电子商务物流必须以信息化为基础，离开信息化，电子商务物流将成为无源之水，无本之木。电子商务物流信息化表现为电子商务物流信息的商品化、电子商务物流信息收集的数据化和代码化、电子商务物流信息处理的电子化和计算机化、物流信息传递的标准化和实时化、物流信息存储的数字化等。信息化是一切的基础，没有电子商务物流的信息化，任何先进的技术装备都不可能应用于电子商务物流领域。信息技术实现了数据的快速、准确传递，提高了仓库管理、装卸运输、采购、订货、配送发运、订单处理的自动化水平，使订货、保管、运输、流通加工等实现一体化；企业可以更方便地使用信息技术与物流企业进行交流与协作，企业间的协调与合作才有可能在短时间内迅速完成。常用于支撑电子

商务物流的信息技术有：实现信息快速交换的 EDI 技术、实现资金快速支付的 EFT 技术、实现信息快速输入的条形码技术和实现网上交易的电子商务技术等。

2.4 电子商务物流模式

电子商务是在开放的网络环境下，实现消费者的网上购物、企业之间的网上交易和在线电子支付的一种新型的交易方式。电子商务的快速发展，使物流模式正一步步发生着变化。

一个国家物流业的发展水平一定程度上反映了该国的综合国力和企业的市场竞争能力，物流一体化的方向和专业化的第三方物流的发展，已成为目前世界各国和大型跨国公司所关注、探讨和实践的热点。

2.4.1 物流一体化的含义

物流一体化，就是以物流系统为核心的从生产企业、经由物流企业、销售企业，直至消费者的供应链的整体化和系统化。它是物流业发展的高级和成熟的阶段。物流业高度发达，物流系统完善，物流业成为社会生产链条的领导者和协调者，能够为社会提供全方位的物流服务。

物流一体化的发展可进一步分为三个层次：物流自身一体化、微观物流一体化和宏观物流一体化。

物流自身一体化是指物流系统的观念逐渐确立，运输、仓储和其他物流要素趋向完备，子系统协调运作，系统化发展。

微观物流一体化是指市场主体企业将物流提高到企业战略的地位，并且出现了以物流战略作为纽带的企业联盟。

宏观物流一体化是指物流业发展到一定的水平，物流业占到国家国民总产值的一定比例，处于社会经济生活的主导地位，它使跨国公司从内部职能专业化和国际分工程度的提高中获得规模经济效益。

2.4.2 第三方物流含义与分类

1. 第三方物流的含义

第三方物流(Third Part Logistics，TPL)，简单地说是指由物流的供应方和物流的需求方之外的第三方所进行的物流。复杂一点说，第三方物流是指专业化的物流中间人(或称为物流代理人)以签订合同的方式为其委托人提供所有的或某一部分的物流。

2. 第三方物流的分类

(1) 按照物流企业完成的物流业务范围的大小和所承担的物流功能，可将物流企业分为综合性物流企业和功能性物流企业。

（2）按照物流企业是自行完成和承担物流业务，还是委托他人进行操作，还可将物流企业分为物流自理企业和物流代理企业。

3．第三方物流的好处

第三方物流给客户带来了众多益处主要表现如下：

（1）集中主业。

（2）节省费用，减少资本积压。

（3）减少库存。

（4）提升企业形象。

4．第三方物流的特征

（1）第三方物流是以现代电子信息技术为基础。

（2）第三方物流是合同导向的一系列服务。

（3）第三方物流是专业化、个性化的物流服务。

5．电子商务与第三方物流

为适应电子商务的发展，物流企业不进行固定资产的再投资，转为采用一种全新的物流模式——物流代理，即物流渠道中专业化物流中间人，以签订合同的方式，运用自己成熟的物流管理经验和技术，在一定期间内，为电子商务客户提供高质量的服务。通过这种模式，电子商务在企业外部建立起最佳"企业物流管理代理模式"。

6．第三方物流与物流一体化

物流一体化是物流产业化的发展形式，它必须以第三方物流充分发展和完善为基础。同时，物流一体化的趋势为第三方物流的发展提供了良好的发展环境和巨大的市场需求。

从物流业的发展看，第三方物流是在物流一体化的第一个层次时出现萌芽的，但是这时只有数量有限的功能性物流企业和物流代理企业。第三方物流在物流一体化的第二个层次得到迅速发展。专业化的功能性物流企业和综合性物流企业以及相应的物流代理公司出现，发展迅速。这些企业发展到一定水平，物流一体化就进入了第三个层次。

2.4.3　新型物流

1．第四方物流

1) 第四方物流的含义

第四方物流是一个供应链集成商，它调集和管理组织自己及具有互补性服务提供商的资源、能力和技术，以提供一个综合的供应链解决方案。第四方物流不仅控制和管理特定的物流服务，而且对整个物流过程提出整体解决方案。

2) 第四方物流的特点

（1）提供一个综合性的供应链解决方法，以有效地适应需方多样化和复杂的需求，集中所有资源为客户完美地解决问题。

（2）通过影响整个供应链来获得价值。

3) 第四方物流的基本功能

(1) 供应链管理功能。

(2) 运输一体化功能。

(3) 供应链再造功能。

4) 第四方物流应用模式

(1) 知识密集型模式。

(2) 方案定制模式。

(3) 整合模式。

2．精益物流

1) 精益物流的含义

精益物流指以精益思想为指导，能够全方位实现精益运作的物流活动。精益物流是通过消除生产和供应过程中的非增值的浪费，以减少备货时间，提高客户满意度的。精益物流的提出，是和现代经济社会的发展紧密相关的，这是因为，物流企业的用户，尤其是像制造业、快递业、电子商务这样的用户，其本身受客户的要求拉动，迅速实现了精益化，根据精益化的原理，这种拉动作用必然会沿着价值的流程一级一级的传导，这种拉动作用深入到物流领域就催生出了精益物流。

2) 精益物流的目标

根据顾客需求，提供顾客满意的物流服务，同时追求把提供物流服务过程中的浪费和延迟降至最低程度，不断提高物流服务过程的增值效益。企业在提供满意的顾客服务水平的同时，把浪费降到最低程度。

3) 精益物流的基本原则

(1) 从顾客的角度而不是从企业或职能部门的角度来研究什么可以产生价值。

(2) 按整个价值流确定供应、生产和配送产品中所有必需的步骤和活动。

(3) 创造无中断、无绕道、无等待、无回流的增值活动流。

(4) 及时创造仅由顾客拉动的价值。

(5) 不断消除浪费，追求完善。

4) 实现精益物流认识问题

(1) 精益物流的前提。

(2) 精益物流的保证。

(3) 精益物流的关键。

(4) 精益物流的生命。

精益物流是精益思想在物流管理中的应用，是物流发展中的必然反映。基于成本和时间的精益物流服务将成为中国物流业发展的驱动力。

3．绿色物流

1) 绿色物流的含义

绿色物流(Environmental Logistics)也称环保物流，是指为了使顾客满意，连接绿色供

给主体和绿色需求主体，克服空间和时间阻碍的有效、快速的绿色商品和服务流动的绿色经济管理活动过程。

2）绿色物流发展原因

包括：环境问题广受关注，物流市场不断拓展。

3）绿色物流的意义

绿色物流适应了社会发展的潮流，是全球经济一体化的需要，同时也是物流不断发展壮大的根本保障。绿色物流是最大限度降低经营成本的必由之路。

4）绿色物流的内容

(1) 绿色储存。

(2) 绿色运输。

(3) 绿色包装。

(4) 绿色加工。

(5) 绿色的信息搜集和管理。

(6) 在物流过程中抑制物流对环境造成危害的同时，实现对物流环境的净化，减少资源的消耗，使物流资源得到最充分利用。

5）绿色物流与传统物流的差异

(1) 具体的功能和内容不同：绿色物流在履行一般商品流通功能的同时，还要履行诸如支持绿色生产、经营绿色产品、促进绿色消费、回收废弃物等以环境保护为目的的特殊功能。

(2) 目标不同：绿色物流的目标是在传统物流各种经济利益目标之外，加上了节约资源、保护环境这一既具有经济属性，又具有人文社会属性的目标。

(3) 物流流程不同：在将来的物流管理中，物流控制的对象包含了生产商、批发商、零售商和消费者全体，并且物流流程不再是从上到下，信息流程也不再是从下而上，而是不断循环往复。

项 目 小 结

随着电子商务的进一步推广与应用，物流对电子商务活动的影响日益明显，本项目从现代物流概述入手，介绍了物流的特点、过程及发展前景，对电子商务物流系统合理化进行了分析，并对我国发展电子商务物流面临的挑战及对策进行了阐述。介绍了电子商务下几种主要的物流模式，如物流一体化、第三方物流、绿色物流等新型物流模式等。电子商务下企业成本优势的建立和保持必须以可靠和高效的物流运作模式作为保证，这也是现代企业在竞争中取胜的关键。

教学建议：

建议本章讲授 4 课时，实验 2 课时。

【推荐研究网址】

1. www.chinawuliu.com.cn　　　中国物流联盟网
2. www.jctrans.com　　　　　　锦程物流交易网
3. www.56star.com　　　　　　中国物流商务中心网

习 题 与 思 考

(1) 谈谈对物流概念的不同认识以及物流的不同分类情况。

(2) 物流的功能有哪些方面？这些功能是如何体现的？

(3) 包装的保护技术主要有哪些？如何应用相关技术？

(4) 常见的机械化搬运装卸工具有哪些？

(5) 判断商品储存是否合理的主要标志有哪些？如何使商品储存合理化？

(6) 第三方物流与物流一体化的关系是什么？

(7) 第四方物流的特点有哪些？精益物流的基本原则是什么？

(8) 绿色物流主要包括哪些内容？

项目三

电子商务物流系统设计

知识目标

了解电子商务物流系统的含义、组成及特点
理解电子商务物流系统的发展概况与模式

能力目标

了解电子商务下物流系统的要求目标，学会对电子商务物流系统进行分析和设计

项目任务

任务一　了解电子商务物流系统
任务二　进行电子商务物流系统分析
任务三　明确电子商务物流系统设计的要求和目标

任务导入案例

北京现代汽车有限公司全国布局，累计产销突破 1000 万辆，累计纳税超过 1100 多亿元，累计工业产值 9100 多亿元。北京现代公司正以高效率"现代速度"滚动发展，创造着中国汽车工业的一个奇迹。

北京现代公司之所以取得令世界瞩目的佳绩，既受益于自方方面的支持，也缘于自身的不懈努力，更离不开与之发展相匹配的、高效而强大的电子商务物流系统的支撑。据悉，北京现代公司没有设立独立的物流部，而是将涉及轿车生产与销售的全部物流活动分为 4 部分。其中，调配物流由采购部负责，生产物流由生产部具体安排，销售物流由销售部管理，三部门各司其职，通过信息系统实现部门间相互沟通，协调一致；而在配件物流方面，北京现代公司正在与韩国现代公司商谈成立合资公司，负责售后零部件的管理与配送。北京现代公司的成功一部分是来源于物流系统的成功。

请思考：为什么说北京现代公司的成功一部分是来源于电子商务物流系统的成功？

任务一 电子商务物流系统概述

3.1 电子商务物流系统

本节将从电子商务物流系统的概念、电子商务物流系统模型、电子商务物流系统的合理化等方面进行论述。

3.1.1 电子商务物流系统概述

医疗系统、教育系统、计算机系统、网络通信系统、地理信息系统及其他各类系统，经常出现在我们工作、生活周围。"系统"这一术语已经为人们广泛使用，但至今尚无统一的定义。一般认为系统的定义是：系统是由多个元素有机结合在一起，并执行特定的功能以达到特定目标的集合体。

从物流的概念中可以了解到，整个物流过程是一个多环节的非常复杂的系统，它包含运输、储存、包装、装卸搬运、流通加工、信息处理等各功能要素。这些功能要素又相互配合、协调工作，完成物流的特定目标。因此，物流系统是指在一定时间和空间内，由所需位移的物资与包装设备、装卸机械、运输工具、仓储设施、人员和信息联系等若干互相制约的动态要素所构成的有机整体。

电子商务实现的是无纸化的贸易、消费和服务的方式，是信息化和网络化的产物，其优势在于简化流程、降低成本和提高效益。但是，虽然加上了"电子"二字，电子商务并没有真正改变其商务本质，归根结底还是产品(商品)、渠道、促销和定价。换句话说，就是营销环境、市场分析和目标销售、购买行为、产品策略、渠道策略、促销策略、定价策略和营销组合等企业经营活动。

电子商务需要解决网上安全支付、网络安全、金融认证体系、安全体系、产品品种和经营模式等一系列问题，综合来说，完整的电子商务应该包括商流、物流、信息流和资金流四个方面。但是在目前情况下，随着支付体系的不断建立健全，商流、信息流、资金流都可以在网上进行，更多的目光就应该集中于如何建立电子商务的物流系统这一问题上来。电子商务的基础——建立高效可靠的物流系统，已经成为竞争的关键。电子商务在线服务背后的物流系统的建立，成为电子商务解决方案的核心部分。

电子商务物流系统是指企业运用网络化的技术和现代化的硬件设备、软件系统及先进的管理手段，通过一系列包装、流通加工、装卸搬运、储存、运输、配送等工作，定时、定点、定量地交给没有地域范围限制的各类客户，满足其对商品的需求。从上述概念中可以看出，电子商务物流系统与传统的物流系统并无本质的区别，不同之处就在于电子商务物流系统突出强调一系列信息化、自动化、柔性化工具的应用，以及准确、及时的物流信息对物流过程的监督，它更加强调物流的速度、物流系统信息的通畅和整个物流系统的合理化。电子商务物流系统既是电子商务系统中的一个子系统或组成部分，也是社会经济大系统的一个子系统。

电子商务物流系统与一般系统一样，具有输入、转换和输出三大功能。通过输入和输出，使物流系统与电子商务系统及社会环境进行交换，并相互依存。输入包括人、财、物和信息；输出可以包括效益、服务、环境的影响以及信息等；而实现输入到输出转换的则是电子商务物流的各项管理活动、技术措施、设备设施和信息处理等。

3.1.2 电子商务物流系统模型

电子商务的物流作业流程同普通商务一样，目的都是要将客户所订货物送到客户手中，其主要作业环节与一般物流的作业环节一样，包括商品包装、商品运输、商品储存、商品装卸和物流信息管理等。

电子商务物流系统的基本业务流程因电子商务企业性质不同而有所差异。如，制造型企业的电子商务系统，其主要业务过程可能起始于客户订单，中间可能包括与生产准备和生产过程相关的物流环节，同时包括从产品入库直至产品送达客户的全部物流过程；而对销售型的电子商务企业(如销售网站)而言，其物流过程就不包括生产过程物流的提供，但其商品组织与供应物流和销售物流的功能则极为完善；对于单纯的物流企业而言，由于它充当的是为电子商务企业(或系统)提供第三方物流服务的角色，因此，它的功能和业务过程更接近传统意义上的物流或配送中心。

虽然各种类型的电子商务企业的物流组织过程有所差异，但从电子商务物流过程的流程看还是具有许多相同之处。具体地说，其基本业务流程一般都包括进货、进货检验、分拣、储存、拣选、包装、分类、组配、装车及送货等。与传统物流系统不同的是，电子商务的每个订单都要送货上门，而有形店铺销售则不用。因此，电子商务的物流成本更高，配送路线的规划、配送日程的调度、配送车辆的合理利用难度更大。与此同时，电子商务的物流流程可能会受到更多因素的制约。图 3-1 所示为电子商务物流系统的一般过程。

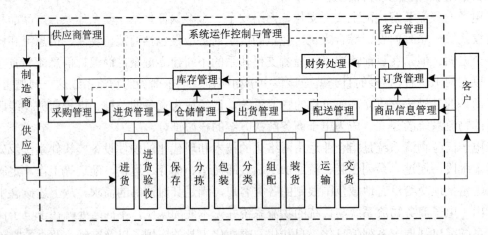

图 3-1　电子商务物流系统

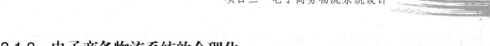

3.1.3 电子商务物流系统的合理化

物流的各种功能是相互联系的，只有整体考虑和综合管理物流系统的各个子系统，才能有效地推进物流系统的合理化。物流系统作为电子商务运作的基础，它的改善可以带来巨大的经济利益。物流系统的合理化对于电子商务企业至关重要，必将成为电子商务企业最重要的竞争领域。如果物流系统的建立不合理，则有可能产生由于相互抵消作用而导致企业走入恶性循环。对电子商务企业来说，要实现物流系统的合理化，必须注意五个方面的内容，具体阐述如下。

1. 仓储合理化

电子商务企业的流动资金大部分被库存商品所占用，降低库存可以减少占用的流动资金，加快资金周转速度。但是，库存降低是有约束条件的，它要以满足客户需求为前提。实现仓储合理化要考虑以下几方面的内容。

(1) 实行 ABC 管理。一般来说，企业的库存物资种类繁多。每个品种的价格不同，且库存数量也不等。有的物资品种不多但价值很大，而有的物资恰恰相反，所以，均给予相同程度的重视和管理是不切合实际的。为了使有限的时间、资金、人力、物力等企业资源能得到更有效的利用，应将管理的重点放在重要的库存物资上，对库存物资进行分类管理和控制。ABC 分类管理方法就是，将库存物资按重要程度分为特别重要的库存(A 类)、一般重要的库存(B 类)和不重要的库存(C 类)三个等级，然后针对不同等级分别进行管理和控制。ABC 分类管理法包括两个步骤：一是进行分类；二是进行管理。

(2) 应用预测技术。销售额的估计和出货量的估计需要正确的预测，这是库存管理的关键。由于库存量和缺货率是相互制约的因素，因此，要在预测的基础上，制定正确的库存方针，使库存量和缺货率协调，取得最好效果。

(3) 科学的库存管理控制。库存管理控制是指使用相关方法、手段、技术、管理及操作方法进行库存控制，严格控制物资的选择、规划、订货、进货、入库、储存直至最后出库。这些过程的作用结果，最后实现了在满足销售的情况下合理控制库存的目的。库存控制应综合考虑各种因素，满足以下三方面要求：第一，降低采购费和购入价格等综合成本；第二，减少流动资金，降低盘点资产；第三，提高服务水平，建立完善的反馈机制，防止缺货。

2. 运输合理化

对于电子商务企业来说，运输是其物流系统的重要组成部分，这是由电子商务自身跨区域的特点决定的。因此，电子商务企业的运输合理化具有重要的意义。合理化的途径主要有以下几个方面。

(1) 运输网络的合理配置。应该区别储存型仓库和流通型仓库，合理配置配送中心，中心的设置应该有利于货物直送比率的提高。

(2) 选择最佳的运输方式。首先要决定使用水运、铁路运输、汽车运输或航空运输。如果使用汽车运输，还需要考虑车型以及使用自有车辆还是委托运输公司。

(3) 提高运送效率。努力提高车辆的运行率和装载率，减少空车行驶，缩短等待时间或者装载时间，增加有效的工作时间，降低燃料消耗。

(4) 推进共同运输。提倡部门、集团、行业间的合作，以及批发、零售、配送中心之间的配合，提高运输工作的效率，降低运输成本。

当然，运输的合理化还必须考虑包装、装卸等有关环节的配合及其制约机制，必须依赖有效的信息系统，才能实现其目标的改善。

3．配送合理化

对于电子商务物流系统来说，配送是物流系统中的重要环节之一。国内外推行配送合理化，有一些可供借鉴的办法。

(1) 推行具有一定综合程度的专业化配送。通过采用专业设备、设施及操作程序，取得较好的配送效果，并降低配送过分综合化的复杂程度及难度，从而追求配送合理化。

(2) 推行共同配送。通过共同配送，可以以最近的路程、最低的配送成本完成配送，从而追求合理化。

(3) 推行准时配送系统。准时配送是配送合理化的重要内容。做到了配送准时，企业才有资源把握，可以放心地实施低库存或零库存，可以有效地安排接货的人力和物力，以追求最高效率的工作。另外，保证供应能力也取决于准时供应。

(4) 推行即时配送。即时配送可以体现电子商务企业的竞争优势。即时配送是电子商务企业快速反应能力的具体化，是物流系统能力的体现。即时配送成本较高，但它是整个配送合理化的重要环节。此外，在 B2B 业务中，即时配送也是企业实行零库存的重要手段。

4．物流成本合理化

物流成本合理化管理主要包括以下几点。

(1) 物流成本预测和计划：物流成本预测是对物流成本指标和计划指标事先进行测算平衡，寻找降低物流成本的有关方法，以指导成本计划的制定。而物流成本计划是成本控制的主要依据。

(2) 物流成本计算：在计划开始执行后，对产生的生产耗费进行归纳，并以适当方法进行计算。

(3) 物流成本控制：采取各种方法严格控制和管理日常的物流成本支出，使物流成本降到最低限度，以达到预期的物流成本目标。

(4) 物流成本分析：对计算结果进行分析，检查和考核成本计划的完成情况，找出影响成本升降的主客观因素，总结经验，发现问题。

(5) 物流成本信息反馈：收集有关数据和资料并提供给决策部门，使其掌握情况并加强成本控制，保证规定目标的实现。

(6) 物流成本决策：根据物流成本信息反馈的结果，决定采取以最少耗费获得最大效果的最优方案，以指导今后的工作，更好地进入物流成本管理的下一个循环过程。

5．建立健全物流信息系统

为了有效地对物流系统进行管理和控制，必须建立完善的信息系统。信息系统的水平是物流现代化的标志。电子商务物流最大的特征就是以信息为主，所以，物流信息系统建设要求有更高的起点。电子商务物流信息系统建设一般要具备以下几方面内容。

(1) 即时有效的物流管理系统。它需要提供即时准确的物流信息，充分满足物流系统各项作业需求，并能整合相关的硬件设备与软件系统，提供格式化的表单，由进货入库到出库运送的各个作业环节，均能做到灵活管理与控制。

(2) 运输规划与安排系统。鉴于电子商务跨地区的特点，物流系统的运输规划及安排就显得非常重要。在运输作业及管理需求上，它要能提供全面性的运输作业信息管理，能够有效地处理运(配)送时间、运(配)送路线、人员薪资和运货账款、相关设备及客户订单等管理事项。同时，该系统亦能提供整体运输作业中全程的管理功能，包括装卸和车辆专用场管理以及回程载运管理等。

(3) 订货管理系统。订货管理是一套完整的账务处理系统，它能处理物流中心每项货品的销售过程，控制每项货品的明确资料，该过程包括从电子商务客户下达订单开始到开立账单，直到信息进入仓储管理系统进行配送业务。

(4) 物流运作决策支持系统。物流运作决策支持系统是为进一步提高物流作业水平而设计的一套决策支持系统。这个系统通过界面连接物流管理系统，成为一个高层管理者实现管理控制的工具。它能协助管理人员，在复杂的物流作业决策上，迅速而有效地做出正确的决定。需要强调的是，物流系统的合理化追求的并非只是各个单一环节的合理化，而是应从整体效益出发，力求在确保实现整体目标的前提下，对各个物流环节的优化。

 任务二　电子商务物流系统分析

3.2　电子商务物流系统分析

3.2.1　电子商务物流系统分析的概念

系统分析就是以系统的观点，对已经选定的对象与开发范围进行有目的、有步骤的实际调查和科学分析。系统分析的主要目的是建立新系统的逻辑模型，因此，系统分析通常又称为系统的逻辑设计。

系统分析是一个反复调查、分析和综合的过程，在电子商务物流系统开发过程中是一个重要环节，起到承上启下的作用。依据系统规划阶段确定"做什么"的目标之后，对总体规划中的目标进一步落实和细化，开始建立新系统的上层逻辑模型，从而为后续的系统设计阶段提供"怎么做"的依据。

物流系统分析是利用科学的分析工具和方法，从物流系统整体最优出发，对物流系统进行定性和定量的分析，并确定系统的目标、功能、环境、费用和效益等一系列问题。电子商务物流系统分析主要包括两个方面，即系统外部环境分析和系统内部分析。

1. 系统外部环境分析

电子商务物流系统的外部环境非常复杂，物流与各种环境因素密切相关，离开外部环境来研究物流系统是不可能的。系统外部环境分析的内容如下。

(1) 商品供应情况。商品是电子商务的主体，具有一定数量和品质的商品供应是电子商务系统运行的基础，商品的规模和构成决定了电子商务物流系统的深度和广度。

(2) 商品的销售状况。商品销售的规模决定了电子商务物流的规模。销售商品的结构决定了电子商务物流的构成。商品销售的速度越快，则要求商品采购的速度越快，从而要求物流的速度越快。

(3) 社会经济状况。电子商务和传统商务一样，归根结底是以货币为媒介的。社会经济状况决定了购买力的投向，电子商务也必然受其影响，从而间接影响物流系统。

(4) 网络环境状况。由于我国网络建设起步很晚，地区经济发展又极不平衡，因此，电子商务的发展很不均衡。在进行电子商务物流系统分析时，需要对该地区的网络环境及发展潜力进行充分细致的调查分析，从而确定该地区物流系统的规模和水平。

(5) 国家的方针、政策和制度。国家的方针、政策和制度也影响着电子商务物流系统的发展，需加以关注。

2．系统内部分析

系统内部分析的内容如下。

(1) 商品需求变化的特点、需求量、需求对象、需求构成，以及所涉及的需求联系方法。

(2) 物流系统内部各子系统的有关物流活动的数据，包括采购、仓储和运输等。

(3) 新技术、新设备、新标准、新要求的实现状况。

(4) 库存商品的数量、品种、分布情况、季节性销售变化、产品质量状况，以及顾客产品的各种反馈意见等。

(5) 运输能力的变化、运输方式的选择，以及针对不同商品所要求的不同运输条件和运输要求等。

(6) 各种物流费用的占用和支出等。

3.2.2　电子商务物流系统分析的任务

系统分析是在总体规划的指导下，对某个或若干个子系统进行深入仔细调查研究，确定新系统逻辑观念的过程。系统分析阶段的主要任务是定义或制定新系统应该"做什么"的问题，暂且不涉及"怎么做"。

系统分析的基本任务主要包括用户需求分析和系统逻辑模型设计两方面。

1．用户需求分析

详细了解每一个业务过程和业务活动的工作流程及信息处理流程，理解广大用户对信息系统的需求，包括对系统功能、性能等方面的需求，对硬件配置、开发周期、开发方式等方面的意向及打算，最后形成系统需求说明书，这部分工作是系统分析的核心。

2．系统逻辑模型设计

在用户需求分析的基础上，运用各种系统开发的理论、方法和开发技术确定出系统应具有的逻辑功能，然后用适当的方法表达出来，形成系统的逻辑模型。

3.2.3　电子商务物流系统分析的工作步骤和工具

1．系统分析的工作步骤

系统分析是从用户提出开发新系统的要求开始，首先进行初步调查和可行性分析。

系统调查是系统分析阶段的首要工作。由于新系统是在"基于现行系统，又高于现行系统"的指导思想下进行的，因此，在进行新系统的逻辑模型设计之前，有必要对现行系统做全面、深入的调查和分析。调查流程如图 3-2 所示。

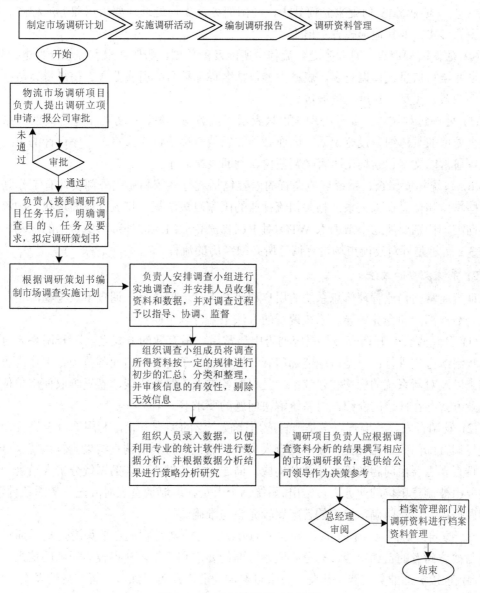

图 3-2　物流市场调研工作流程

1）系统调查的内容

(1) 组织结构调查。一般来说，企业的组织结构是根据企业的经营目标设置的。在对组织结构进行调查时，要搞清楚企业部门设置及行政隶属关系，画出企业组织结构图；根据每个部门的业务范围及人员职责分工情况，画出系统功能结构图。例如，物资管理包括物资计划、物资采购、物资库存管理、物资统计，而物资库存管理又由物资入库、物资出库、物资盘存处理等组成。由此可以得出全公司的功能结构图。

(2) 管理功能调查。为了实现系统目标，系统必须具有各种功能。各子系统功能的完成，又依赖于下面更具体的功能的完成。管理功能调查就是要确定系统的功能结构。

(3) 业务流程调查。根据系统功能结构图，详细调查每一个业务处理的变化过程，每一条信息(一项业务)从何处来到何处去，经由何处，如何处理。要求用业务流程图和数据流程图的形式，或其他形式表示出来。

(4) 数据流程调查。对业务处理流程中所涉及的单据、账册、报表等进行收集、分类、整理，并填写信息载体调查表。表格内容包括名称、编号、所属业务、信息量、数据项及其之间关系、类型、长度、值域等。

(5) 处理过程调查。业务处理流程只表示了业务与业务、业务与信息之间的关系，而对每个处理的具体细节没有说明，因而必须详细调查标识，作为将来程序设计的依据。处理过程通常以文字、结构化语言、判断树、判断表来表示。

(6) 系统环境调查。系统环境调查的内容包括现行系统和哪些外部实体有工作联系，有哪些物质和信息往来关系，相关物流行业的国家政策法规，物流行业的现状，物流市场的动向等。特别要注意中国加入 WTO 对中国物流企业组织的外部环境带来的深刻影响。如图 3-2 所示是针对物流市场进行调查所必须经历的流程。

2) 系统调查的方法

调查通常由物流管理信息系统的用户和研发人员一同进行，调查重点是物流企业组织的生产经营部门和企业领导。系统调查的方法主要有以下四种：

(1) 开调查会。开调查会是系统调查中最常用、最有效的方式之一。开调查会可以采用两种组织方式进行：一是按职能部门召开座谈会，了解各部门业务范围、工作内容、业务特点以及对新系统的想法和建议；二是召集各类人员联合座谈，着重听取使用单位对目前作业方式存在问题的介绍，对系统解决问题的要求等。

(2) 发调查表。发调查表也是一种应用比较广泛的调查方式，利用调查表进行调查可以减轻调查部门的工作负担，便于调查人员开展调查，得到的调查结果比较系统、准确。

调查表主要由问题和答案两部分构成。问题由主持调查工作的系统分析人员列出，答案主要由被调查单位的业务人员给出。系统调查人员在编制调查表时应充分考虑各种情况，使问题提得全面且明确，得到的答案比较完整与准确。

(3) 访问。访问是一种个别征询意见的办法，是收集数据的主要渠道之一。通过调查人员与被访问者的自由交谈，充分听取各方面的要求和意见，获得较为详细的信息。

(4) 直接参加业务实践。开发人员亲自参加业务实践可以深入了解信息的发生、传递、加工与存储等各个信息处理的环节，把握现有系统的功能、效率以及存在的问题，从而与管理人员共同研究出解决问题的办法。

2. 可行性分析

可行性分析是指分析在目前物流组织企业所处的内部状况和外部环境下，调查所提议的物流管理信息系统是否具备上马的必要资源和条件。可行性的含义不仅包括可行性，还包括必要性。系统的必要性来自于实现开发任务的迫切性，而系统的可行性则取决于实现应用系统的资源和条件。

1) 可行性分析的内容

可行性分析通常需要从开发的必要性、技术可行性、经济可行性、组织与管理可行性四个方面进行。

(1) 开发的必要性。电子商务物流系统的开发必须考虑到开发的必要性。如果物流企业的现行系统没有更换的必要性，或者物流业务人员对开发新系统的愿望并不迫切，那么新的电子商务物流系统的开发就不具备可行性。总之，需要根据物流企业现状、员工情况、现行系统功能和效率等，来决定开发电子商务物流系统的必要性。

(2) 技术可行性。电子商务物流系统的技术可行性主要从硬件、软件、网络和物流企业的技术力量等几个方面来考察，具体表现在以下几个方面：

① 硬件方面：主要包括计算机系统中的硬件设备，如硬盘、内存、输入/输出设备等的性能和价格，计算机硬件的稳定性和可靠性等。

② 软件方面：主要包括操作系统平台、数据库系统、开发工具等。

③ 网络：主要是指数据传输和通信方面的相关网络设备，如交换机、路由器、网卡以及网络软件，如通信协议、网络防火墙等。

④ 技术力量：主要考虑电子商务物流系统开发与维护人员的技术水平。这些人员包括系统分析员、系统设计员、程序员和软硬件维护人员。

(3) 经济可行性。经济可行性主要是对开发项目的成本和效益做出评价，即新系统所带来的经济效益能否超过开发和维护新系统所需要的费用。

经济可行性包括两个方面：一是初步估计开发新的电子商务物流系统需要多大的投资，目前资金有无落实；二是估计系统正常运行时期带来的效益，既包括可以用货币估算的经济效益，也包括不能用货币计算的间接效益。

(4) 组织和管理可行性。在进行可行性分析时，除了考虑技术、经济上的因素外，组织与管理可行性也是需要考虑的一个重要因素。

组织可行性主要考虑的范围包括：物流企业领导是否支持新系统的开发；各级管理部门对开发新系统的态度；其他各级人员对开发新系统的看法和需求侧重点；现行系统能否提供完整、正确的基本信息等。

管理可行性主要考虑以下三个方面的因素：

① 科学管理。只有在科学的管理方法、完善的管理体制、严格的规章制度、合理的管理程序和完备的原始数据基础之上，才能建立一个有效的电子商务物流系统。

② 物流企业业务流程的透明度及标准化程度。建立电子商务物流系统的目的就是要把物流过程数字化，物流过程越概念化，越清晰、透明、标准，就越容易将物流的过程用

计算机工具描述出来。国内外许多物流企业已认识到这一点，开始推行 ISO9001 标准的认证，这将有利于电子商务物流系统的开发及推广。

③ 物流企业外部环境变化。物流企业外部环境的变化对管理现代化具有深远的意义，因此，需要考察新系统是否能够服务于物流企业的长期发展战略，是否适应日新月异的科学技术和管理方法，是否能应对动态变化的市场竞争。

2) 可行性分析的步骤

可行性分析主要有以下六个步骤：

(1) 检查系统规模与目标。这个步骤的工作是为了确保分析人员现在描述的内容，就是系统将来要实现的目标。访问关键人员，仔细阅读和分析有关的材料，对系统调查阶段获得的关于规模和目标的报告书进一步核查确认，改正不正确的叙述，清晰地描述对目标系统的一切限制和约束。

(2) 研究当前的系统。现有的系统是信息的重要来源。显然，现有的系统必定能够完成某些有价值的工作，因此，新的目标系统必须也应能完成它的基本功能；现有的系统必然存在某些缺点，新系统必须要解决现有的系统中存在的问题。此外，系统运行的费用是一个重要的经济指标，如果新系统不能增加收入或者减少费用，那么从经济角度看新系统不如旧系统，也就没有必要开发新系统。

(3) 建立新系统的高层逻辑模型。优秀的设计过程通常是从现有的物理系统出发，导出现有系统的逻辑模型作为参考，设想目标系统的逻辑模型，最后根据目标系统的逻辑模型建造新的物理系统。

通过上述分析之后，分析人员对目标系统应该具有的基本功能及约束条件有了一定的了解，能够使用数据流图描绘数据在系统中流动和处理的情况，从而概括地表达出新系统的模型。

(4) 重新定义问题。新系统的逻辑模型实质上表达了分析人员对新系统必须做什么的看法，分析人员应该和用户一起再次复查问题定义、工程规模和目标，这次复查应该把数据流图和数据字典作为讨论的基础。如果分析人员对问题有误解或用户曾遗漏某些要求，那么就进行相应的改正和补充。

可行性研究得出的前四个步骤实质上构成一个循环。分析人员定义问题，分析问题，导出试探解法，在此基础上再次定义问题，再一次分析问题，修改这个试探解法，继续循环过程，直到提出的逻辑模型完全符合系统目标。

(5) 导出和评价解决方案。首先，分析人员从建议的系统逻辑模型出发，导出若干较高层次的物理解法以供比较和选择。导出供选择解法的最简单的途径，是从技术角度出发考虑解决问题的不同方案。当从技术角度提出了一些可能的物理系统之后，应该根据技术可行性的考虑初步排除一些不现实的系统。

其次，考虑操作的可行性。分析人员应根据使用部门事务处理的原则和习惯，自动检查技术上可行的方案，去掉操作过程中用户很难接受的方案。

再次，考虑经济方面的可行性。分析人员应该估计剩余的每个系统开发的成本和运行费用，并且估计相对于现有系统来说这个系统可以节省的开支或可以增加的收入。在这些估计数字的基础上，对每个可能的系统进行成本、效益分析。一般来说，只有投资预计能带来利润的系统才值得进一步考虑。

最后，根据可行性研究结果应该做出一个关键性决定：是否进行这项工程。如果分析人员认为值得继续研究，那么应该选择一个最好的解法，并且说明选择这个解法方案的理由。

(6) 拟订开发计划，书写文档并提交审查。分析人员应该拟一份开发计划，包括工程进度表和成本估计表，同时把各阶段的结果写成清晰的文档。

3) 可行性分析报告

电子商务物流系统可行性分析的结果以可行性研究报告的形式表达出来，内容主要包括：

(1) 电子商务物流系统概述；

(2) 现有电子商务物流系统的分析；

(3) 建议选择的电子商务物流系统；

(4) 可选择的其他电子商务物流系统方案；

(5) 投资及效益分析；

(6) 社会因素方面的可行性分析；

(7) 结论。

3. 系统分析工具

为了完成以上步骤中的各项工作，可采用如下工具：

(1) 业务流程图、数据流程图。这是对系统进行概要描述的工具。它反映了系统的全貌，是系统分析的核心内容，但是对其中的数据与功能描述的细节没有进行定义，这些定义必须借助于其他的分析工具。

(2) 数据字典。这是对上述流程图中的数据部分进行详细描述的工具。它起着对数据流程图的注释作用。

(3) 数据库设计工具。它采用规范化形式，运用它可以对系统内数据库进行逻辑设计。

(4) 功能描述工具——结构式语言、判断树、判断表。这是对数据流程图中的功能部分进行详细描述的工具，它也起着对数据流程图的注释作用。

任务三　电子商务物流系统设计的要求和目标

3.3　电子商务物流系统设计概述

电子商务物流系统设计就是将电子商务物流的各个环节联系起来，看成一个整体进行设计和管理，以最佳的结构和最好的配合，充分发挥其系统功能和效率，实现电子商务物流整体合理化。电子商务物流系统所要达到的具体目标主要有以下几个方面。

(1) 服务性。针对网络客户，要达到无缺货、无货物损伤和丢失等现象，并且物流成本相对较低。

(2) 快捷性。按照网络客户指定的地点和时间迅速将货物送达，为此可以把配送中心设立在供给地区附近，或者利用有效的运输工具和合理的配送计划等手段。

(3) 有效利用空间。对城市市区面积的有效利用必须加以充分考虑，应该逐步发展自动化设施和有关物流机械设备，以便达到空间的有效利用。

(4) 规模适当。要根据网络企业实际状况建立物流设施，同时兼顾机械化和自动化的合理运用、信息系统所要求的电子计算机等信息设备的利用等。

(5) 库存控制。如库存过多则需要更多的保管场所，而且会产生库存资金积压，造成浪费，因此，必须按照生产与流通的需求变化对库存进行控制。

要实现以上目标，就要认真研究，把从采购到消费的整个物流过程作为一个流动的系统，进行详细的分析和设计，找出电子商务物流系统的设计要素，然后设计物流系统的具体操作程序，进一步运用各种技术方法，最后对电子商务物流系统进行评价，最终达到物流整个作业设计合理化和现代化，从而降低物流的总成本。

3.4　电子商务物流系统分析与设计案例

大恒 DH-LIS 物流系统由物流管理系统模块(仓储＋运输)、财务管理系统模块、办公自动化管理系统模块、客户关系管理系统模块、企业信息门户管理系统模块和货代管理系统模块组成。各系统结构如图 3-3 所示。

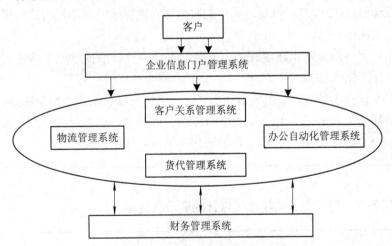

图 3-3　大恒 DH-LIS 物流系统结构图

1. 仓储管理系统模块

物流中心提供服务质量的好坏将直接影响到销售部门与其客户的供应关系，本系统将着眼于监控和努力提升物流中心的服务质量，使物流中心成为销售部门可信赖的伙伴。物流中心根据为销售部门提供的服务收费，随着业务量的逐渐扩大以及销售部门管理模式的变化和管理水平的提高，要求物流费用将会逐渐细化，这必然导致大量的计算。系统亦提供严格的安全管理和控制机制，以防止未经授权的任何操作(新增、修改、查询、删除、打印)，系统向用户提供操作日志，并记录是否使用了新增、修改、查询、删除、打印操作。

本仓储管理系统利用先进的条码识别和射频识别(RFID)技术，功能强大、技术先进，可使用户充分地控制仓库中所有货物的运转。系统具有图形用户接口、友好的人机界面、强大的查询能力、多重数据视图和内置的安全管理等多个优点，可使仓库管理更高效和更准确，能最大化客户满意度。系统能记录所有的库存活动，确保企业符合 ISO 标准。本系统的设计，将可以实现多物流中心(公司)的管理，进而为物流中心(公司)的全国性发展和组织架构提供坚实的基础。

仓储管理系统功能框图如图 3-4。

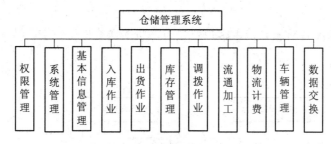

图 3-4 仓储管理系统功能框图

> **权限管理**

权限管理提供对安全管理的支持。包括以下内容：

· 用户权限管理。

建立系统模块资料、程序资料、组资料、用户资料；建立组程序及操作权限，对操作用户赋予程序和操作权限；建立操作用户与货主的对应关系，赋予操作人员业务权限。

· 日志管理。

查询操作日志，清除操作日志，参数设置。此模块独立运行，且只能由系统管理员使用。

> **系统管理**

系统管理包括以下内容：

· 参数设定。

系统初始化和运行时的一些重要数据的设定。

· 历史资料处理。

对系统运行中积累的历史数据做备份和删除处理。

· 日结处理。

对一天的进、出、存、退等进行汇总与统计，生成需上传下行的文件及完成文件的发送。

> **基本信息管理**

基本信息，是本系统的基础数据。基本信息管理包括以下内容：

· 区域资料。

包括：省份资料、城市资料、物流中心资料、作业班组资料、行车路线资料、计费区域资料等。多层组织架构和多物流中心系统与区域资料有关。

　　•　货主资料。

包括：行业资料、货主供应商资料、货主客户资料；

货主商品分类和计量单位；

货主商品资料；

货主送货地资料。

　　•　仓位资料。

包括：仓间和仓储位资料；

存量调整原因、客退原因设定、未出库原因；

　　•　报表查询。

包括：货主商品资料表、货主客户资料表、货主送货地资料表。

　　➢　**入库作业**

入库作业流程如图 3-5 所示。

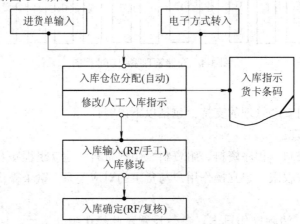

图 3-5　入库作业流程图

　　系统可实现可视的入库订单队列，可优化人力作业安排和月台管理，可对未知的加急收货或复杂的入库订单进行查询。多张入库订单综合处理，减小了收货站台操作的复杂性。能够支持多个公司、部门、仓库设施，最大限度提高资产的利用率。系统可灵活地接收如采购单、转仓单、产品转移单、客户退货等多种类型的入库订单。收货时使用移动 RF 条码扫描设备确保了库存的精确性。系统能够处理尚未在入库订单队列的产品，能够使用用户定义的代码收取过期、破损的货品，可对一张入库订单多次收货并能对例外全程管理。

　　系统对规定的货品记录批号和到期日以确保先进先出的库存周转。货品和包装的组合可配置超过四个测量单位(如单品、内包装、箱、托盘)以方便收货、物料处理、货运，同时预打印与货品相关的条码标签贴在入库货品上，以提供对库存跟踪的需要。

　　入库作业处理包含正常入库和客退作业。正常入库作业，根据销售部门的入库指示(预先通知或不通知)，将良品放置于良品库(区)，不良品放置于待处理区/不良品库/退货主区，每日入库结束后打印入库管制表反馈给销售部门。如果需接货，还应包括从第三地将商品运送到物流中心的过程。客退作业包括两种：直接退货和销售退货，系统对这两种退货方式作出不同的管理。对于直接退货，系统自动产生客退通知单。入库作业中可以对检验报

告未达的商品进行"待检作业"，以确保这些商品不会进入正常出货作业中。

正常入库包括如下处理：

- 正常入库。

入库通知单输入、应入库表、入库单状况查询、储位状况查询、验收入库输入、验收入库确认。

- 入库报表。

商品入库汇总表、商品入库明细表、商品入库分析表、入库单入库汇总表、入库单入库明细表。

- 客退作业。

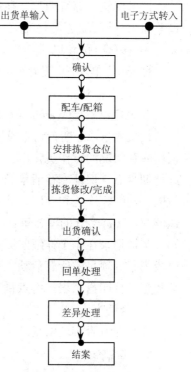

客户退货通知单输入、客户退货入库输入、客户退货入库确认、客户退货单状况控制、客户退货商品汇总表、客户退货商品明细表、客户退货商品分析表、客户退货单入库明细表。

> **出货作业**

出库作业流程如图 3-6 所示。

出货作业，依据销售部门的出货指示(出货通知单)的要求，再经物流中心确认、配车、拣货、出货后，库存量相应减少。出货后，还应输入回单资料，如发生客户拒收的情况，则输入拒收原因，完成后打印配送管制表，以告知销售部门每日配送完成情况。

在出货通知单进行确认后，在进行配货作业前，可以进行"货权转移"作业，根据出货通知单对货主之间的库存进行平衡。

出货作业处理如下：

- 出货通知单。

出货通知单输入、出货通知单确认、预配作业、预配调整、受订汇总表、商品应出货表、

图 3-6 出库作业流程图

商品应出货查询表、缺货订单表、缺货订单明细表、缺货商品订单表、出货通知状况控制。

- 配车和配货作业。

安排车次、配车作业、车辆配载表、货权转移、配货作业(按车次)、配货作业(按出货通知单)、配货调整。

- 拣货作业。

安排拣货仓储位、打印拣货单、打印拣货缺货表、打印路单、拣货调整、安排拣货仓储位(通知单)、商品待出查询表。

- 出货作业。

出货确认、回单处理、客户签收附件登记、出货差异处理、未出库原因设置、结案处理。

- 出货报表。

货主出货汇总表、商品出货汇总表、商品出货查询表(按出货单、按客户、按送货地、汇总/明细)、商品出货分析表、车号出货表(汇总/明细)、配送管制表、客户签收附件登记表、已取消订单表。

> **库存管理**

库存管理包括以下内容:

- 库存调整。

批号调整、存量调整、存量已调整表、存量已调整表商品汇总表、调整原因汇总表、调整原因分析表。

- 移(仓)位和退厂。

移(仓)位单输入、移(仓)位单确认、移(仓)位表、退厂单输入、退厂单确认、已退厂表。

- 盘点作业。

仓库管理系统(Warehouse Management System,WMS)根据某 货品和(或)仓库区域确定的最大容量,定期自动生成周期盘点。WMS 自动为在某个地点(例如库存降为 0 的地区)调用库存状况的操作员作出一个周期盘点。在每次拣取、补货或放置差异发生时,自动生成周期盘点,保证库存清单长期正确。为满足用户要求和最大适应性,可根据项目、位置范围、地区、库区和仓库,计划和发布周期盘点。在线 RF 库存调查保证了库存问题的快速解决,支持会计的库货审计。所有的库存调整连同操作员 ID、时间戳和用户定义的原因码,都被记录在一个详细的历史文件中,提供彻底的审计跟踪。这些报表可跟踪某一指定时段内某一项目的所有活动。可以调整库存,申请删除已有编码,调整到期日期,调整份额数量,打印盘点表,盘点量输入,打印盘点差异,盘点量确认,打印盘盈亏表。

- 查询报表。

商品存量查询表(汇总、明细)、商品异动汇总表、商品异动分析表、商品异动查询。

> **车辆管理**

车辆管理包括以下内容:

- 基本资料。

车辆类型设定、自车车辆资料、外车车主资料、外车车辆资料、驾驶员资料、车辆费用种类。

- 运行资料。

车辆运行记录、车辆费用表、车辆费用分析表、司机费用分析表。

> **流通加工**

流通加工的内容包括:加工单输入、加工单确认、加工单删除、加工单状况查询和统计。

流通加工主要为货主商品进行改包装、贴标牌、组装、物料清单(Bill Of Material, BOM)处理等,将来会成为第三方物流的重要利润来源之一。流通加工的处理内容与货主要求有关,一般按货主要求对货品进行包装或加工处理。本模块为独立模块,有一套完整的作业流程和数据处理过程。流通加工流程如图 3-7 所示。

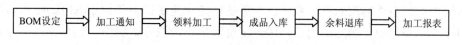

图 3-7　流通加工流程图

> ➢ 调拨作业

调拨作业是指依货主指示，将货物从一个物流仓库调拨到他处物流仓库。

调拨作业包括以下内容：

- 调拨通知单。

调拨通知单输入/转入、调拨单路线设定、调拨通知单确认、调拨商品跟踪、调拨到达登记、待出调拨单一览表、待出调拨单明细表、调拨单状况查询等。

配车作业、车辆配载表。

- 拣货作业。

安排拣货仓储位、打印拣货单、打印拣货缺货表、打印路单、拣货调整、调拨商品待出查询表。

- 出货确认。

查询报表：货主别调拨汇总表、商品别调拨汇总表、商品别调拨查询表(按调拨单、按拨入单位、汇总/明细)、调拨管制表、已取消调拨表、调拨清算汇总表、调拨清算明细表。

> ➢ 物流计费

第三方物流为货主提供的进、出、存等作业发生的费用均按事先签订的合约执行，合约中约定的收费内容和计费规则(物流计费)需在本模块中预先设定和输入，日结作业时系统会按设定的内容和规则对当日发生的业务进行计费。当约定发生变化时，需在物流计费中作及时的调整。本模块还提供查询报表功能。

物流计费包括以下内容：

- 基本费率设定。

按与货主签订的合约内容和计费规则，对接费(运输)、入库费、出库费、卸车费、装车费、配送费、退换货费、仓储费等进行设定。

- 特殊费率设定。

特殊计费种类的设定和输入。

- 特殊计费。

特殊计费输入、特殊计费明细表(按费用单、费用类别)。

- 统计报表。

货主物流费用总表、货主物流费用分析表、货主物流分类汇总费用总表、货主物流费用明细表等。

> ➢ 数据交换

可与货主的计算机系统进行数据交换(包括 EDI 数据)；

货主可通过 Internet 查询其托管货物的进、出、存等信息。

➤ **条码识别和射频识别**

本模块参照国外物流的管理系统,在系统中使用先进的射频识别(RFID)技术和激光条码识别技术,库位和货物的识别条码化,使仓库货物的进库、出库、装车、库存盘点、货物的库位调整、现场库位商品查询等数据实现实时双向传送,做到快速、准确、无纸化,大大提高效率、将人为出错率降到最低,从而降低仓储的成本费用。

2. 运输管理系统(Transportation Management System,TMS)模块

TMS 是基于网络环境开发的支持多网点、多机构、多功能作业的立体网络运输管理软件。TMS 是在全面衡量、分析、规范运输作业流程的基础上,运用现代物流管理方法设计的先进的、标准的运输管理软件。

TMS 采用先进的软件技术实现计算机优化辅助作业,特别是对于网络机构庞大的运输体系,TMS 能够协助管理人员进行资源分配、作业匹配、路线优化等操作。

TMS 与流行的 RF、GPS/GIS 系统可以实现无缝连接,在充分利用条码的系统内可以实现全自动接单、配载、装运、跟踪等。在运输管理系统中,主要为配送管理、车辆管理、查询报表、油物料管理、车队成本管理。该系统是对托运单的车辆分配,分配之后的出车、回车,以及油料物料管理等一系列货物由仓库到运送点发生的业务以及由之形成的成本进行管理,以达到车辆配送的最优化和车队成本的最低化。

➤ **配送管理**

配送管理包含了一些相关的基本资料、车辆配送、油料管理、物料管理、车辆管理等。它们所产生的一切费用在成本管理中进行体现和管理,如图 3-8 所示。

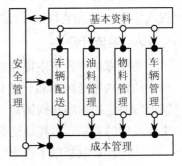

图 3-8 配送管理

• 基本资料。

基本资料是指对送货地区、行车路线、送货点路线和车辆资料、运输组织、人员资料、托运商/承运商资料、托运商运费合约等进行管理。

常规下,车队的车辆有自车和外车。基本资料里记录了车辆的相关属性,如车辆号码、用油种类、车辆规格等。除此以外,车辆也存在一些特别属性,比如说一辆车这个月属于车队 A,下个月就有可能调到车队 B。这些可能发生变动的属性我们把它罗列出来,在可能发生变动的时间间隔中进行设置,这就是车辆账期设定完成的功能。

为了区分不同的车队,系统中引入了运输组织这个概念来记录车队的相关资料。

和车辆的变动属性一样,人员的变动属性包括所属运输组织、角色(是管理人员还是驾驶员、搬运工、修理工)、聘用性质(是正式还是外聘)等,是在人员账期设定中进行设置的。

• 车辆配送。

车队在接到仓库传来的订单之后,就对这些订单进行处理。订单转为托运单有两种方式:可以是手工输入,也可以导入(从外部数据源导入托运单)。托运单确认之后进行配车、出车。相关的流程如图 3-9 所示。

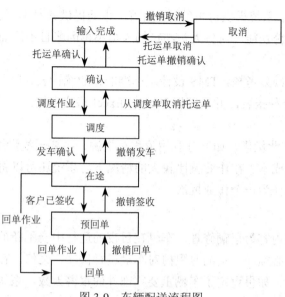

图 3-9 车辆配送流程图

- 接单。

通过 TMS 与客户系统的接口，可以实现自动接单，并直接转化为任务进行处理；可以通过网站在网上下单，客服人员也可以通过传统方式接单然后录入系统。系统可以提供主动服务功能，按照不同设定，系统能够定期启动查询潜在客户的主动服务，便于服务人员主动与客户接触，以免错过商机。托运单是进行配送活动的基础。托运单的来源是销售订单。

- 调度。

调度作业是运输的中心作业。调度需要准确及时掌握内外可以利用的资源状态、任务状况，负责对各项任务分配资源并控制作业进程。由于调度工作繁琐、复杂、多变，通过人工完成大量的作业经常出现差错，或资源使用不合理，作业效率低。TMS 采用尖端技术实现计算机辅助作业，优化资源利用效率，自动组合同类作业，确保作业准度和精度。车辆调度单可以由自动配车生成，也可以由人工输入。车辆调度单交给司机。也可以从 WMS 中依据配车资料导入调度单/出车单。

- 跟踪与反馈。

对货物状态的跟踪与及时反馈是体现服务水平、获得竞争优势的基本功能。TMS 通过与 GPS 的无缝连接，真正做到对货物状态的时时跟踪。系统能够按照不同要求为客户提供及时的状态信息反馈。

- 费用管理。

系统可提供运价查询以及费用估价功能。TMS 可计算每一笔业务的实际活动成本和实际收益，以便管理人员分析利润来源及确定进一步的业务发展方向。同时，系统能够对相同作业进行对比分析，对于各种可利用资源进行成本控制。

- 账单管理。

运输业务涉及的客户比较多，而且往来频繁，对于每个客户及各分包方的管理显得尤为重要。运输业务的特殊性经常导致与客户之间台账的错误及混乱。TMS 对账单的管理能够彻底改变这种状态，系统提供每单的详细账单，也能提供针对不同客户及分包方的台账，并设有到期未付账预警功能。财务人员与市场人员不再因账目不清而苦恼，部门之间的工作关系更为融洽。

为了方便管理及绩效考核，TMS 设计了标准的作业统计表、单车成本核算报表、利润 ABC 分类报表等几十种报表，并能够以 Word、Excel 格式存储。

· 作业优化。

TMS 能够实现作业优化，如充分利用返程车资源、主要干线沿途运输作业整合等等，有效的利用资源降低成本。在作业量比较大的情况下，系统还可以将一定时间段内发生的同一种作业集合起来作为一个作业批次。

➤ **车辆管理**

车辆管理的主要内容为车辆修理。车辆在日夜的运行中会不断的磨损、毁坏。为了避免车辆的中途换车，必须在一定的时限内对车辆进行保养、维修。在车辆零件达到使用极限时，对之进行更换。如果设定了车辆重要零部件的报警天数，系统将自动提醒用户更换该零部件。

车辆修理的流程如图 3-10 所示。

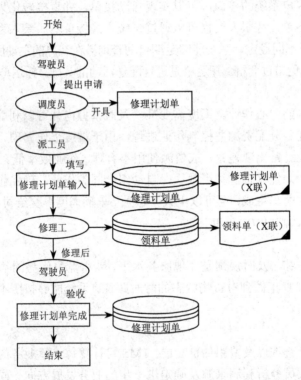

图 3-10 车辆修理流程图

➤ **查询报表**

在查询报表中系统列出了常用的一些报表，如果客户有特殊的要求可以进行订制。

车辆作业汇总、分析表可以查出某辆车一段时间内的出车资料。对不同出车任务的件

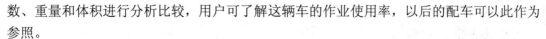

数、重量和体积进行分析比较，用户可了解这辆车的作业使用率，以后的配车可以此作为参照。

车辆费用汇总、分析表可以查出某辆车一段时间内发生的一切费用。用户就可参照事先制订的指标进行比较，对这辆车的费用进行控制，从而达到节约成本的目的。

此外还包含当日作业安排表、修理工修理报表等。

> **油物料管理**

系统支持多个库存组织。库存组织的划分可以有多种标准，例如多个物料仓库，或者自有物料、代管物料库等。系统中有油物料供应商、油物料分类、油物料基本资料等相关的基本资料。

油物料领用单是由修理工提出的，而修理工是根据司机提供的车辆报修单，并由此所开具的车辆修理作业单中涉及的修理项目需要用到的物品来填写领用单的。

货物存放于仓库，由于破损、自然损耗、被偷、破损补入等原因、有可能产生各种库存调整。

> **车辆成本管理**

车队在日常的运营中会产生不同形式的成本支出。对一个车队来说，控制它的日常运营成本是提高效益的主要手段和途径。因此如何控制这些成本，使它在可能的情况下降到最低点，是车队最关心的问题。

在这套 TMS 系统中，成本管理模块占着相当一部分的比重。我们制定了一套比较可行的方案，可以对这些成本进行分析、汇总及控制，以达到在与业务不相冲突的前提下，优化客户的成本支出。

3．财务管理系统模块

该系统是大恒公司与国际著名会计事务所合作，综合国内外财务管理需求而推出的财务管理解决方案，是面向大中型企业针对物流管理的"管理型"财务软件。大恒财务率先从设计思想上突破了单纯的"核算型"模式。该系统除了方便实用的核算功能外，更具有强大的财务管理能力。大恒财务可以协助财务经理根据企业目标制定符合需要的财务预算并进行控制，帮助用户进行有效的部门核算和项目成本核算，加强对应收/应付账款的管理，提供多方面的财务分析。该系统可以把财务部门繁琐的工作变得简单、明了，为财务经理/总经理提供及时准确的财务资料，以便他们做出正确的分析报告，以供企业领导者正确决策。财务管理系统功能框图如图 3-11 所示。

图 3-11　财务管理系统模块

主要功能：

• 账务处理；

- 总账管理;
- 财务报表系统;
- 银行对账系统;
- 固定资产子系统;
- 应收账款管理;
- 应付账款管理。

4. 办公自动化管理系统模块

办公自动化管理系统功能框图如图 3-12 所示。

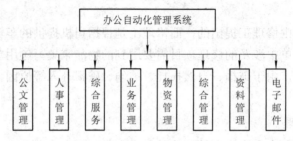

图 3-12　办公自动化系统模块

主要功能:

- 公文管理。
- 人事管理。

包括: 部门管理、薪酬管理、工资档案管理、考勤管理、员工管理、员工档案、合同管理、员工满意度、人事动态、招聘计划与面试、试用与合同、员工福利、考勤与加班、出差制度、请假制度、员工培训、考核与奖惩、辞职、退休与移交、人事档案、人力资源评测、绩效考核、决策支持等。

- 业务管理。

包括: 通讯录、提醒功能、日程安排等。

5. 客户关系管理系统模块

客户关系管理系统(CRM)框架如图 3-13 所示。

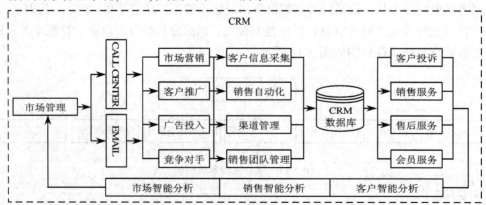

图 3-13　客户关系管理系统框架图

CRM 主要包含以下功能。

> **售前管理**

售前管理是客户关系管理(CRM)的核心内容之一。售前管理包括以下组成部分。

· 销售机会。

一般来说，销售机会是整个营销过程的起点，也是市场活动与销售活动的连接点之一。以销售机会为出发点，可以生成销售任务，然后销售任务分解为多个工作进程而进入报价、签约等各个工作流程环节，同时实现销售预算费用监控。系统应支持物流信息中心从定义销售机会开始，完成物流信息中心业务活动的全过程。通过使用销售机会，主要完成客户可能的购买行为信息的定义、维护和查询功能，并可通过转移键，将当前销售机会转为销售任务，同时进入销售任务表单录入界面，并将相应的销售机会的信息携带进销售任务，为物流信息中心及时抓住商机、扩大对客户和合作伙伴的销售提供帮助。

· 报价管理。

通过报价管理，主要完成对客户所作报价单的定义、维护和查询功能，并可以通过转移键，将当前报价单转化为一个新的销售订单，同时进入销售订单录入界面，并将相应的报价单的信息携带进订单。

· 机会挖掘。

机会挖掘主要是通过对客户和物流方案的历史交易信息，进行客户消费倾向和偏好的分析，以及物流方案受欢迎程度的分析，为物流信息中心在现有客户基础上挖掘更多的销售机会提供可能，同时也为物流信息中心作物流方案分析决策提供依据。

· 销售漏斗。

销售漏斗是销售自动化(SFA)的核心。通过设定跟单的不同状态相对应的成功率，把所有任务按照状态进行排行，预测出在一段时间内的销售额。通常漏斗的顶部是所有的销售机会，随着工作的进展，一些机会失去成单可能，因此逐渐被排除，所以整个机会管理呈现漏斗的状态。要保障最终的成单额，通过销售漏斗，可以从两个方面来管理：一是扩大漏斗的顶部，扩大销售机会的来源；二是控制每个机会的流程，提高每个阶段的成功率。

· 电子促销。

电子促销主要完成物流信息中心在进行物流方案促销活动中以电子邮件的形式进行活动宣传的工作。电子促销减少了繁琐且易出错的宣传信息邮递工作量，为物流信息中心节约大量的人力、物力和时间，提高市场部门办公效率。

> **销售管理**

销售管理是为与客户或合作伙伴进行订单签约、完成销售行为而涉及的售中工作管理。订单是物流信息中心销售业务的主要数据载体，也是客户关系管理的主要数据分析来源，因此销售订单管理是客户关系管理系统的重要组成部分。

· 销售订单管理。

信息中心对客户发出的服务订单作出响应。

销售订单是系统分析决策的主要数据来源，订单签约是物流信息中心所有业务活动的目的核心。通过订单管理主要完成对客户所下订单的定义、维护和查询功能。

- 订单计划。

订单计划是将订单按照预期订单动作(如催款、付款提醒、收款、退款等)进行有目标、有计划的订制。通过订单计划，可以订制分期收款等收款计划。在维护订单计划的过程中还可以不断修改订单动作。

- 执行计划、订单执行。

通过执行计划可以将订单计划按照不同的订单动作转成不同的执行记录：如催款动作可以转成催款邮件；付款提醒动作可以转成付款提醒邮件；收款动作可以转成销售收款；退款动作可以转成销售退款。订单执行功能可以查看、增加或删除执行动作，方便物流信息中心有步骤、有计划的完成日常工作，做到目标明确、有的放矢。

- 电子催收。

电子催收主要完成物流信息中心以电子邮件的形式对客户或合作伙伴的销售订单中的应收款项进行督促付款的行为。通过截取订单完成情况，能自动生成电子催收信函。它改变了信函或是电话电报的传统方式的费时、费力和花销大的缺点，减少业务人员繁琐的重复劳动，为物流信息中心节约大量的人力、物力和时间，提高销售部门办公效率。

- 订单账目。

订单账目主要是根据查询条件列出相应的订单及该订单的成交价、数量和金额。

➢ **客户服务**

客户服务是物流信息中心售后服务工作管理。

- 反馈处理。

一般来说，反馈单是物流信息中心客户服务过程的起点，也是客户关怀与服务活动的中间连接点。以反馈单为出发点，可以生成服务任务、销售任务、关怀任务，然后任务分解为多个工作进程而进入客户服务、销售和客户关怀等各个工作流程环节。通过反馈处理主要完成客户服务反馈单的录入、维护、关闭和查询功能。同时可以将某个客户反馈分解为多个任务来执行。及时有效地处理客户反馈信息，将有助于提高客户或合作伙伴对物流信息中心服务管理的信心，以及对物流信息中心的满意度和忠诚度。

- 关怀对象挖掘。

通过对客户和合作伙伴的历史交易信息进行分析，可以找出对物流信息中心的营业额、利润至关重要的客户和合作伙伴——价值客户；可以找出与物流信息中心交易发生上升或下降情况的客户和合作伙伴——价值变动客户；可以找出对物流信息中心的物流方案或服务不满程度较高的客户和合作伙伴——问题客户。通过分析适时提出客户关怀建议，为物流信息中心巩固老客户、提高老客户的满意度和忠诚度提供了可能。

- 关怀建议管理。

客户关怀是物流信息中心分析现有客户、伙伴为物流信息中心带来经济效益的变动情况，并采取措施维持现有客户的行为管理。

➢ **市场管理**

市场管理是为销售开辟渠道，营造售前、售中和售后环境的行为管理。

- 市场活动。

通过新增市场活动，主要完成物流信息中心市场活动的信息录入、维护和查询功能。同时还可以将某个市场活动参与者转化为销售机会，而进入销售管理的环节，并因此追踪某个市场活动引发的销售情况。

- 伙伴定额管理。

伙伴定额管理主要完成物流信息中心合作伙伴销售定额的制定、维护和查询功能。并可以直接链接到伙伴定额分析，直观看到合作伙伴销售定额的完成情况，为物流信息中心量化合作伙伴的管理标准、制定合作伙伴管理策略提供依据。

- 价格政策。

使用价格策略对销售订单上的物流方案定价，提供六种方式，即销量价格、客户价格、伙伴价格、现金价格、促销价格和员工价格权限。其中销量价格是根据一次性购买的物流方案数量定义的价格折扣率；客户/伙伴价格是根据不同的客户/伙伴分类定义的物流方案价格折扣率；现金价格是根据已签订订单的付款期限定义的物流方案价格折扣率；促销价格是指以促销为目的，在设定期限内的物流方案价格折扣率；员工价格权限是指设定了不同员工在报价或签订订单时可以报出的最低价格折扣率。计算公式为：物流方案定价 = 物流方案售价 × 最终折扣；根据员工价格权限设定情况的不同，最终折扣如下：如果已设定员工价格权限，系统提供的参考折扣将选择最终折扣和员工价格权限中折扣率低的一个数值；如果没有设定员工价格权限，系统的参考折扣就是最终折扣，即各种折扣的乘积。需要说明的是，在物流方案分类列表界面中，"分类名称"列的内容与物流方案分类时的设置是一致的，如果设置的物流方案分类还有下级分类，则下级分类自动继承上级分类的价格政策，同时可以为下级分类设定不同的价格政策。

➤ **工作流管理**

- 市场任务、市场工作进程。

处理市场任务的信息录入、维护、关闭和查询功能。将任务分解为多个人员执行。在任务下发到具体某个人执行时，市场任务有三个来源，一是直接新增任务，二是由市场活动分配生成，三是由反馈信息生成。另外还可以生成由任务所分解的相关具体工作进程，即市场工作进程，并具有制定、维护和查询功能，方便物流信息中心有步骤、有计划的完成日常工作，做到责任明晰。

- 销售任务、销售工作进程。

处理销售任务的信息录入、维护、关闭和查询。列出相关工作日程、产品列表、竞争对手、相关报价、相关订单、其他员工等信息；销售任务主要是通过新增订单、销售机会、市场活动和反馈信息生成。同时还可以生成由任务所分解的相关具体工作进程，即销售工作进程，并具有制定、维护和查询功能。

- 服务任务、服务工作进程。

服务任务主要是通过新增、市场活动、反馈信息和关怀建议生成。另外还可以生成由任务所分解的相关具体工作进程，即服务工作进程，并具有制定、维护和查询功能。

- 销售计划、费用预算。

销售计划和费用预算是以月份和季度为节点来制订的，并以部门为单位，分别列出本部门销售计划、费用预算、员工小计、下级部门小计、员工和下级部门小计，同时下级部门的销售计划和费用预算自动合计到上级部门。通过制订计划和预算，使物流信息中心可以有效控制费用，同时使所订计划更加的科学系统。

➢ **分析决策**

对客户、合作伙伴、竞争对手、市场、销售、服务、产品及员工的各种信息进行统计和分析，为物流信息中心发展提供决策依据。

- 销售分析。

销售状况：通过对物流信息中心一定时间范围内的客户、合作伙伴和产品产生的销售额、销售量和利润，利用不同的分析方法得出物流信息中心销售的趋势和构成分布情况。

销售构成：通过对物流信息中心一定时间范围内的每个客户、合作伙伴和产品产生的销售额和利润分别占物流信息中心所有客户、合作伙伴和所有产品产生的总销售额和利润的绝对数和相对数分析，得出物流信息中心销售的来源构成情况。

前期比较：通过对物流信息中心当前销售业绩与上期或去年同期销售业绩的比较分析，协助物流信息中心分析销售业绩变化的内部构成原因。

丢单分析：通过对一定时间范围内的销售任务失败的原因构成分析，协助物流信息中心寻找销售丢单的主要因素，从而有针对性地提高竞争能力。

- 市场分析。

市场活动分析：通过对物流信息中心一定时间范围内的所有市场活动带来的销售额、利润以及相关的预算、费用支出金额的统计分析，帮助物流信息中心寻找成功和失败的市场活动的经验教训，提高市场部门的运营效益。

竞争分析：通过对一定时间范围内的竞争对手成功和失败的次数，协助物流信息中心采取措施增强市场竞争能力，为进一步扩大销售提供帮助。

服务分析：首先是客户满意度分析。通过对物流信息中心一定时间范围内的反馈信息中反馈类型为"表扬"、反馈对象为"服务"的反馈单出现的比例，客观评价物流信息中心的客户满意程度，提高物流信息中心的各个管理运营效益。其次是客户投诉率分析。通过对物流信息中心一定时间范围内的反馈信息中反馈类型为"投诉"、反馈对象为"服务"的反馈单出现的比例，客观评价物流信息中心的客户投诉程度，总结教训，提高物流信息中心的各个管理运营效益。

- 产品分析。

价值产品分析：销售额排行，通过对物流信息中心一定时间范围内每个产品发生的订单金额来统计产品累计销售额，并按照销售额的多少进行降序分析，为物流信息中心寻找价值产品提供依据。销售量排行，通过对物流信息中心一定时间范围内每个产品发生的销售订单产品数量的统计，并按照订单产品数量的多少进行降序分析，为物流信息中心寻找价值产品提供依据。利润额排行，通过对物流信息中心一定时间范围内每个产品发生的订单产品利润来统计累计产品利润额，并按照利润额的多少进行降序分析，为物流信息中心

寻找价值产品提供依据。

问题产品分析：投诉排行，通过对物流信息中心一定时间范围内每个产品涉及的反馈类型为"投诉"的反馈单张数进行统计，并按照投诉单张数的多少进行降序分析，为物流信息中心寻找问题产品提供依据。退货排行，通过对物流信息中心一定时间范围内每个产品发生的退货金额来统计累计退货额，并按照退货金额的多少进行降序分析，为物流信息中心改进产品质量、寻找优先考虑的问题产品提供依据。

产品特征分析：通过对物流信息中心一定时间范围内，统计不同产品属性的产品销售额和利润情况分析，找出销售情况良好或不理想的产品特性，为物流信息中心的产品选型提供市场销售依据。

- 客户/伙伴分析。

价值客户/伙伴分析：交易次数排行，通过对物流信息中心一定时间范围内每个客户/伙伴同物流信息中心签订的销售订单张数的统计，并按照订单数量的多少进行降序分析，为物流信息中心寻找价值客户/伙伴提供依据。销售额排行，通过对物流信息中心一定时间范围内每个客户/伙伴同物流信息中心发生的订单金额来统计累计销售额，并按照销售额的多少进行降序分析，为物流信息中心寻找价值客户/伙伴提供依据。利润额排行，通过对物流信息中心一定时间范围内每个客户/伙伴同物流信息中心发生的订单利润来统计累计利润额，并按照利润额的多少进行降序分析，为物流信息中心寻找价值客户/伙伴提供依据。

问题客户/伙伴分析：退货排行，通过对物流信息中心一定时间范围内每个客户/伙伴对物流信息中心产品填列的退货单的金额来统计累计退货额，并按照退货金额的多少进行降序分析，为物流信息中心改进产品质量、寻找优先考虑的问题客户/伙伴提供依据。投诉排行，通过对物流信息中心一定时间范围内每个客户/伙伴的反馈类型为"投诉"的反馈单张数进行统计，并按照投诉单张数的多少进行降序分析，为物流信息中心寻找问题客户/伙伴提供依据。欠款排行，通过对物流信息中心一定时间范围内每个客户/伙伴的欠款金额进行统计，并按照欠款金额的多少进行降序分析。

友善客户/伙伴分析：表扬排行，通过对物流信息中心一定时间范围内每个客户/伙伴的反馈类型为"表扬"的反馈单张数进行统计，并按照表扬单张数的多少进行降序分析，为物流信息中心寻找样板客户/伙伴提供依据。建议排行，通过对物流信息中心一定时间范围内每个客户/伙伴的反馈类型为"建议"的反馈单张数进行统计，并按照建议单张数的多少进行降序分析，为物流信息中心寻找关心物流信息中心发展的友好客户/伙伴提供依据。联络分析，统计一定时间范围内与每一个客户的联系情况。

客户/伙伴特征分析：通过对物流信息中心一定时间范围内不同客户/伙伴属性的客户/伙伴销售额和利润情况分析，找出销售情况良好或不理想的客户/伙伴特性，为物流信息中心的客户/伙伴选型提供市场销售依据。

- 费用分析。

员工费用趋势：通过对物流信息中心一定时间范围内的指定员工的费用产生时间分布情况进行分析，帮助物流信息中心寻找员工费用发生的规律，为物流信息中心合理安排运营资金、制订资金计划提供依据。

部门费用趋势：通过对物流信息中心一定时间范围内的指定部门的费用产生时间分布情况进行分析，帮助物流信息中心寻找部门费用发生的规律，为物流信息中心合理安排运营资金、制订资金计划提供依据。

任务费用分析：通过对物流信息中心一定时间范围内的每种类型任务发生的费用进行分析，得出在不同时间段内费用的发生分布情况，协助物流信息中心有针对性地制订各项费用开支预算和监控。

费用执行分析：通过对物流信息中心一定时间范围内每种类型的各个任务发生的费用与任务预算进行比较分析，得出不同任务的预算执行情况，协助物流信息中心考核预算执行结果，针对差异寻找原因和解决途径，协助物流信息中心提高预算编制的准确度和费用控制的力度和手段。

费用计划分析：对物流信息中心一定时间范围内的指定部门或员工的月计划、月完成、月完成比率、合计计划、合计完成、合计完成比率情况进行分析。

预算分析：对物流信息中心一定时间范围内的指定部门或员工的预算和实际花费情况进行分析。

6. 企业信息门户管理系统模块

企业信息门户管理系统各功能模块如图 3-14 所示。

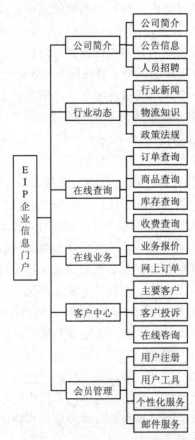

图 3-14　企业信息门户模块图

> ➢ **网上订单**

货主可登录 Web 页直接向物流公司下达货物入库订单、出库订单和其他指令信息，物流公司确认该笔订单信息后，订单自动转入物流信息系统中执行处理。

> ➢ **网上跟踪**

货主可登陆 Web 页查询自己货物的库存信息、订单跟踪情况。

> ➢ **网站信息管理系统**

网站信息管理系统广泛应用于大型专业网站、政府网站、企业网站等几乎所有的网站上，是将新闻、信息栏目、产品发布和业界动态等信息集中起来发布、管理、查询等的一种网站应用程序。网站信息通过一个操作简单的界面加入数据库，然后通过已有的网页模板格式与审核流程发布到网站上，无需设计每个页面，大大减轻了工作量，效率非常高。传统手工制作发布的网页信息不但无法检索堆积如山的信息，而且每次更新内容并上传的时候都会使服务中断，导致用户无法访问而使形象和服务大打折扣。网站管理系统使得网站内容可以实时更新而不中断服务，使新闻的发布变得更实时、高效。系统还集成了图片广告管理功能。智能分析系统可以跟踪分析网站访问者的习惯。网站信息管理系统基于 Web 工作界面，无论采编人员身处何地，无论通过局域网还是互联网，都能在浏览器中直接对稿件进行录入、浏览、修改、删除、查阅等稿件管理工作。所有的操作都可以通过浏览器完成，客户端不需要配置其他应用软件。

> ➢ **信息发布管理系统**

- 信息发布。

输入标题、内容、栏目、作者、转载来源等内容后系统即可自动生成新闻，并可立即发布到网站上，或按系统管理员设置的分级审查步骤审核之后才发布，以减少失误。

支持相关链接自动化，可搜索信息数据库并选择相应的信息作为该信息的相关信息，这与专题的性质相类似。

可定时发布信息，缺省方式为立即发布。

可利用 HTML 格式编辑工具编辑新闻，所见即所得。

- 信息管理。

信息管理实现网站内容的更新与维护，提供在后台输入、查询、修改、删除、暂停各新闻类别和专题中的具体信息的功能，每条信息还可选择是否出现在栏目的首页、网站的首页等一系列完善的信息管理功能。信息排序：可手工调整信息排列的顺序。

- 类别管理。

网站管理员可随时调整各类别，包括总类别以及下一级的类别等，都可以根据需要增加、修改或删除，支持多级子目录，也就是可以增加网站的栏目。这对于网站上新闻信息的分类调整以及网站发展规划中第二步的实现具有很大的作用，可以极大地减少二次开发的工作量。

类别管理提供的具体功能如下：增加、修改、删除新闻类别和专题的功能；更改类别顺序以确定新闻类别和专题在网站页面上出现的顺序的功能；更改新闻类别和专题的中文

名称及其英文目录名的功能。

- 专题管理。

可搜索信息数据库并选择相应的信息组成信息专题或新闻热点专题；可组建组图新闻、图片新闻，并自动生成可点击放大的组图；支持连载文章，连载文章中的每一篇均有明确的链接可以链接到其他任何一篇文章。

- 模板管理。

模板管理主要是用来管理网站各个栏目及不同页面的风格。借助模板管理，可以让用户随心所欲地按自己的风格来订制页面。

- 信息检索。

信息检索：可按关键字、标题、全文、作者、来源、发布时间、发布时间段等检索信息。

- 调查分析系统。

可用于单位内部民意调查、意见收集，也可以用于对外的客户调查，使用广泛。

- 邮件列表。

邮件列表(Mail List)是一种可以获得特定客户群体 E-mail 地址并快速方便地发送大批量电子邮件的工具。邮件列表具有传播范围广、使用简单方便的特点，只要能够使用 E-mail，就可以使用邮件列表。它和传统媒体最大的区别就是实时和个性化，每一份发送出去的内容都是不相同的，满足每个人的特殊要求。

将网站的更新内容及用户自己订制的特别内容定期或不定期以电子邮件方式自动发送给用户。系统自动发送和编辑信息，不需要人工管理，而且可以做到实时自动发送，同时可以自动通知到用户的手机上，用户就可以随时获取最新的信息，且只收取本人关心的信息。

邮件列表的典型应用如下：

办公自动化——向各级部门和职员一次性发送大量的传真、邮件，并可定期自动发送。

建立电子杂志——邮件列表的主要应用就是建立邮件杂志供读者订阅。

物流组织、俱乐部、学术讨论之间联络交流——公开的、多角色参与的电子讨论组，订户不仅能够订阅，同时还可以参与讨论，讨论内容将发送到所有订阅者的信箱。你也可以管理和授权，进行某些秘密话题的讨论。可以和世界各地或某个领域的专家一起讨论。

邮件列表功能强大，前台用户可以任意选择自己所喜欢的信息类别，可以选择发送的日期间隔，可以选择实时发送(一有新信息就自动发送)，可随时订阅或退订，可详细定义电子商务网站的商品和商业机会信息，可按用户的要求增加其他功能。后台的电子杂志编辑系统用于网络邮件列表的编辑、预览、HTML 优化、文章管理、发行，可创建自己的电子刊物模板，减少重复劳动。

- 网上招聘。

发布管理：对待发布职位信息定义发布的条件，如：发布语言、发布方式及发布时间等并进行发布；可设置多种发布方式并对其进行管理，如可发布到企业主页、招聘网站、猎头公司、职介中心等企业常用的招聘机构。

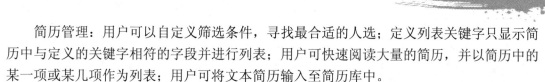

简历管理：用户可以自定义筛选条件，寻找最合适的人选；定义列表关键字只显示简历中与定义的关键字相符的字段并进行列表；用户可快速阅读大量的简历，并以简历中的某一项或某几项作为列表；用户可将文本简历输入至简历库中。

面试管理：信息丰富，使用便捷的电子化面试流程管理；针对不同职位建立相应的面试题库。

聘用管理：向应聘者发送录用通知；通知相应部门，办理相关手续；实现与企业 HR、OA 系统的无缝连接。

招聘效果分析：招聘效果分析可以分析出来自于不同招聘渠道的招聘效果，统计每种渠道收到的简历数，统计进入面试的人数，统计被聘用的人数；成本分析可以统计年度招聘总预算、部门预算、每个职位预算，统计实际发生的每个职位的招聘费用、部门费用；简历处理状况分析可以统计出每个部门简历处理效率及效果，有利于引导企业及部门改善招聘工作方法，提高工作效率。

项 目 小 结

本项目介绍了电子商务物流配送系统的特点，分析了电子商务环境下物流系统的组成，并阐述了电子商务物流配送系统的相关技术，构建了电子商务物流系统模型，对电子商务物流系统的部分功能模块进行了阐述，分析了物流信息系统建设中应该注意的问题与应对措施。

教学建议：
建议本章讲授 4 课时，实验 2 课时。

【推荐研究网址】

1. www.jctrans.com　　　　　　锦程物流交易网
2. www.all56.com　　　　　　　中国大物流网
3. www.e3356.com　　　　　　　三山国际物流网
4. www.chinawuliu.com.cn　　　中国物流联盟网

习 题 与 思 考

一、思考题

(1) 如何实现电子商务物流系统的合理化？

(2) 如何开展电子商务物流系统的分析与评价？

(3) 物流系统的含义是什么？其设计目标有哪些？

(4) 常见电子商务物流运作模式有哪些？

二、上机实训题

访问 IBM、锦程物流、联想公司或其他某一企业的官方网站，了解该企业电子商务解决方案的构成和功能。

项目四

电子商务物流信息技术

知识目标

了解电子商务物流技术。

能力目标

掌握电子商务下条码技术、射频识别技术、EDI、自动跟踪技术在物流中的应用。

项目任务

任务一 了解电子商务物流技术

任务二 掌握电子商务下条码技术、射频识别技术、EDI、自动跟踪技术在物流中的
        应用

|任务导入案例|

EDI 在物流中的应用

EDI 最初应用于美国企业间的订货业务活动中，其后 EDI 的应用范围从订货业务向其他业务扩展，如 POS 销售系统传送业务、库存管理业务、发货送货信息和支付信息的传送业务等。近年来 EDI 在物流中广泛应用，诞生了物流 EDI。

所谓物流 EDI，是指货主、承运业以及其他相关的单位之间，通过 EDI 系统进行物流数据交换，并以此为基础实施物流作业活动的方法。物流 EDI 参与单位有货主、承运业、实际运送货物的交通运输企业、协助单位和其他部门的物流相关单位。

物流 EDI 系统的优点在于供应链各组成部分基于标准化的信息格式和处理方法，通过 EDI 系统共同分享信息，提高流通效率，降低物流成本。例如，对于零售商来说，应用 EDI

系统可以大大降低进货作业的出错率，节省进货商品检验的时间和成本，能迅速核对订货与到货的数据，易于发现差错。

在过去，应用传统的 EDI 系统成本较高，一是因为通过 VAN 进行通信的成本高，二是制定和满足 EDI 系统标准较为困难，因此仅仅大企业因得益于规模经济能从利用 EDI 系统中得到利益。近年来，互联网的迅速普及，为物流信息活动提供了快速、简便、廉价的通信方式，从这个意义上说，互联网为企业进行有效的物流活动提供了坚实的基础。

提出问题：企业是怎样通过 EDI 取得成功的？

任务一　了解电子商务物流技术

电子商务物流技术主要包括以下内容：

(1) 条码技术：由一组特定规律排列的条、空及其对应字符组成的表示一定信息的符号。条码中的条、空分别由深浅不同且满足一定光学对比度要求的两种颜色(通常由黑、白)表示，条为深色，空为白色。

(2) 射频识别技术：优点是可非接触识读，抗恶劣环境强，保密性强，可同时识别多个对象，应用领域广。缺点是维修成本高，需高价购入设备。

(3) EDI 技术：按照协议，对具有一定结构特征的标准经济信息，经过电子数据通讯网络，在商业贸易伙伴的电子计算机系统之间进行交换和自动处理的全过程。

(4) GPS 技术：全球定位系统(Global Positioning Systemd, GPS)，它是利用分布在约 2 万米高空的多颗卫星对地面状况进行精确测定以进行定位、导航的系统。

(5) GIS 技术：地理信息系统(Geographic Information System，GIS)是人们在生产实践中，为描述和处理相关地理信息而逐渐产生的软件系统。它是以地理空间数据为基础，采用地理模型分析方法，适时地提供多种空间的和动态的地理信息。是一种为地理决策和地理研究服务的计算机技术系统。

GIS 经历了以下几个阶段：

第一阶段，准备阶段(1978～1980 年)；

第二阶段，起步阶段(1981～1985 年)；

第三阶段，全面发展阶段(1986 年至今)。

任务二　掌握电子商务下条码技术、射频识别技术、EDI 技术、
自动跟踪技术在物流中的应用

4.1　条　码　技　术

条码技术始于 20 世纪 60 年代，经几十年的不断改进，现已被世界各国广泛用于商品

流通、生产自动化管理、交通运输以及仓储管理和控制等领域。条码技术在仓储业的自动化立体仓库中发挥着重要作用，特别是对于小型物品的管理和入库不均衡的物品管理更显示出其优越性。

4.1.1 条码与编码技术

1. 条码技术

1) 条码的相关概念

(1) 条码：由一组规则排列的条、空及其对应字符组成的标记，用以表示一定的信息，以标识物品、资产、位置和服务关系等。

(2) 码制：条码符号的类型，每种类型的条码都由符合特定编码规则的条和空组合而成。

(3) 字集符：指某种码制的条码符号可以表示的字母、数字和符号的集合。

(4) 连续性与非连续性：连续性指每个条码字符之间不存在间隔；相反，非连续性是指每个条码字符之间存在间隔。

(5) 定长条码和非定长条码：定长条码指仅能表示固定字符个数的条码；非定长条码是指能表示可变字符个数的条码。

(6) 双向可读性：指从左、右两侧开始扫描都可被识别的特性。

(7) 条码密度：单位条码所表示条码字符的个数。

(8) 条码质量：指条码的印制质量。

2) 条码的分类

通常将条码分为一维条码和二维条码两类。

一维条码按条码的长度可分为定长条码和非定长条码；按排列方式可分为连续型条码和非连续型条码；按校正方式可分为自校验型条码和非自校验型条码。

二维条码可分为排式二维条码和矩阵式二维条码。

3) 条码的生成与识读

(1) 条码的生成过程如下：编制项目代码→是否采用预印刷方式→OK→制作条码胶片→到指定印刷厂印刷→条码质量检测。

编制项目代码→是否采用预印刷方式→NO→选择相应的条码打印设备→打印条码。

(2) 条码识读是指条码所表示的信息采集到计算机系统的过程，由条码识读设备来完成。

(3) 条码识读设备由条码扫描和译码两部分组成。

(4) 条码识读的分类：

从操作方式上分类，可分为手持式和固定式。

从原理上分类，可分为光笔、CCD、激光、拍摄。

按扫描方向分类，可分为单向、多向。

(5) 数据采集的分类：

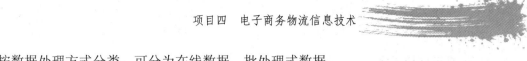

按数据处理方式分类，可分为在线数据、批处理式数据。

按产品性能分类，可分为手持终端、无线型手持终端、无线掌上电脑、无线网络设备。

4) 条码技术的特点

(1) 条码是由宽窄不同、反射率不同的条、空按照一定的编码规则组合起来的一种信息符号。

(2) 条码技术的组成：编码技术、符号表示技术、识读技术、生成与印刷技术、应用系统设计。

(3) 条码技术的特点：简单，信息采集速度快，信息采集量大，可靠性高，灵活，实用，自由度大，设备结构简单，成本低。

2. 编码技术

1) 商品代码和商品条码

商品代码是指用一组阿拉伯数字标识商品的过程，这组数字称为代码。商品代码与商品条码是两个不同的概念。商品代码代表商品的数字信息，而商品条码是表示这一信息的符号。要制作商品条码，首先必须给商品编一个数字代码。

商品条码的代码是按照国际物品编码协会统一规则编制的，分为标准版和缩短版两种。标准版商品条码的代码由 13 位阿拉伯数字组成，简称 EAN-13 条码；缩短版商品条码的代码由 8 位数字组成，简称 EAN-8 条码；条码前 3 位数字叫"前缀码"。

2) 商品编码原则

(1) 唯一性。唯一性是指商品项目与其标识代码一一对应，即一个商品项目只有一个代码，一个代码只标识一个商品项目。商品项目代码一旦确定，永不改变。

(2) 无含义。无含义代码是指代码数字本身及其位置不表示商品的任何特定信息。在 EAN 及 UPComing 系统中，商品编码仅仅是一种识别商品的手段，而不是商品分类的手段。

(3) 永久性。产品代码一经分配，就不再更改，并且是终身的。当某种产品不再生产时，其对应的产品代码只能搁置起来，不得重复起用或分配给其他的商品。

4.1.2 物流条码技术

1. 物流条码的概念

物流条码是物流过程中用以标识具体实物的一种代码，是由一组黑白相间的条、空组成的图形，利用识读设备可以对其进行自动识别和自动数据采集。

在商品从生产厂家到运输、交换的整个物流过程中，都可以通过物流条码来实现数据共享，使信息的传递更加方便、快捷、准确，提高整个物流系统的经济效益。

2. 物流条码与商品条码的区别

1) 标识目标不同

商品条码是最终消费品，通常是单个商品的唯一标识，用于零售业现代化的管理；物流条码是储运单元的唯一标识，通常标识多个或多种类商品的集合，用于物流的现代化管理。

2) 应用领域不同

商品条码服务于消费环节：商品一经出售到最终用户手里，商品条码就完成了其存在的价值，商品条码在零售业的 POS 系统中起到了单个商品的自动识别、自动寻址、自动结账等作用，是零售业现代化、信息化管理的基础；物流条码服务于供应链全过程：生产厂家生产的产品，经过包装、运输、仓储、分拣、配送，直到零售商店，中间经过若干环节，物流条码是这些环节中的唯一标识，因此它涉及的领域更广，是多种行业共享的通用数据。

3) 采用的码制不同

通常，商品条码是一个无含义的 13 位数字条码；物流条码则是一个可变的，可表示多种含义、多种信息的条码，是无含义的货运包装的唯一标识，可表示货物的体积、重量、生产日期、批号等信息，是贸易伙伴根据在贸易过程中的共同需求，经过协商统一制定的。

4) 可变性

商品条码是一个国际化、通用化、标准化的商品的唯一标识，是零售业的国际化语言；物流条码是随着国际贸易的不断发展，贸易伙伴对各种信息需求的不断增加应运而生的，其应用在不断扩大，内容也在不断丰富。

5) 维护性

物流条码的相关标准是一个需要经常维护的标准。及时沟通用户需求，传达标准化机构有关条码应用的变更内容，是确保国际贸易中物流现代化、信息化管理的重要保障之一。

3. 物流条码的标准体系

物流条码涉及面较广，因此相关标准也较多。它的实施和标准化是基于物流系统的机械化、现代化，包装运输等作业的规范化、标准化的。物流条码标准化体系已基本成熟，并日趋完善。

1) 物流条码的标识内容

物流条码标识的内容主要有项目标识(货运包装箱代码 SCC-14)、动态项目标识(系列货运包装箱代码 SSCC-18)、日期、数量、参考项目(客户购货订单代码)、位置码、特殊应用(医疗保健业等)及内部使用，具体规定见相关国家标准。

2) 物流条码符号的码制选择

目前现存的条码码制多种多样，但国际上通用的和公认的物流条码码制只有三种：EAN-13 条码、交插二五条码和 UCC/EAN-128 条码。选用条码时，要根据货物种类的不同和商品包装的不同，采用不同的条码码制。

(1) 通用商品条码。单个大件商品，如电视机、电冰箱、洗衣机等商品的包装箱往往采用 EAN-13 条码。储运包装箱常常采用 ITF-14 条码或 UCC/EAN-128 应用标识条码，包装箱内可以是单一商品，也可以是不同的商品或多件头商品小包装。

(2) ITF-14 条码。ITF-14 条码是一种连续型、定长、具有自校验功能，并且条、空都表示信息的双向条码。ITF-14 条码的条码字符集、条码字符的组成与交插二五码相同。它由矩形保护框、左侧空白区、条码字符、右侧空白区组成。

(3) UCC/EAN-128 应用标识条码。UCC/EAN-128 应用标识条码是一种连续型、非定长条码，能更多地标识贸易单元中需表示的信息，如产品批号、数量、规格、生产日期、有效期、交货地等。UCC/EAN-128 应用标识条码由应用标识符和数据两部分组成，每个应用标识符由 2 位到 4 位数字组成。条码应用标识的数据长度取决于应用标识符。

条码应用标识采用 UCC/EAN-128 码表示，并且多个条码应用标识可由一个条码符号表示。UCC/EAN-128 条码由双字符起始符号、数据符、校验符、终止符及左、右侧空白区组成。UCC/EAN-128 应用标识条码是使信息伴随货物流动的全面、系统、通用的重要商业手段。

4.2　射频识别技术

4.2.1　射频识别技术的概念

射频识别技术(RFID)是 Radio Frequency Identification 的缩写，又称无线射频识别。其原理为由扫描器发射一特定频率的无线电波能量给接收器，用以驱动接收器电路将内部的代码送出，此时扫描器便接收此代码。接收器的特殊在于免用电池、免接触、免刷卡，故不怕脏污，且晶片密码为世界唯一，无法复制，安全性高，寿命长。RFID 的应用非常广泛，目前典型应用有动物晶片、汽车晶片防盗器、门禁管制、停车场管制、生产线自动化、物料管理等。RFID 标签有两种：有源标签和无源标签。

4.2.2　射频识别系统的组成

自 2004 年起，全球范围内掀起了一场无线射频识别技术(RFID)的热潮，包括沃尔玛、宝洁、波音公司在内的商业巨头无不积极推动 RFID 在制造、物流、零售、交通等行业的应用。RFID 技术及其应用正处于迅速上升的时期，被业界公认为是本世纪最具潜力的技术之一，它的发展和应用推广将是自动识别行业的一场技术革命。RFID 在交通物流行业的应用更是为通信技术提供了一个崭新的舞台，将成为未来电信业有潜力的利润增长点之一。

射频识别系统在具体的应用过程中，根据不同的应用目的和应用环境，系统的组成会有不同，但从射频识别系统的工作原理来看，系统一般由信号发射机、信号接收机、天线等部分组成

1. 信号发射机

在射频识别系统中，信号发射机为了不同的应用目的，会以不同的形式存在，典型的形式是标签(Tag)。标签由耦合元件及芯片组成，每个标签具有唯一的电子编码，附着在物体上标识目标对象。

2．信号接收机

在射频识别系统中，信号接收机一般称做阅读器(Reader)。根据支持标签类型的不同与完成功能的不同，阅读器的复杂程度是显著不同的。阅读器一般分为手持式和固定式。

3．天线

天线(Antenna)是标签与阅读器之间传输数据的发射、接收装置。在实际应用中，除了系统功率，天线的形状和相对位置也会影响数据的发射和接收，需要专业人员对系统的天线进行设计、安装。

4.2.3 数据通信

1．现代数据通信的历史

通信(Communication)以电信(Telecommunication)的形式出现是从 19 世纪 30 年代开始的。1831 年法拉第发现电磁感应现象；1837 年莫尔斯发明电报；1873 年麦克斯韦尔提出电磁场理论；1876 年贝尔发明电话；1895 年马可尼发明无线电，开辟了电信(Telecommunication)技术的新纪元；1906 年发明电子管，从而模拟通信得到发展；1928 年提出奈奎斯特准则和取样定理；1948 年提出山农定理；20 世纪 50 年代发明半导体，从而数字通信得到发展；20 世纪 60 年代发明集成电路；20 世纪 40 年代提出静止卫星概念，但无法实现；20 世纪 50 年代发展航天技术；1963 年第一次实现同步卫星通信；20 世纪 60 年代发明激光，试图用于通信，未成功；20 世纪 70 年代发明光导纤维，光纤通信得到发展。

2．现代通信系统的分类

现代通信系统按信息类型划分，可分为电话通信系统、数据通信系统、有线电视系统。按调制方式划分，可分为基带传输、调制传输。

按传输信号特征划分，可分为模拟通信系统、数字通信系统。

3．现代通信系统的传输手段

1) 电缆通信

传输介质：双绞线、同轴电缆等。用途：市话和长途通信。调制方式：SSB/FDM。技术基础：基于同轴的 PCM 时分多路数字基带传输技术。电缆通信将逐步被光纤通信所取代。

2) 微波通信

相比同轴电缆，微波通信易架设、投资小、周期短。模拟电话微波通信主要采用SSB/FM/FDM 调制，通信容量为 6000 路/频道。数字微波采用 BPSK、QPSK 及 QAM 调制技术。采用 64QAM、256QAM 等多电平调制技术提高微波通信容量，可在 40 MHz 频道内传送 1920～7680 路 PCM 数字电话。

3) 光纤通信

光纤通信是利用激光在光纤中长距离传输的特性进行的，光纤通信具有通信容量大、通信距离长及抗干扰性强的特点。目前光纤通信用于本地、长途、干线传输，并逐渐发展了用户光纤通信网。目前基于长波激光器和单模光纤，每路光纤通话路数超过万门，光纤本身的通信潜力非常巨大。近几十年来，光纤通信技术发展迅速，并有各种设备应用，包括接入设备、光电转换设备、传输设备、交换设备、网络设备等。光纤通信设备由光电转换单元和数字信号处理单元两部分组成。

4) 卫星通信

卫星通信具有通信距离远、传输容量大、覆盖面积大、不受地域限制及高可靠性的特点。目前，成熟技术使用模拟调制、频分多路及频分多址。数字卫星通信采用数字调制、时分多路及时分多址。

5) 移动通信

移动通信(Mobile communication)是移动体之间的通信，或移动体与固定体之间的通信。移动体可以是人，也可以是汽车、火车、轮船、收音机等在移动状态中的物体。

4.2.4 射频识别系统的特点

和条码、磁卡、IC卡等同期或早期的识别技术相比，射频识别具有非接触、工作距离长、适于恶劣环境、可识别运动目标等优点。因此完成识别工作时无需人工干预，适于实现自动化且不易损坏，可识别高速运动物体并可同时识别多个射频卡，操作快捷方便。射频识别可在油脂、灰尘污染等环境中使用，短距离的射频识别可以替代条码，长距离的射频识别多用于交通上，识别距离可达到几十米。

4.2.5 射频识别系统的分类

根据射频识别系统完成功能的不同，可以粗略地把射频识别系统分为四种类型：EAS系统、便携式数据采集系统、物流控制系统和定位系统。

1. EAS 系统

EAS(Electronic Article Surveillance)是一种设置在需要控制物品出入的门口的电子检测设备，又称电子商品防窃(盗)系统，是目前大型零售行业广泛采用的商品安全措施之一。

1) EAS 的系统组成

EAS 系统主要由三部分组成：检测器(Sensor)、解码器(Deactivator)和电子标签(Electronic Label and Tag)。电子标签分为软标签和硬标签，软标签成本较低，直接粘附在较"硬"的商品上，软标签不可重复使用；硬标签一次性成本较软标签高，但可以重复使用。硬标签须配备专门的取钉器，多用于服装类柔软的、易穿透的物品。解码器多为非接触式设备，有一定的解码高度，当收银员收银或装袋时，电子标签无须接触消磁区域即可解码。也有将解码器和激光条码扫描仪合成到一起的设备，做到商品收款和解码一次性完成，方便收银员的工作，此种方式则须和激光条码供应商相配合，排除二者间的相互干扰，提高解码灵敏度。未经解码的商品带离商场，在经过检测器装置(多为门状)时，会触发报警，从而提醒收银人员、顾客和商场保安人员及时处理。

EAS 防盗器的原理是报警器测到异常开锁会报警。EAS 防盗标签里面有一颗锁芯。锁芯由 3 颗钢球及弹簧等多个配件组成。钉子插进标签后，钉子被锁芯锁住了(就是被 3 颗钢球卡住，锁芯的结构是上面小下面大)，所以会越拉越紧。除非把塑料外壳拉破，否则是根本拉不出来的。这就需要用开锁器，开锁器的磁力会将锁芯里面的钢球往下面吸过去，钉子跟钢球之间就有了空间，钉子就能从标签里分离出来了。开锁器实际上就是一块磁铁，叫磁钢，其磁性非常强，遇到检测器是不会报警的。

2) 商品电子防盗系统的作用

(1) 防止失窃。EAS 系统改变以往"人盯人""人看货"的方式，它以高科技手段赋予商品一种自卫能力，使安全措施落实到每一件商品上，彻底有效地解决商品失窃问题。调查显示，安装有 EAS 系统的商家失窃率比没有安装 EAS 系统的商家低 60%～70%。

(2) 简化管理。EAS 系统能有效地遏止"内盗"现象，缓和员工和管理者的矛盾，排除员工心理障碍，使员工全身心投入到工作中去，从而提高工作效率。

(3) 改善购物气氛。以往"人盯人"的方式令很多消费者反感，商家也可能因此门庭冷落。EAS 系统能给消费者创造良好轻松的购物环境，让其自由地、无拘无束地选购商品，大大改善商家和消费者之间的关系，为商家赢得更多的顾客，最终会增加销售额、增加利润。

(4) 威慑作用。EAS 系统以强硬而礼貌的方式阻止顾客"顺手牵羊"的行为，避免人为因素造成的纠纷，在尊重人权的同时也维护了商家的利益。对偷盗者来说，EAS 系统给其在心理上造成巨大的威慑，使"一念之差"者打消行窃念头。

(5) 美化环境。EAS 系统本身是一种高科技产品，它美观的外型、精良的制作工艺能与现代化富丽堂皇的装潢融为一体，达到"锦上添花"的效果，保护商品的同时也美化了商场的环境，是一个高档次商场、大中型超市显示经济实力与科技含量的标志性设备，是现代化商场发展的必然趋势。

2. 便携式数据采集系统

便携式数据采集系统使用带有 RFID 阅读器的手持式数据采集器采集 RFID 标签上的数据。这种系统具有比较大的灵活性，适用于不宜安装固定式 RFID 系统的应用环境。手持式阅读器可以在读取数据的同时，以无线电波数据传输方式实时地向主机计算机系统传输数据，也可以暂将数据存储在阅读器中，然后成批地向主机计算机系统传输数据。

3. 物流控制系统

在物流控制系统中，RFID 阅读器分散布置在给定的区域，并且阅读器直接与数据管理信息系统相连。信号发射机是移动的，一般安装在移动的物体上或佩戴在人身上。当物体、人经过阅读器时，阅读器会自动扫描标签上的信息并把数据信息输入数据管理信息系统进行存储、分析、处理，达到物流控制的目的。

4. 定位系统

定位系统用于自动化加工系统中的定位及对车辆、轮船等进行运行定位支持。阅读器放置在移动的车辆、轮船或者自动化流水线中移动的物料、半成品、成品上，信号发射机嵌入到操作环境的地表下面。信号发射机上存储有位置识别信息，阅读器一般通过无线或者有线方式连接到主信息管理系统上。

4.3　电子数据交换技术

商务电子化时代，每个企业每天都要与供应商、客户、其他企业以及企业内部各部门之间进行通信或交换数据，每天都产生大量的纸张文献。纸张文献是企业物流管理中重要的信息流，信息流一旦中断，企业的物流就会不畅通，从而导致重大的经济损失。

电子数据交换(EDI)技术可以通过计算机系统和网络实现这些信息流的电子化、自动化，有效地减少企业物流管理活动中的纸张文献，实现"无纸化办公"，提高信息交换的效率。那么什么是 EDI 技术，它有些什么特点和要求呢？

4.3.1　EDI 概述

EDI 是一种在企业之间传输订单、发票等作业文件的电子化手段。EDI 通过计算机通信网络将重要的信息用一种国际公认的标准格式实现各有关部门或企业之间的数据交换与处理，并完成以贸易为中心的全部过程。EDI 是 20 世纪 80 年代发展起来的一种电子化贸易工具，是计算机、通信和现代管理技术相结合的产物。

1. EDI 的涵义

本书给出的 EDI 定义如下：按照协议，对具有一定结构特征的标准经济信息，经过电子数据通信网络，在商业贸易伙伴的电子计算机系统之间进行交换和自动处理的全过程。理解 DEI 的定义，需要把握以下几个方面：

(1) EDI 定义的主体是"经济信息"，也就是说它是面向商业文件的，比如订单、运单、发票、报关单等。

(2) 交换的信息是按协议形成的，是"具有一定结构特征的"。

(3) 信息传递的路径是从计算机到"电子数据通信网络"，再到对方的计算机，中间传输渠道中无人工干预。

(4) EDI 信息的最终用户通过计算机应用软件系统自动处理传递来的数据。

图 4-1、图 4-2 所示分别为手工条件下和 EDI 条件下的贸易单证传递方式。

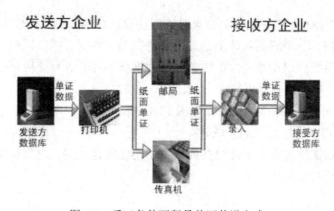

图 4-1　手工条件下贸易单证传递方式

图 4-2　EDI 条件下贸易单证传递方式

2．EDI 的特点

经过 20 多年的发展和完善，EDI 作为一种全球性的具有巨大商业价值的电子化贸易手段及工具，具有以下几个显著的特点：

(1) 单证格式化。EDI 传输的是企业间格式化的数据，如订购单、报价单、发票、货运单、装箱单、报关单等，这些信息都具有固定的格式与行业的通用性。

(2) 报文标准化。EDI 传输的报文符合轨迹标准或行业标准，这是计算机能自动处理的前提条件。目前最为广泛使用的 EDI 标准是 UN/EDI FACT 和 ANSIX.12。

(3) 处理自动化。EDI 信息传递的路径是计算机到数据通信网络，再到商业伙伴的计算机，因此这种数据交换是在机与机，应用与应用之间进行的，无需人工干预。

(4) 软件结构化。EDI 功能软件由五个模块组成：客户界面模块、内部 EDP 接口模块、报文生成与处理模块、标准报文格式转换模块、通信模块。这五个模块功能分明，结构清晰，形成了较为成熟的 EDI 商业软件。

(5) 运作规范化。EDI 以报文的方式交换信息有其深刻的商贸背景，EDI 报文是目前商业化应用中最成熟、最有效、最规范的电子凭证之一，EDI 单证报文具有法律效力已被普遍接受。

4.3.2　EDI 的标准

EDI 的定义中指出，EDI 处理的信息是按照协议形成的，是"具有一定结构特征"的，这就是 EDI 的标准。一个贸易伙伴所处理的各种贸易文件，必须可以被另外不同的商业伙伴的电子计算机系统识别和处理，否则，电子数据就不可能进行交换。

EDI 标准的作用主要有以下几个方面：

第一，EDI 网络通信标准的作用是明确 EDI 通信网络应该建立在哪种网络通信协议之上，以保证各类 EDI 用户系统的互联。

第二，EDI 语法标准是为了使交换的报文结构化而建立的，包括报文类型规格规定、数据的编码、字符与语法规则等。

第三，EDI 处理的标准。不同区域、不同行业的 EDI 报文，虽然在总体上是不同的，但也存在若干"公共报文"。为了便于沟通及处理，必须建立有关文件的标准。

第四，EDI 联系标准一般是显示机构内部的，目的是为了解决 EDI 系统与机构内其他信息系统的联系问题。

第五，标准还有一个作用，就是可以简化数据表示，从而大大缩减数据在处理、存储及传输过程中的开销。

4.3.3　EDI 技术在企业物流管理中的应用

企业与客户之间的商业行为大致可以分为接单、出货、催款及收款作业等，往来的单据包括采购进货单、出货单、催款对账单及付款凭证等。

企业使用 EDI 的目的是为了改善作业，降低成本，减少差错。企业可以将 EDI 与企业内部的 MIS 对接，实现一体化管理。企业物流管理中 EDI 与 MIS 的关联图如图 4-3 所示。

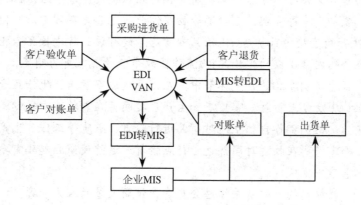

图 4-3　企业物流管理中 EDI 与 MIS 的关联图

由图可以看出，与企业物流有关的作业活动由于采用了 EDI 技术，效率得到了提高，主要表现在以下几个方面：

(1) 引入采购进货单。采购进货单是整个交易流程的开始，接到 EDI 订单不需要重新输入，从而节省订单输入人力，保证了数据正确；开发核查程序，核查收到的订单是否与交易条件相符，从而节省核查订单的人力，降低核查的错误率；与库存系统、拣货系统集成，自动生成拣货单，加快拣货与出货的速度，提高服务质量。

(2) 引入出货单。在出货前事先用 EDI 发送出货单，通知客户出货的品名及数量，以便客户事先打印验货单并安排仓库，从而加快验收速度，节省双方交货、收货的时间。

(3) 引入催款对账单。开发对账系统，并与出货系统集成，从而减轻财务部门每月对账的工作量，降低对账错误率以及业务部门催款的人力和时间。

(4) 引入转账系统。与客户对账后，可以引入银行的 EDI 转账系统，由银行直接接受客户的 EDI 汇款再转入企业的账户内，这样可以加快收款作业，提高资金利用效率。

导入案例

日本化妆品物流交易中的 EDI 应用

日本的化妆品行业一直给人华丽和时尚的印象，但其内在实情却与这个光鲜的外表相距甚远。日本化妆品行业中多数企业长期存在着过时的商业习惯和低效率的交易形态。日本化妆品产销商虽然在市场保持增长的东风中获得了良好的发展和理想的利润，但是近年来日本化妆品市场陷入增长放缓的困境，行业竞争也日趋激烈。

为此，日本的化妆品产销商也在不断寻求让企业获得更大发展空间、取得更高利润的方法，其中，EDI 的应用成为了各企业重点关注的对象。这些企业希望借助 EDI 尽可能减少企业不必要的开支，实现物流和交易的效率化及资源配置合理化。

在日本，长期以来化妆品的流通环节都是相当复杂的，并且物流效率很低。制造商和零售商之间夹杂着贸易公司、分店、批发商等各种组织机构，每个组织机构都在各自重复着发货、收货、装卸、库存管理、点验货等物流作业。尤其是在百货店、化妆品专营店中销售的制度品(生产商直接向百货店、化妆品专营店等设有该品牌化妆品专柜和专职销售人员的店铺，按照合约内容供应的化妆品)物流作业效率低的现象更为明显。

长期以来在百货店制度品的物流环节中，在商品送达百货店、化妆品专营店前往往要在不同的组织机构中反复点验货。零售店和生产厂之间存在着物流中转站、百货店物流中心等各种物流中心，他们都各自独立地对商品进行验货、点货等工作。生产商在发货时也会进行点验货，而零售商在收货时同样也进行点验货。这就使商品起码需要进行 4 次点验货手续才能在零售店中上架。

另一方面，重复繁琐的点验货手续也会耗费产销商大量的人力资源。以某著名百货店为例，该店每个月大约会从某化妆品生产商进 150 箱货。一箱货所需的点验货时间约需 50 分钟。这就是说，该百货店每个月在点验一个化妆品生产商的货品上就要耗费 125 小时。这些点验货作业同时最终会消耗导购员的工作时间，据统计，该百货店化妆品部的导购员平均每月要花费总劳动时间的 3%用于协助商场点验货。

这种耗费导购员工作时间的制度，越来越让生产商和零售商感到头痛。因为导购人员是化妆品销售的前线人员，通过为顾客提供导购服务来提高顾客的购买欲，从而提升生产商和零售商的销售业绩。但是如果这些担负重任的导购员要花费过多时间在其他工作上，将会影响到导购服务的质量，给生产商和制造商造成直接损失。其次，在化妆品的物流环节上，处理发货单、收货单等纸质文件也会消耗大量的时间。按照一直以来日本的商业习俗，物流中转站和百货店物流中心会对每批货物中不同的商品进行收发货单核对。还有一点值得注意的是，由于在百货店、化妆品专营店中的导购人员多是生产商派遣来的美容部员工，并不是店铺的正式员工，因此他们基本上都不能通过自己掌握的顾客需求情况进行订货，而是必须要得到店铺负责人的许可才能下订单。这就不但增加了订货的手续，而且不能按照店铺的销售量和库存商品情况及时订货，让注重流行的化妆品错过了最佳的销售时机，严重影响了化妆品的销售额。日本化妆品产销商认识到物流交易环节与业绩和利润的密切关系，随即开始着手对物流环节进行改革。这个活动的中心之一就是EDI导入。

实际上，当前的日本化妆品业界很多就是通过EDI去实现商务电子化的，尤其一些著名的百货店和化妆品生产商，都在积极地引入EDI，希望借助EDI"无纸化""电子传输化""信息共享化"等优势去提高物流和交易环节的效率，降低物流成本和减少所耗费的资源。外资化妆品MAXFACTOR和日本老牌百货店三越之间的EDI的应用模式，成为了日本化妆品产销商引入EDI的楷模。从1999年5月开始，这两个企业就开展了一系列引入EDI制度的措施，以求实现灵活运用EDI技术、简化点验货的手续和流程、废除收发货单等纸质交易文书、提高订货处理的效率这四大目标，从而降低成本，增加利润。在引入EDI后，两家企业把订货、接受订货、销售额管理、交货、点验货信息、赊账等情报通过网络共享，这就节省了大量不必要的手续和工作时间。例如生产商在发货后的点验货工序，生产商会把在发货时点验货的记录通过网络和各流通部门共享，而各个部门原则上不需要再度进行点验货。而三越百货店则会对该生产商的商品进行定期的抽检。电子化的信息共享还在最大程度上减少了纸质交易文书的使用，节省了处理这些文书的时间和劳动力。在引入了EDI后，两家公司也对化妆品的订货手续进行了简化。生产商派驻的导购员无需得到百货店相关负责人的认可，就可直接凭借自己对顾客需求的把握和其他专业的判断去确认订单的内容，并通过网络向公司发订单。百货店每个月会定出下个月订货的限额，只要在这个订货额范围内，导购员都可以自主地决定订单的内容，这样导购员就无需因为每张订单都向百货店确认而浪费本应用在导购服务上的时间，并保证了使商品获得最佳的销售时机。三越在1999年10月率先在东京的银座分店引入了EDI体系，于同年12月在东京的全部三越百货店都引入了EDI，并且在2000年所有三越百货店都实现了物流管理的EDI化。引入了EDI物流管理系统后，三越百货店的化妆品部门取得了良好的收效。根据统计数据显示，化妆品部门的订货业务量减少了77.4%，与商品相关的工作量减少了72.9%，并且化妆品的物流流通时间也大为缩减，由原来的3～4日缩减到1～2日，最大程度确保了商品的及时供应以及把握最佳的销售时机。同时，通过这一系列的改革措施还让化妆品部的导购人员有更多的时间和精力用于导购工作上，增加了导购服务的质量。由于EDI在MAXFACTOR和三越间成功运用并取得了良好的收效，日本全国化妆品生产商和百货店组成的"化妆品流通BPR委员会"决定以MAXFACTOR和三越共同开发的商业模式及系统作为化妆品生产商和百货店之间在线交易的基准。另一方面，不少日本其他的化妆品产销商也相应加快了引入EDI的步伐，从2000年春季开始，资生堂、佳娜宝、花王、高斯这四家位于日本化妆品生产业前列的化妆品生产商也相继在不同程度上引入EDI。目前，在日本引入EDI的化妆品产销商仍在不断增加。

综上所述，EDI在日本化妆品产销商中的成功应用可以证明EDI能够在化妆品行业中广泛运用，并可让化妆品产销商获得更大的发展空间，取得更高的利润。目前我国的化妆品产销商在物流和交易过程中还存在着一些不合理的制度和低效率的行为，希望日本化妆品物流交易中EDI的应用实例能够为中国的化妆产销商带来新的思考空间。

4.4 自动跟踪技术

4.4.1 地理信息系统(GIS)

1．GIS 的概念

GIS 处理、管理的对象是多种地理空间实体数据及其关系，包括空间定位数据、图形数据、遥感图像数据、属性数据等。GIS 用于分析和处理在一定地理区域内分布的各种现象和过程，解决复杂的规划、决策和管理问题。

通过上述的分析和定义可提出 GIS 的如下基本概念：

(1) GIS 的物理外壳是计算机化的技术系统，它由若干个相互关联的子系统构成，如数据采集子系统、数据管理子系统、数据处理和分析子系统、图像处理子系统、数据产品输出子系统等，这些子系统的优劣、结构直接影响着 GIS 的硬件平台、功能、效率、数据处理的方式和产品输出的类型。

(2) GIS 的操作对象是空间数据和属性数据，即点、线、面、体这类有三维要素的地理实体。空间数据的最根本特点是每一个数据都按统一的地理坐标进行编码，实现对其定位、定性和定量的描述，这是 GIS 区别于其他类型信息系统的根本标志，也是其技术难点之所在。

(3) GIS 的技术优势在于它的数据综合、模拟与分析评价能力，可以得到常规方法或普通信息系统难以得到的重要信息，实现地理空间过程演化的模拟和预测。

(4) GIS 与测绘学和地理学有着密切的关系。大地测量、工程测量、矿山测量、地籍测量、航空摄影测量和遥感技术为 GIS 中的空间实体提供各种不同比例尺和精度的定位数；电子速测仪、GPS 全球定位技术、解析或数字摄影测量工作站、遥感图像处理系统等现代测绘技术的使用，可直接、快速和自动地获取空间目标的数字信息产品，为 GIS 提供丰富和更为实时的信息源，并促使 GIS 向更高层次发展。地理学是 GIS 的理论依托。

2．GIS 的组成

GIS 由硬件、软件、数据、人员和方法五部分组成。

(1) 硬件。硬件主要包括计算机和网络设备，存储设备，数据输入、显示和输出的外围设备等。

(2) 软件。软件主要包括操作系统软件、数据库管理软件、系统开发软件、GIS 软件等。

(3) 数据。数据是 GIS 的重要内容，也是 GIS 系统的灵魂和生命。

(4) 人员。人员是 GIS 系统的能动部分，人员的技术水平和组织管理能力是决定系统建设成败的重要因素。

(5) 方法。方法指系统需要采用何种技术路线，采用何种解决方案来实现系统目标。各个部分齐心协力、分工协作是 GIS 系统成功建设的重要保证。

3．GIS 的基本功能

GIS 的基本功能如下：

(1) 输入。数据的采集与编辑主要用于获取数据，保证 GIS 数据库中的数据在内容与空间上的完整性。

(2) 数据转换与处理。其目的是保证数据入库时在内容上的完整性和逻辑上的一致性。具体处理方法主要有数据编辑与处理、错误修正；数据格式转换，包括矢量、栅格转换，不同数据格式转换；数据比例转换，包括平移、旋转、比例转换、纠正等；投影变换，主要是投影方式变换；数据概化，主要是平滑、特征集结；数据重构，主要是几何形态变换(拼接、截取、压缩、结构)；地理编码，主要是根据拓扑结构编码。

(3) 数据管理。对于小型 GIS 项目，把地理信息存储成简单的文件就足够了。但是，当数据量很大而且数据用户很多时，最好使用数据库管理系统，来帮助存储、组织和管理数据。

(4) 查询分析。GIS 提供简单的鼠标点击查询功能和复杂的分析工具，为管理者提供及时、直观的信息。

(5) 可视化。对于许多类型的地理操作，最终结果能以地图或图形来显示。

4．GIS 的应用

1) 用于全球环境变化动态监测

(1) 1987 年联合国开始实施一项环境计划(UNEP)，其中包括建立一个庞大的全球环境变化监测系统(GEMS)；

(2) 全球森林监测和森林生态变化有关项目(1990 年对亚马逊地区原始森林的砍伐状况进行了调绘，1991 年编制了全球热带雨林分布图)；

(3) 海岸线及海岸带资源与环境动态变化的监测；

(4) 全球性大气环流形势和海况预报等。

2) 用于自然资源调查与管理

(1) 在资源调查中，提供区域内多条件下的资源统计和数据快速再现，为资源的合理利用、开发和科学管理提供依据；

(2) 可应用于不同层次和不同领域的资源调查与管理(例如农业资源、林业资源、渔业资源)。

3) 用于监测、预测

(1) 借助于遥感(RS)和航测等数据，利用 GIS 对森林火灾、洪水灾情、环境污染等进行监视。例如，1998 年长江流域发生特大洪水灾害期间，制作洪水淹没动态变化趋势影像图，为管理部门提供了有效的决策依据。

(2) 利用数字统计方法，通过定量分析进行预测。如加拿大金矿带的调查，分析不宜再行开采的存在储量危机的矿山，优选出新的开采矿区，并作出了综合预测图。

4) 用于城市、区域规划和地籍管理

(1) GIS 技术能进行多要素的分析和管理，可以实施城市和区域的多目标开发和规划，

包括总体规划、建设用地适宜性评价、环境质量评价、道路交通规划、公共设施配置等;

(2) 城市和区域规划研究(研究城市地理信息系统的标准化、城市与区域动态扩展过程中的数据实时获取、城市空间结构的真三维显示、数字城市等);

(3) 地籍管理(土地调查、登记、统计、评价和使用)。

5) 军事应用

(1) 反映战场地理环境的空间结构。完成态势图标绘,选择进攻路线,合理配置兵力,选择最佳瞄准点和打击核心,分析爆炸等级、范围、破坏程度,射击诸元等。

(2) 如海湾战争中,美国利用 GIS 模拟部队和车辆机动性,估算了化学武器扩散范围,模拟烟雾遮蔽战场的效果,提供水源探测所需点位,评定地形对武器性能的影响,为军事行动提供决策依据。

(3) 美国陆军测绘工程中心还在工作站上建立了 GIS 和 RS 的集成系统,及时地(不超过 4 小时)将反映战场现状的正射影像图叠加到数字地图上,数据直接送到前线指挥部和五角大楼,为军事决策提供 24 小时服务。

(4) 在科索沃战争中,利用 3S 高度集成技术,使打击目标更精准有效。

5. GIS 的作用

据统计,在军事、自然资源管理、土地和城市管理、电力、电信、石油和天然气、城市规划、交通运输、环境监测和保护、110 和 120 快速反应系统等国防、经济建设、日常生活中,有 80% 与 GIS 密切相关。目前国内 GIS 市场总额(包括软件、应用和服务)约 10～15 亿元人民币,到成熟期将超过 200 亿元。可见,GIS 已经深入到人们的日常生活中。因此,GIS 被誉为 21 世纪的支柱性产业,是信息产业(IT)的重要组成部分。

GIS 产业是关系到国民经济增长、社会发展和国家安全的战略性产业,它不仅为国家创造直接经济利益,而且是其他众多产业的推动力,对众多经济领域具有辐射作用,能在国民经济的发展中起到倍增器的效果,其渗透作用已深刻影响到国民经济的各个方面。

4.4.2　全球定位系统(GPS)技术

GPS 是 Global Positioning System 的简称,是结合了卫星及无线技术的导航系统,具备全天候、全球覆盖、高精度的特征,能够实时地、全天候地为全球范围内的陆地、海上、空中各类目标提供持续实时的三维定位、三维速度及精确的时间信息。

1. GPS 概述

GPS 是美国从 20 世纪 70 年代开始研制,历时 20 年,耗资 200 亿美元,于 1994 年全面建成,具有在海陆空进行全方位实时三维导航与定位能力的新一代卫星导航与定位系统。我国测绘等部门经近十年的使用表明,GPS 以全天候、高精度、自动化和高效率等显著特点,赢得了广大测绘工作者的信赖,并成功地应用于大地测量、工程测量、航空摄像测量、运载工具导航和管制、地壳运动监测、工程变形监测、资源勘查、地球动力学等多种学科,从而给测绘领域带来了一场深刻的技术革命。

2．GPS 的物流功能

GPS 应用于物流行业的功能如下：

(1) 实时监控功能。在任意时刻都可通过发出指令查询运输工具所在的地理位置并在电子地图上直观地显示出来。

(2) 双向通信功能。GPS 可使用 GSM 的语音功能与驾驶员进行通话或使用本系统安装在运输工具上的移动设备的汉字液晶显示终端进行汉字消息收发对话。

(3) 动态调度功能。调度人员能在任意时刻通过调度中心发出文字调度指令，并得到确认信息。可进行运输工具待命计划管理，操作人员通过在途信息的反馈，在运输工具未返回车队前即做好待命计划，可提前下达运输任务，减少等待时间，加快运输工具周转速度。

(4) 数据存储、分析功能。实现路线规划及路线优化，事先规划车辆的运行路线、运行区域，何时应到达扫描地方等，并将该信息记录在数据库中，以备以后查询、分析使用。

(5) 可进行可靠性分析。通过汇报运输工具的运行状态，了解运输工具是否需要较大的修理，预先做好修理计划。计算运输工具平均每天差错时间，动态衡量该型号车辆的性能价格化。

4.5　物流自动化技术

4.5.1　自动化立体仓库的形成

自动化立体仓库(Automatic Warehouse)简称高层货架，是随着生产力高度发展，自动化技术广泛应用，为适应仓储作业的高效、准确、低成本的要求而生的，是现代物流的重要装备。自动化立体仓库一般采用几层、十几层乃至几十层高的货架来储存单元货物，并用相应的搬运设备进行货物入库、出库作业的仓库。立体仓库的建筑高度一般在 5 米以上，最高的可达 40 米，常用的立体仓库高度在 7~25 米之间。库内高层货架每两排合成一组，设有一条巷道，供巷道堆垛起重机和叉车行驶作业。巷道堆垛起重机自动对准货位存取货担。出库、入库搬运系统完成自动存取作业。

1．自动化立体仓库的构成

自动化立体仓库主要由以下四大部分组成。

(1) 高层货架。高层货架是立体仓库的主要构筑物，一般用钢材或钢筋混凝土制作。钢货架的优点是构件尺寸小，仓库空间利用率高，制作方便，安装建设周期短。钢筋混凝土货架的突出优点是抗腐蚀能力强，维护保养简单。

(2) 巷道式堆垛机。巷道式堆垛机是立体仓库中最重要的搬运设备。它是随着立体仓库的出现而发展起来的专用起重机。它的主要用途是在高层货架的巷道内来回穿梭，将位于巷道的货物存入货格，或者从货格中取出货物运到巷道口。巷道式堆垛机一般由机架、运行机构、升降机构、货叉伸缩机构、电气控制设备组成。

(3) 周边搬运系统。周边搬运系统包括搬运机、自动导向车、叉车、台车、托盘等。其作用是配合巷道式堆垛机完成货物运输、搬运、分拣等作业，还可以临时取代其他主要搬运系统，使自动存取系统维持工作，完成货物出入库作业。

(4) 控制系统。自动化立体仓库的控制形式有手动控制、随机自动控制、远距离自动控制和计算机自动控制四种形式。

2．自动化立体仓库的功能

(1) 大量储存。一个自动化立体仓库拥有货位数可以达到 30 万个，可储存 30 万个托盘，以平均每托盘储存货物 1 吨计算，则一个自动化立体仓库可同时储存 30 万吨货物。

(2) 自动存取。自动化立体仓库的出、入库及库内搬运作业全部实现由计算机控制的机电一体化作业。

(3) 信息处理。自动化立体仓库的计算机系统能随时查询仓库的有关信息和伴随各种作业所产生的信息报表单据。

3．自动化立体仓库系统的特点

同传统的普通仓库相比，自动化立体仓库系统具有以下几个特点。

(1) 采用多层货架存储货物。自动化立体仓库系统的货架通常是几层或十几层，有的甚至达几十层。存储区向高空的大幅度发展，使仓库的空间得到充分利用，节省了库存占地面积，提高了空间利用率。立体仓库的单位存储量可达 7.5 t/m^2，是普通仓库的 5～10 倍。同时，多层货架储存还可以避免或减少货物的丢失和损坏，有利于防火防盗。

(2) 使用自动化设备存取货物。自动化立体仓库系统使用机械和自动化设备，不仅运行和处理速度快，而且降低了操作人员的劳动强度，提高了劳动生产率。这种非人工直接处理的存取方式，能较好地适应黑暗、低温、易爆及有污染等特殊场所货物存取的需要。此外，该系统能够方便地纳入企业整体物流系统，有利于实现物流的合理化。

(3) 运用计算机进行管理和控制。计算机能够准确无误地对各种信息进行存储和处理。使用计算机管理可减少货物和信息处理的差错，及时准确地反映库存状况。这样，不仅便于及时清点和盘库，有效利用仓库的储存能力，合理调整库存，防止货物出现自然老化、生锈、变质等损耗，而且能够为管理者决策提供可靠的依据，有利于加强库存管理。

同时，通过自动化立体仓库信息系统与企业生产信息系统的集成，还可实现企业信息管理的自动化。

基于上述特点，使用自动化立体仓库能够给企业带来减少土地占用和土建投资费用、降低库存成本、加快储备资金周转、提高劳动生产率以及有效控制存货损失和缺货风险等诸多利益。实践证明，自动化立体仓库的使用能够产生巨大的经济效益和社会效益。

4．自动化立体仓库的设计原则

(1) 牢记设计目标。在设计过程中，必须始终牢记设计目标，从而避免其他次要因素的干扰。

(2) 保持物料向前移动。保持物料始终向最终目的地移动，尽量避免返回、侧绕和转向。直接从起点到终点的路线是最经济、最快捷和最有效的。

(3) 物料处理次数最少。不管是以人工方式还是自动方式，每一次物料处理都需要花费一定的时间和费用。应通过复合操作，或减少不必要的移动，或引入能同时完成多个操作的设备，来减少物料处理次数。

(4) 使用合适的设备。应选择能完成特定任务最廉价而有效的设备。

(5) 最少的人工处理。人工处理是昂贵的，并且容易产生错误，因此应尽量采用机械设备来减少人工处理。

(6) 安全性原则。设计的仓库系统应能保护人、产品和设备不受损伤。在系统设计中必须考虑防撞、防掉落和防火等措施。

(7) 简化原则。尽量使用以低成本能完成工作的最简单的系统。一般来说，系统越简单，操作和维护成本越低，可靠性越高，系统响应速度越快。

(8) 高利用率原则。应尽量减少设备空闲时间，实现故障时间最小化和运行时间最大化。

(9) 灵活性原则。系统应能满足未来的需求和变化。由于系统的经济性通常会限制其灵活性，因此需要在现在和未来需求之间做出平衡。

(10) 容量富余原则。设计者和管理者应能根据发展规划预测出未来要增加的容量，并使系统能够满足现在和不久的将来的需要。

(11) 自动化原则。最大限度地应用自动控制进行操作。恰当的自动控制能减少差错，降低使用成本，提高仓库利用率和产量。

(12) 降低使用成本原则。要预测系统的使用费用，并尽可能使其处于较低的水平。

(13) 利用有效空间原则。建设自动化立体仓库需要大量土地、技术和各种设施，要投入大量经费，因此要充分利用库房内外的空间存储物料，避免空间的浪费。

(14) 有效维护原则。系统要能有效维护，且维护费用低廉。有效维护指日常保养和快速修理。

(15) 复合操作原则。尽量把几种操作合并在一起进行，以减少操作数量。

(16) 简化流程原则。因为每种操作都需要一定的费用，因此要尽量减少操作。

(17) 人机工程学原则。应符合人机工程学原理，使系统中的人(管理、操作和维护人员)安全、舒适、方便和不易犯错误。

(18) 最短移动距离原则。以物料和设备最短的移动距离达到希望的目的。

(19) 易于管理和操作原则。操作方便、灵活，易于管理。

(20) 充分利用能量原则。应充分利用系统中的能量，尤其是重力产生的能量。

(21) 标准化原则。标准化的设计、产品、设备和货物单元能为制造者和使用者带来极大的方便。

(22) 超前规划原则。规划要有预见性，以减少不必要的浪费，并使系统具有很强的适应性。

(23) 低投资原则。以最少的资本投入，获得最大的经济效益。

(24) 低操作费用原则。保持日常的低成本操作，以降低操作费用。

上述每一条原则看起来都很简单，也比较容易实现，但要兼顾每一条原则，并将其加以综合运用，却要困难得多。只有具备较高的理论水平和丰富的实践经验，并对使用者的要求具有深入的了解，才能使系统达到最佳状态，发挥最大作用。

4.5.2 自动化立体仓库系统

自动化立体仓库通常由自动存取货系统、自动分拣系统和自动控制系统等组成。

1. 自动存取货系统

通常情况下，自动存取货系统由立体货架、巷道堆垛机和托盘组成。立体货架储存货物，其存取动作由巷道堆垛机根据控制指令自动完成。

1) 立体货架(Goods shelf)

用支架、隔板或托架等组成的立体储存货物的设施称为货架。高层货架(如图 4-4 所示)是自动化立体仓库的主要组成部分，是储存保管货品的场所。根据所储存货品的形态，可选择不同的货架形式，常见的货架形式有单元货格式货架、流动货架、移动式货架、回转式货架等。

图 4-4　立体货架与巷道堆垛机

2) 巷道堆垛机

在自动化立体仓库中使用的堆垛机主要是有轨巷道式堆垛机，外观结构如图 4-4 所示，其主要作用是在自动化立体仓库的货架区巷道内来回穿梭运行，将位于巷道口的货品存入货格；或是取出货格内的货品运送到巷道口。在入库作业过程中，当输送系统将货品运送到货架区巷道口时，自动控制系统向巷道式堆垛机发出指令，堆垛机则根据指令将货品自动运送到指定的货位。在出库作业过程中，控制系统向堆垛机发出取货指令，堆垛机根据此指令将位于相应货格中的货品取出，运送到巷道口。

巷道式堆垛机的主要技术指标如下：

(1) 起重量：被起升单元货物的重量(包括托盘和货箱的重量)，根据使用要求不同，起重量的大小也不同，一般起重量在 2 吨以下，有的可达 4～5 吨。

(2) 起升高度：一般在 10～25 米之间，最高可达 40 米。

(3) 起升速度：堆垛机在一定载荷条件下所能起升的最大速度，一般为 6.3 m/min～40 m/min。

(4) 运行速度：水平行驶速度，它是指堆垛机在轨道上水平运行时所能达到的最大速度，运行速度的高低直接影响着搬运作业效率，一般为 25 m/min～180 m/min。

(5) 货叉伸缩速度：一般为 5 m/min～30 m/min。

3) 托盘(Pallet)

托盘是为了使物品能够有效地进行装卸、搬运和储存，适应装卸搬运机械化和自动化而发展起来的一种集装器具，托盘与机械装置或自动化装置配合作业，大大提高了装卸搬运作业的工作效率。

托盘规格尺寸必须是标准的，其标准化是使用托盘的前提。托盘的外形如图 4-5 所示。国际标准化组织先后颁布了一些托盘标准，1982 年我国国家标准(GB2934—82)将联运托盘的平面尺寸定为：800 mm*1200 mm、800 mm*1000 mm、1000 mm*1200 mm 三种，载重量均为 1 吨。后来，陆续颁布了 GB3716—83《托盘名词术语》、GB4995—85《木制联运平托盘技术条件》、GB4996—85《木制联运平托盘试验方法》及铁道部标准(TB1554—85)《铁路货运钢制平托盘》等，为我国物流托盘标准化奠定了技术基础。

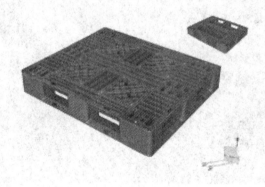

图 4-5　标准托盘

2. 自动分拣系统

物流中心每天要接收大量的不同类别的商品，如何在最短的时间内将这些商品按一定的规则(如商品的品种、货主、储位或发送地点)快速准确的分类，然后将其运送到仓储区指定的位置。同时，又如何按客户订单或配送路线的要求，将不同品种的货品在最短的时间内从储存区拣取出来，运送到不同的理货区域或配送站台，以备装车配送，这就需要一套自动分拣系统来自动完成这些工作。

自动分拣系统通常与自动输送系统配套使用。自动分拣系统是实现自动化仓库高速运转的基本条件。在出入库作业中，分拣作业的工作量最大，分拣作业是制约自动化仓库运转效率的关键因素。

自动分拣系统一般由控制装置、分类装置、输送装置及分拣道口组成。

1) 控制装置

控制装置的作用是识别、接收和处理分拣信号。根据分拣信号指示分类装置，按一定的规则(如商品品种、送达地点或货主类别)对商品进行自动分类，从而决定商品的流向。

分拣信号来源于货主的入库单证，一般需要先将这些原始单证提供的分拣信息经过处理后，转换成"拣货单"、"入库单"或电子拣货信号，指导拣货人员或自动分拣设备进行分拣作业。

2) 分类装置

分类装置的作用是执行控制系统发来的分拣指令，使商品进入相应的分拣道口。所谓分类是先识别和引入货品，然后通过分类装置把货品分流到指定的位置。分类的依据主要有：货品的形状、重量、特性；用户、订单和目的地等。分类过程是货品通过输送设备进入识别区域，经过识别后送入分类机构。控制装置根据识别信息来控制分类机构把货品进行分类，并把分类后的货品输送到指定位置。

3) 输送装置

输送装置的作用是将已分拣好的商品输送到相应的分拣道口，以便进行后续作业，其外形如图 4-6 所示。

图 4-6 输送装置

4) 分拣道口

分拣道口是将商品脱离输送装置并进入相应集货区域的通道。一般由钢带、皮带、滚筒等组成滑道，使商品从输送装置滑向缓冲工作站，然后进行入库上架作业或配货作业。

以上 4 部分装置在控制系统的统一指挥下，分别完成不同的功能，各机构之间有机配合构成一个完整的自动分拣系统。

3. 自动控制系统

自动控制系统是由各种计算机硬件设备、网络设备以及运行于其上的软件构成的信息系统。系统主要用于完成以下两项功能：

(1) 自动化物流立体仓库信息管理。

(2) 自动化物流立体仓库设备控制。

与之相对应，自动控制系统从功能上划分为配送中心信息管理系统(以下简称 WMS)和配送中心设备控制系统(以下简称 WCS)两部分。两部分既相对独立完成各自的功能，又进行信息交互和共享,以保证配送中心数据的完整性和一致性。由于整个信息系统是通过局域网进行连接的,因此 WMS 可根据需要灵活地运行于系统中的各台计算机上,WCS 则运行于专用的控制用计算机上,并通过局域网与 WMS 相连接,控制用计算机同时通过专用通讯网络与自动设备相连接。

4.6 物联网技术在电子商务物流中的应用

物联网是继计算机、互联网与移动通信网之后的又一次信息产业浪潮,全球正面临着一次新的物流信息化革命。物联网应用环境提高了物流信息化的复杂性,对物流信息采集、互联互通、智能应用存在着技术标准和投资成本、开放性和安全性、应用部署和发展等多方面的挑战,对电子商务物流管理、实施方案等方面都提出了新的要求。

4.6.1 物联网发展的现状

1. 物联网相关概念

物联网(Internet of Things)指的是将各种信息传感设备与互联网结合起来而形成的一个巨大网络。其目的是让所有的物品都与网络连接在一起,方便识别和管理,能实现物理空间与数字空间的无缝连接。

(1) 物联网:通过射频识别、红外感应器、全球定位系统、激光扫描器等信息传感设备,按约定的协议,把物体与互联网相连接,进行信息交换和通信,以实现对物体的智能化识别、定位、跟踪、监控和管理的一种网络。

(2) 智能交通:智能交通是一个基于现代电子信息技术面向交通运输的服务系统。它的突出特点是以信息的收集、处理、发布、交换、分析、利用为主线,为交通参与者提供多样性的服务。

(3) 智能物流:是在智能交通系统和相关信息技术的基础上,电子商务化运作的现代物流服务体系。通过智能运输系统(ITS)和相关信息技术解决物流作业的实时信息采集,并在一个集成的环境下对采集的信息进行分析和处理,通过在各个物流环节中的信息传输,为物流服务提供商和客户提供详尽的信息和咨询服务,为顾客提供最好的服务。

2. 我国物流信息化发展现状与面临的问题

我国的物流业信息化建设,在政府层面积极推动物联网发展:《国家中长期科学与技术发展规划(2006-2020 年)》和"新一代宽带移动无线通信网"重大专项中均将传感网列入重点研究领域。工业和信息化部开展物联网的调研,将从技术研发、标准制定、推进市场应用、加强产业协作四个方面支持物联网发展。

(1) 我国早在十多年前就开始了物联网相关领域的研究,技术和标准与国际基本同步,在物联网及相关领域进行了科研和产业化攻关,突破了一批关键技术,形成了一定产业规模,并在国际标准制定中取得一定话语权。智能交通、智能安防、智能物流、公共安全等领域的示范应用在北京、上海等省市已初步展开。随着传感器、软件、网络等关键技术快速发展，物联网产业规模快速增长，应用领域广泛拓展。

（2）物联网环境下物流信息化建设面临的新问题。物联网提高了对物质世界的感知能力，实现智能化的决策和控制。现阶段，其应用主要为传感网，在物联网应用环境下对物流信息化发展策略的研究具有相当的复杂性。物联网促进物流信息化、智能化，对物流信息采集技术，物流信息的互联互通，信息的管理、加工和应用都有新的需求。对目前物联网环境下物流信息化建设面临的新问题可归纳为以下几个方面：

第一，物联网技术标准缺乏统一。物联网信息化建设的基础工作包括对企业的各种资源建立一个规范统一的编码，而且信息的采集渠道和方式要规范、通畅、稳定，同时要研究对信息进行科学、合理、深入的加工处理的流程方式。

第二，现有系统不能适应基于物联网的供应链管理的需要。在物流环节中，物品通常都不是静止的，而是处于运动的状态，必须保持物品在运动状态，甚至高速运动状态下都能随时实现对话，因而物联网环境下，对于信息的采集、协同和共享需要有相应的系统资源支持。

第三，物联网在体制上相互分割，缺乏资源共享。运输业、仓储业等各自为政、独自经营、相互间缺乏有效的协调。

第四，商业模式仍处于初级阶段，成本较高，没有达到大规模应用规模，只有具备了规模，才能使物品的智能发挥作用。

第五，物联网信息安全和隐私问题严重。

第六，传感器、芯片、关键设备制造、国内智能交通高端市场约 2/3 被国外企业占有。

3. 物联网环境下我国物流信息化发展对策

在经济全球化和信息化进程快速推进，物联网技术与物流管理不断推陈出新的形势下，要加快我国物流信息化建设，应该着重做以下几个方面的工作：

第一，加强物联网发展政策保障体系，不断完善发展规划，起到物联网发展"指挥棒"的作用，引导物流企业的信息化建设。

第二，为了物联网环境下我国物流信息化发展，应该加快制定我国物流企业物联网编码标准和数据共享交换等标准规范。

第三，结合物联网技术的新特点和新要求，加快各物流区域公共物流信息化平台建设，进行横向整合，实现同类资源集约化。例如利用信息网络整合分散的货主和车辆并进行优化匹配、多式联运平台整合各种运输方式、物流枢纽和物流园区对各种资源进行整合和有效管理等等，实现物流企业信息的畅通无阻，为中小型物流企业信息化提供统一的信息平台，提供物流中的标准化服务，如仓储、运输、货代、快递等，提高物流信息化的使用效率与效益。

第四，加快大型物流企业新型网络商务与信息化平台建设，通过装置在各类物体上的电子标签(RFID)、传感器、二维码等经过接口与无线网络相连，按专业化类别进行物流流程的信息采集，给物体赋予智能，实现人与物体的沟通和对话，以及物体与物体间的沟通和对话。信息系统深加工后使流程得以整合、优化，有效组织企业自身的物流资源，组合

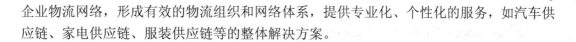

企业物流网络，形成有效的物流组织和网络体系，提供专业化、个性化的服务，如汽车供应链、家电供应链、服装供应链等的整体解决方案。

4.6.2　物联网技术及其在电子商务物流中的应用

从技术角度，物联网是指物体通过智能感应装置，经过传输网络，到达指定的信息处理中心，最终实现物与物、人与物之间的自动化信息交互与处理的智能网络。从应用角度，物联网是指把世界上所有的物体都联接到一个网络中，形成"物联网"，然后"物联网"又与现有的互联网结合，实现人类社会与物理系统的整合，以更加精细和动态的方式管理生产和生活。

1．物联网三个重要特征

(1) 全面感知。利用 RFID、传感器、二维码等随时随地获取物体的信息。

(2) 可靠传递。通过各种电信网络与互联网的融合，将物体的信息实时准确地传递出去。

(3) 智能处理。利用云计算、模糊识别等各种智能计算技术，对海量的数据和信息进行分析和处理，对物体实施智能化的控制。物联网现阶段最主要的表现形式为 M2M。M2M 是机器到机器的无线数据传输，有时也包括人对机器和机器对人的数据传输。有多种技术支持 M2M 网络中的终端之间的传输协议，目前主要有 CDMA、GPRS、IEEE 802.11a/b/g、WLAN 等。

2．物联网产生的背景

(1) 经济危机下的推手。过去的 10 年间，互联网技术取得巨大成功，物联网技术成为推动下一个经济增长的特别重要的推手。

(2) 传感技术的成熟。随着微电子技术的发展，涉及人类生活、生产、管理等方方面面的各种传感器已经比较成熟。例如常见的无线传感器(WSN)、电子标签等。

(3) 网络接入和信息处理能力大幅提高。随着网络接入多样化、IP 宽带化和计算机软件技术的飞跃发展，基于海量信息收集和分类处理的能力大大提高。

目前，我国的物联网相关研发水平与发达国家相比毫不逊色，是世界上少数能实现物联网产业化的国家之一。

3．物联网发展过程中面临的主要技术问题

(1) 技术标准问题。世界各国存在不同的标准。中国信息技术标准化技术委员会于 2006 年成立了无线传感器网络标准项目组。2009 年 9 月，传感器网络标准工作组正式成立了 PG1(国际标准化)、PG2(标准体系与系统架构)、PG3(通信与信息交互)、PG4(协同信息处理)、PG5(标识)、PG6(安全)、PG7(接口)和 PG8(电力行业应用调研)等 8 个专项组，开展具体的国家标准的制定工作。

(2) 安全问题。信息采集频繁，其数据安全也必须重点考虑。

(3) 协议问题。物联网是互联网的延伸，在物联网核心层面是基于 TCP/IP 协议，但在接入层面，协议类别五花八门，有 GPRS/CDMA、短信、传感器、有线等多种通道，物联

网需要一个统一的协议栈。

(4) IP 地址问题。每个物品都需要在物联网中被寻址，就需要一个地址。物联网需要更多的 IP 地址，IPv4 资源即将耗尽，那就需要 IPv6 来支撑。IPv4 向 IPv6 过渡是一个漫长的过程，因此物联网一旦使用 IPv6 地址，就必然会存在与 IPv4 的兼容性问题。

(5) 终端问题。物联网终端除具有本身功能外还拥有传感器和网络接入等功能，且不同行业的需求千差万别，如何满足终端产品的多样化需求，对运营商来说是一大挑战。

4.6.3 物联网与物流中的关系及其应用

(1) 物流是物联网发展的基础。物联网的发展离不开物流行业支持，早期的物联网叫做传感网，而物流业最早就开始有效应用了传感网技术，比如 RFID 在汽车上的应用，都是最基础的物联网应用。物流是物联网发展的一块重要的土壤。

(2) 物流是物联网的重要应用领域。物联网应用主要集中在物流和生产领域，物流领域是物联网相关技术最有现实意义的应用领域之一。特别是在国际贸易中，物流效率一直是整体国际贸易效率提升的瓶颈，是提高效率的关键因素。物流与物联网的关系十分密切，通过物联网建设，企业不但可以实现物流的顺利运行，城市交通和市民生活也将获得很大的改观。

目前，物联网在物流行业的应用，在物品可追溯领域的技术与政策等条件都已经成熟，应加快全面推进；在可视化与智能化物流管理领域应该开展试点，力争取得重点突破，取得有示范意义的案例；在智能物流中心建设方面需要物联网理念进一步提升，加强网络建设和物流与生产的联动；在智能配货的信息化平台建设方面应该统一规划，全力推进。

(3) 物联网在物流业应用的未来趋势。当前，物联网发展正推动着中国智慧物流的变革，随着物联网理念的引入，技术的提升，政策的支持，未来物联网将给中国物流业带来革命性的变化，中国智慧物流将迎来大发展的时代。未来物联网在物流业的应用将出现如下四大趋势：

一是智慧供应链与智慧生产融合。随着 RFID 技术与传感器网络的普及，物与物的互联互通，将给企业的物流系统、生产系统、采购系统与销售系统的智能融合打下基础，而网络的融合必将产生智慧生产与智慧供应链的融合，企业物流完全智慧地融入企业经营之中，打破工序、流程界限，打造智慧企业。

二是智慧物流网络开放共享，融入社会物联网。物联网是聚合型的系统创新，必将带来跨行业的网络建设与应用。如一些社会化产品的可追溯智能网络能够融入社会物联网，开放追溯信息，让人们可以方便地借助互联网或物联网手机终端，实时便捷地查询、追溯产品信息。这样，产品的可追溯系统就不仅仅是一个物流智能系统了，它将与质量智能跟踪、产品智能检测等紧密联系在一起，从而融入人们的生活。

三是多种物联网技术集成应用于智慧物流。目前在物流业应用较多的感知手段主要是 RFID 和 GPS 技术，今后随着物联网技术的发展，传感技术、蓝牙技术、视频识别技术、M2M 技术等多种技术也将逐步集成应用于现代物流领域，用于现代物流作业中的各种感

知与操作。例如温度的感知用于冷链物流，侵入系统的感知用于物流安全防盗，视频的感知用于各种控制环节与物流作业引导等。

四是物流领域物联网创新应用模式将不断涌现。物联网带来的智慧物流革命远不是我们能够想到的以上几种模式。实践出真知，随着物联网的发展，更多的创新模式会不断涌现，这才是未来智慧物流大发展的基础。

目前，很多公司已经开始积极探索物联网在物流领域应用的新模式。例如有公司在探索给邮筒安上感知标签，组建网络，实现智慧管理，并把邮筒智慧网络用于快递领域。当当网在无锡新建的物流中心就探索物流中心与电子商务网络融合，开发智慧物流与电子商务相结合的模式。无锡新建的粮食物流中心探索将各种感知技术与粮食仓储配送相结合，实时了解粮食的温度、湿度、库存、配送等信息，打造粮食配送与质量检测管理的智慧物流体系等。

物联网虽然已经在国内物流业实现了一些应用，但依然是一个新生事物，物联网要想在物流行业真正大展宏图，还需要解决诸如技术、商业文化、政策等一系列的问题，尤其是标准化问题，这是一个新生事物能否大规模发展的一个关键因素。我们可以预见，在不久的将来，物联网技术必将会给物流行业带来革命性的变化。

项 目 小 结

物流是物品实体的流动，而信息流则是在商流、物流中产生或者是对商流、物流施加影响的信息的流动，电子商务物流信息技术包括网络技术、数据库技术、条码技术、射频识别技术、电子数据交换、地理信息系统、全球定位系统等。本章介绍了数据、信息、物流信息、信息技术、物流信息技术的概念，介绍了信息与决策的关系，物流信息特点和作用，现代物流特点及物流信息技术的应用，介绍了物联网及其在电子商务物流中的应用与发展趋势。

教学建议：建议本章讲授 4 课时，实验 2 课时。

【推荐研究网址】

1. www.all56.com 中国大物流网
2. http://www.chinawuliu.com.cn 中国物流与采购联合会
3. www.wlwsd.com 物联网时代
4. http://www.wlw.gov.cn/ 中国物联网
5. www.cie-iot.org 中国物联网教育

习 题 与 思 考

一、思考题

(1) 条码技术有哪些特点？其应用系统是如何构成的？

(2) 物流条码的标准体系包括哪些？

(3) 无线射频识别系统是由哪几个部分组成的？它有何特点？主要应用领域有哪些？

(4) EDI 系统是由哪几个部分组成的？实施 EDI 的条件是什么？

(5) GPS 系统是由哪几个部分组成的？应用 GPS 系统如何实现货物的跟踪与调度？

(6) 什么是 GPS 技术？如何将 GPS 技术应用于物流分析？

(7) 什么是物联网？简述其在电子商务物流中的应用。

二、上机实训题

浏览淘宝网、苏宁易购、京东商城或亚马逊等电子商务网站，分析站点需要改进的地方，并说明数据挖掘在其中如何应用。

项目五

电子商务物流成本管理

知识目标

了解电子商务物流成本的含义；

了解电子商务物流成本的分类。

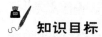
能力目标

掌握电子商务物流成本的管理方法；

学会电子商务物流成本的各种计算。

项目任务

任务一　了解电子商务物流成本的含义

任务二　了解电子商务物流成本管理的种类

任务三　学会电子商务物流成本管理方法以及各种计算

任务导入案例

德国 BMW 公司

汽车制造工业对物流供应要求很高，其中最难的工作在于如何有效提供生产所需的千万种零件器材。居世界汽车领导地位的德国 BMW 公司，针对客户个别需求生产多样车型，其中三个在德国境内负责 3、5、7 系列车型的工厂，每天装配所需的零件高达 4 万个，供货商上千家。面对如此庞大的供应链，德国 BMW 公司有一套先进的方法。

1. 在订单方面，BMW 深入挖掘当日需要量潜力。在汽车组装零件的送货控制中，最重要的是提出订货需求，也就是把货物的需要量和日期通知物流采购中心。BMW 在生产规划过程中，可以针对 10 个月后所需货物的需要量提出订货需求，供货商也可借此预估本身对上游供货商所需采购的货物种类及数量。不过，随着生产日期的临近，双方才会更确切地知道实际需要量。针对送货控制而言，一般可分为两种不同形式：一种为根据生产步骤所需提出订单；另一种为视当日需要量提出需求。前者由生产顺序决定需要量，其零件大多在极短时间内多次运送，由于此种提出订单方式对整个送货链的控制及时间要求相当严格，因此适用于大量、高价值或是变化大的零件。对于大多数的组装程序而言，只要确定当天需要量就足够了，区域性货运公司在前一天从供货商处取货，隔天就可送抵 BMW 组装工厂。送抵 BMW 工厂的先前取货并停放在转运点的过程称为"前置运送"，而第二阶段送抵 BMW 工厂的步骤称为"主要运送"。通过几年的时间，BMW 公司已把根据生产顺序所需的订货方式最佳化；视当日需要量提出订单方式仍有极大发展潜能，所以 BMW 公司目前正积极对此项的最佳化进行研究。

2. 在仓储方面，BMW 已在处理低存货带来的运输成本问题。"前置运送"及"主要运送"的费用计算有所区别。前者的费用计算是把转运点到供货商的路程、等待及装载时间都列入费用计算，与运送次数成正比，但与装载数量的多少无关；而后者的费用计算是与货物量成正比，不受送货次数影响。大多数供货商接到 BMW 公司不同工厂的订单，可由同一个货运公司把货物集中到综合的转运站，然后再配送到各所需工厂，这样有效地安排取货路径，降低"前置运送"所需成本。同时，综合考虑各工厂间整合性仓储设备及运送的供应链管理、各个价值创造的部分程序及其系统，使其产生互动影响，不再只限于局部最佳化，而是以整体成本为决定的依据。

3. 供应链方面，BMW 公司已把其合作伙伴纳入成本节约的考虑因素。BMW 公司把其供应链上的合作伙伴(如运输公司等)纳入成本节约的考虑因素，这也是物流链管理的意义所在。在此基础上，他们建立成本方程式，并且其中亦考虑到不同取货方式，例如在一次"前置运送"中，安排替几个 BMW 工厂同时取货。这个成本方程式是建立在最佳化计算法的基础上的，考虑因素为对供货商成本最低化的送货频率、其他与事务有关的不同附加条件，例如尽可能让运输工具满载、每周固定时间送货等。如果同一货运公司替多个 BMW 工厂送货，则必须安排送货先后次序，以达到成本最佳化。此外，运送货量最好一星期内平均分配，让运输工具及仓储达到最高使用率，不致影响等待进货时间。

请思考：BMW 公司从供应链管理的角度是如何降低电子商务物流成本的？这样做有何意义？

任务一　了解电子商务物流成本的含义

5.1　电子商务物流成本概述

电子商务物流成本指在进行电子商务物流活动过程中所发生的人、财、物耗费的货币表现。它是衡量电子商务物流经济效益高低的一个重要指标。长期以来，我国对物流成本的核算与管理重视不够，企业历来不进行物流成本的专门统计与核算，掩盖了物流方面的成本，造成了物流成本的浪费。电子商务的发展把物流提高到了一个非常重要的地位，也使人们充分认识到了降低物流费用的重要性。

因此，在电子商务物流过程中，加强电子商务物流成本的管理，建立电子商务物流管理会计制度，降低电子商务物流成本不仅是我国物流经济管理需要解决的重要问题，而且，也是企业进行电子商务活动、开展物流配送所必须解决的一个重要问题。与发达国家物流业相比较，中国物流成本要高得多。

有关资料显示，美国物流成本仅占整个运营成本的9%左右，中国物流成本则占20%。从库存情况来看，中国企业产品的周转周期在35～45天，国外一些企业的产品库存时间不超过10天。另外，中国企业更愿用自己的车队，但货物空载率达37%以上，同时因包装问题而造成的货物损失每年达150亿元人民币，货物运输每年损失500亿元人民币。导致这些问题的根源在于物流企业规模小、管理分散、员工素质低等。

没有形成网络，缺乏竞争力，企业之间缺乏了解和相互沟通，这些都不利于物流企业的发展。简单地说，现代物流就是要最省时最有效地将货物从一个地方送到另一个地方。中国物流业要取得成功，必须运用现代物流管理，有效地降低物流成本。一位精通物流的电商高管测算过自建物流成本账，自建物流的前期成本投入较高。一般来说，从物流基地租来的"毛坯房"每天每平方米需要花费0.8～1元钱。而如果物流企业使用自动化传送带，那么一条传送带需要400万元左右，再加上货架的资金投入，那么建设1万平方米的仓库，固定成本支出在600万元。如果再加上IT系统、降温、电缆等投入，那么1万平方米的仓库可能需要1000万元。但是，这一部分开支可作为固定资产投入，当仓储、物流体系建成之后，它的边际成本将逐渐降低。"尤其在大城市，客流量较高，通过加强对现货的控制、货品品质的管理以及提高发货效率，可以有效降低成本。"

任务二　了解电子商务物流成本管理的种类

5.2　电子商务物流成本的种类

按不同的方面来划分，电子商务物流成本种类有很多。

1. 按范围划分的物流成本

物流成本按其范围可以划分为狭义物流成本和广义物流成本。狭义物流成本是指由于物品实体的场所或位置位移而引起的有关运输、包装、装卸等成本；广义物流成本是指包括生产、流通、消费全过程的物品实体与价值变换而发生的各种成本，具体包括从生产企业内部原材料协作间的采购、供应开始，经过生产制造过程中的半成品存放、分类、存储、保管、配送、运输，最后到达客户手中的全过程所发生的成本。

因此，只有首先明确物流成本计算的范围和对象，才能有效地进行物流成本的管理。

2．按企业5性质划分的物流成本

物流成本按企业性质不同可划分为物流企业物流成本、商业企业物流成本、生产企业物流成本以及网站物流成本等。

（1）物流企业物流成本。物流企业物流成本是指物流企业在组织物流活动过程中所消耗的人力、物力和财力的货币表现。随着社会生产力和分工的专业化发展，物流将会成为社会经济生活中的一个独立产业而存在，并将发挥越来越重要的作用。一般来说，物流企业的物流成本主要包括以下几个方面：

① 物流企业的职工工资及福利费。

② 企业在经营过程中的物质消耗，如固定资产折旧等。

③ 企业在物流作业过程中所发生的包装成本、运输成本、装卸成本、保管成本、配送成本、加工成本以及退货成本等。

④ 企业在经营过程中所发生的物品损耗。

⑤ 企业在经营过程中所发生的信息成本。

⑥ 企业在经营过程中所发生的各项管理成本，如办公费、差旅费等。

⑦ 企业在经营过程中支付给银行的贷款利息。

（2）商业企业物流成本。商业企业物流成本是指商业企业在组织物品的购进、运输、保管、销售等一系列活动中所消耗的人力、物力和财力的货币表现，其基本内容如下：

① 企业的职工工资及福利费。

② 支付有关部门的服务费，如运输费、邮电费等。

③ 经营过程中的物质消耗，如固定资产折旧等。

④ 经营过程中所发生的物品损耗。

⑤ 经营过程中的各项管理成本，如办公费、差旅费等。

（3）生产企业物流成本。生产企业是生产一定的产品以满足社会某种需要的企业。为了进行生产经营活动，必须进行有关生产要素的购进和产品的销售；同时，为了保证产品质量，为消费者服务，还要进行产品的返修和废物的回收。生产性企业的物流成本是指企业在进行供应、生产、销售、回收等过程中所发生的运输、包装、保管、输送、回收方面的成本。与物流企业的物流成本相比，生产企业的物流成本最终都体现在所生产的产品成本中，具有与产品成本不可分割性。生产企业的物流成本一般包括：

① 供应、销售人员的工资及福利费。

② 生产要素的采购成本，包括运输成本、邮电成本、采购人员的差旅费等。

③ 产品的推销成本，如广告成本、宣传成本。

④ 企业内部的仓库保管费、维护费、搬运费等。

⑤ 有关设备、仓库的折旧费等。

⑥ 物流信息费，如邮电费、簿记费等。

⑦ 银行贷款的利息。

⑧ 回收废弃物产生的物流成本。

(4) 网站物流成本。随着电子商务的发展以及网上有形商品的交易活动的展开，网站也存在着物流成本。在网站实际经营过程中，网站采取的经营模式不同，其物流成本的构成也不同。

若网站采取第三方的物流经营模式，其物流成本包括网站自身从事物流活动人员的成本以及支付第三方(物流企业)的物流成本；若网站选择自建物流，则网站物流成本的构成比较复杂，需要根据具体情况进行进一步的分析和研究。

3．按与流转额关系划分的物流成本

按与流转额关系，物流成本可分为可变成本和相对不变成本。

(1) 可变成本。可变成本也称直接成本，是指物流成本随着货物流转变动而变动的那一部分成本。这种成本开支的多少与货物流转额变化有直接的关系。流转额增加，物流成本的支出额也随之增加；反之，则减少。

(2) 相对不变成本。相对不变成本也称间接成本或固定成本，是指物流成本中不随货物流转额的变动而变动的那一部分成本，这种成本与货物流转额是间接关系。一般情况下，货物流转额增减变动的影响较小，绝对金额也是固定的。

4．按经济性质划分的物流成本

按经济性质物流成本可分为生产性的流通成本和纯粹流通成本。

(1) 生产性的流通成本。生产性的流通成本也称追加成本，是企业在进行物流活动中，从事货物运输、装卸、包装、储存所产生的成本。这些成本是生产在流通领域的继续，是为了实现货物的位移过程，便于消费而产生的成本，因而，它们要转移到物品的价值中去。

(2) 纯粹流通成本。纯粹流通成本也称销售成本，是企业在经营管理中，因组织货物交换而产生的成本，是指为使货物变成货币、货币变成货物，实现货物交换行为所产生的开支和货币管理方面的开支，再加上职工工资、差旅费和银行借款利息等。

5．按发生的流转环节划分的物流成本

按发生的流转环节，物流成本可划分为进货成本、商品储存成本和销售成本。

(1) 进货成本。进货成本是指商品由供应单位到需求企业仓库所产生的运输费、装卸费、损耗费、包装费、入库验收和中转单位收取的成本。

(2) 商品储存成本。商品储存成本是指企业在商品保管过程中所产生的转库搬运、检验、挑选整理、维护保养、管理、包装等方面的成本以及商品的损耗费等。

(3) 销售成本。销售成本是指企业在商品销售过程中所产生的检验、挑选整理、维护保养、管理、包装等方面的成本以及商品的损耗费等。

6．按供应链划分的物流成本

(1) 供应物流成本。供应物流成本是指企业为了生产产品购买各种各样的原材料、燃料、外构件等所产的运输、装卸、搬运等成本。

(2) 生产物流成本。生产物流成本是指企业生产产品时由于材料、半成品、成品的位置转移而产生的搬运、配送、发料、收料等方面的成本。

（3）销售物流成本。销售物流成本是指企业为了实现商品的价值，在商品销售过程中产生的有关的运输、包装、推销等成本。

（4）退货物流成本。退货物流成本是指企业成品由于质量、规格、型号不符合或者不按合同发货，造成客户退货所产生的有关运输、包装等成本。

（5）废弃物物流成本。废弃物物流成本是指企业某些资产和产品因自然灾害、物流性能、质量事故而损毁后进行处理、拆卸、运输等所产生的成本。

7．按支付方式划分的物流成本

（1）本企业支付的物流成本。本企业支付的物流成本是指企业在供应、销售、退货等过程中，因运输、包装、搬运、整理等发生的由企业自己支付的物流成本。

（2）其他企业支付的物流成本。其他企业支付的物流成本是指企业由于采购材料、销售产品等业务而发生的由相关供应者和购买者支付的各种包装、运输、验收等物流成本。

8．按物流机能划分的物流成本

（1）退货流通成本。退货流通成本是指货物实体因空间位置转移而发生的成本，包括包装成本、运输成本、保管成本、装卸成本及流通加工成本。

（2）物流信息成本。物流信息成本是指为了实现物资价值变换、处理各种物流信息而发生的成本，包括库存管理、订货处理、客户服务等有关的成本。

（3）物流管理成本。物流管理成本是指为了组织、计划、控制、调配物流活动而发生的成本，如物流工作人员奖金、办公费、差旅费等。

（4）其他物流管理成本。

为了有效地制定物流计划，开展物流管理，也可以按其他不同方式对物流成本进行分类。

 任务三　学会电子商务物流成本管理方法以及各种计算

5.3　电子商务物流成本管理

物流成本管理指的是"对物流相关费用的计划、协调和控制"。实际上物流成本管理的工作要建立在物流成本计算的基础上，然后进行物流成本的计划与预算的编制，再对该计划与预算的运行进行测定，并用计划或预算目标去考核，即绩效评定，从而实现改进物流作业活动、控制物流成本、提高物流活动的经济效益的目的。

物流费用的管理包括物流费用预算制定、物流费用预算执行和物流费用预算总结三个阶段，这三个阶段有机结合在一起，可以称为物流费用预算的三部曲。其中，物流费用预算的制定由物流费用预测、物流费用决策和物流费用预算三个环节组成；物流费用预算执行由物流费用控制、物流费用核算和物流费用调节三个环节组成；物流费用预算总结则由物流费用分析、物流费用检查和物流费用考核三个环节组成。在企业物流费用的管理过程中，这三个阶段九个环节是一个不断循环往复的运动过程，也是企业物流费用管理内容不

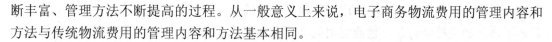

断丰富、管理方法不断提高的过程。从一般意义上来说，电子商务物流费用的管理内容和方法与传统物流费用的管理内容和方法基本相同。

1．物流费用预测

物流费用预测是根据企业物流费用的历史和现状以及企业物流的发展趋势，对未来物流费用所作出的预计和测算。通过物流费用的预测，可以寻求降低物流费用的有关措施，指导电子商务物流费用计划的制定。物流费用预测是新一轮循环的起点和物流费用预算的第一步，它为物流费用决策提供了依据，是制定物流费用的前提。

2．物流费用决策

物流费用决策就是在多个物流费用方案中选出一个最优方案的过程。物流费用决策是编制物流费用预算的基本依据，是物流费用预算制定阶段的主要环节。物流费用决策按期间长短划分，有长期决策和短期决策；按物流的功能划分，有运输费用、库存费用、配送费用等方面的决策。

物流费用决策的程序是：

(1) 确定物流费用决策对象。

(2) 确定物流费用的备选方案。

(3) 选择最优的物流费用方案。

(4) 选定最优物流费用方案。

3．物流费用预算

物流费用预算是关于一定时期内物流费用分配以及运用的计划。物流费用预算是对物流费用决策所选定的最优方案的具体化和系统化，是物流费用决策所选定的物流费用方案更接近于现实的情况，具有更强的可操作性。在编制物流费用预算时，应充分考虑物流的业务现实和未来的发展趋势，谨防出现脱离业务现实和生产发展的情况。

在物流费用预算过程中，对产生的物流费用按权责发生制和配比原则进行汇总、划拨、核算，尤其是对电子商务物流各个环节的费用要用适当方法进行计算。其中关键的问题是物流费用计算范围的确定，确定物流费用的计算范围应注意以下几个方面的问题：

(1) 起止范围。物流活动贯穿企业活动全过程，包括供应物流、生产物流、销售物流、配送物流和回收物流等。在实际计算时，企业应科学合理地确定物流活动的起点和终点，使统计计算出的物流费用能够准确地反映物流活动的实际情况。

(2) 活动环节。物流活动包括运输、保管、装卸、流通加工和配送等许多环节，统计计算的环节不同，其结果也会不同。正确的方法是对于一项物流活动应根据其实际发生的环节来进行统计和计算。

(3) 费用种类。对于支付的各种物流费用，企业应根据自身的性质、物流作业方式以及物流运作模式等来确定。

4．物流费用控制

物流费用控制是以物流费用预算以及其他有关定额为依据，对物流费用所进行的监督和控制。物流费用控制是物流费用预算执行阶段的主要环节，是保证物流费用预算实现的基本手段。如果控制有效，物流费用就会沿着预算目标的方向、要求和轨道有序地运行，物流费用预算就能得到切实的执行。必须对日常的物流费用支出采取各种方法进行严格的控制和管理，以达到物流计划目标，并根据物流费用的变化进行调整，使物流费用降到最低。

物流费用控制的内容主要有以下几个方面：

(1) 落实目标任务。落实目标任务就是把物流费用预算所确定的各项目标按照企业内部的管理体制加以分解、分配，逐一落实到各个部门和各个层次，并将分解、落实的目标和任务作为物流费用控制的基本依据和具体要求。

(2) 实施限制监督。实施限制监督就好似以分配的各项物流费用目标和各种定额为标准，运用各种控制工具监控一切费用的开支，凡符合目标和定额的予以支持；不符合目标和定额的予以制止和纠正。

(3) 调整消除差异。根据预计完成情况与原定目标的差异及形成原因，采取切实有力的对策和措施，调整原有的物流费用目标，消除原定目标和现实的差异。

5. 物流费用核算

物流费用核算是对物流费用预算执行情况所进行的记录、计算以及处理和反映。它既是物流费用预算执行情况的真实写照，也是进行物流费用控制、物流费用调节的重要手段，还是实施物流费用分析、检查和考核的基本依据。

6. 物流费用调节

物流费用调节是指在物流费用预算执行过程中，根据企业生产经营和物流活动情况的变化，对企业物流费用运用所进行的调节。物流费用调节是企业保证物流费用预算切合实际、顺利执行和实现的必要步骤，是企业衡量使用物流费用、提高物流效率的重要环节，企业之所以要进行物流费用的调节，主要是由于市场不断变化引起企业生产经营和物流活动的变化。

7. 物流费用分析

物流费用分析是根据企业物流费用的实际支出与取得经济收益所进行的综合评价。分析的目的在于剖析物流费用的形成因素和根源，寻找物流费用管理中所存在的矛盾，并采取有力的措施加以解决。

物流费用分析的方法主要有以下四种：

(1) 平均法。这是计算同类物流费用平均值的方法。它可以表明某企业物流活动在某一时期或某一环节和项目所达到的一般水平，用以评价企业物流水平的高低。常见的具体方法主要有算术平均法、加权平均法等。

(2) 对比法。这是对同类物流费用加以比较、寻找差异的方法。

(3) 比率法。这是将企业物流活动中的相关变量进行互相比较，计算其比率，进而进行分析的一种方法。运用该方法，可以揭示企业物流活动中相关变量之间的内在联系，用以评价企业物流效率和物流费用水平的高低。

(4) 构成法。这是计算不同环节、不同层次物流费用在物流费用总量中所占比重的一种分析方法。它可以表明企业物流费用的构成情况，用以评价和分析物流费用结构的合理程度。

8．物流费用检查

物流费用检查是对企业物流费用的合法性、合理性以及有效性所进行的检查和评价。它是促进企业物流费用开支行为规范化的重要保证。物流费用检查是在物流费用分析的基础上进行的，通过物流费用检查，有利于监督企业认真贯彻执行党和国家的方针政策、法规制度和财经纪律，揭露和打击违法行为，维护社会主义法制；有利于保证国家财政收入；有利于暴露企业物流费用管理中的薄弱环节；有利于降低物流费用，提高物流效率与收入等。

9．物流费用考核

物流费用考核是对物流活动、物流费用执行结果以及物流费用管理工作的考核。物流费用考核的主要内容如下：

(1) 对物流费用预算的执行情况进行考核。

(2) 在对预算进行考核的基础上，总结物流费用管理工作的经验教训，探索物流费用管理和物流活动的规律，提高物流费用和物流活动的管理水平，建立和健全财务管理制度，降低物流费用，提高物流效率。

(3) 考核物流管理人员特别是物流费用管理人员和物流业务人员的工作业绩，提高管理人员和物流业务人员的素质。

上述各项成本管理活动的内容是相互配合、相互依存的一个有机整体。成本预算是成本决策的前提。成本计划是成本决策所确定目标的具体化。成本控制是对成本计划的事实进行监督，以保证目标的实现。成本核算与分析是对目标是否实现的检验。

5.4　电子商务物流退换货成本控制

电子商务企业的物流合理化，是一种兼顾成本与服务的"有效率的系统"：以最低的物流成本达到可以接受的物流服务水平，或以可以接受的物流成本达到最高的服务水平。

1999 年，Dale S. Rogers 和 Ronald Tibben-Lembke 提出："逆向物流是这样的一个过程，它规划、实施并控制了从消费点到供应起始点的物料、在制品库存、成品和相关信息的高效与低成本的流动，从而实现重新获取价值并妥善处置物资的目的。"

国标《物流术语》中定义反向物流(Reverse Logistics)：物品从供应链下游向上游的运动所引发的物流活动，也称逆向物流。

2017 年中国网络购物市场规模增速情况如图 5-1 所示。

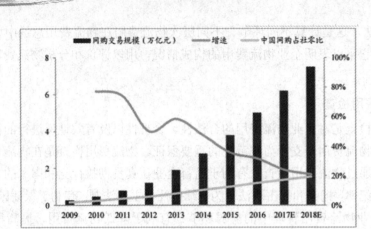

图 5-1　中国网购市场增速趋稳

1. 电子商务退货原因

电子商务退货主要表现为退货率高、行业间退货率差异大。据有关材料显示，一般零售商的退货率是 5%～10%，而通过产品目录和网络销售的产品的退货比例则高达 35%。90%的消费者认为网站方便的退货程序对于他们作出购买决策决定起着重要作用；85%的消费者表示在退货不方便的时候他们可能不会到网上购物；81%的消费者表示，当他们选择网上购物的时候，都会把退货方便与否纳入考虑因素中。电子商务退货原因占比情况如图 5-2 所示。

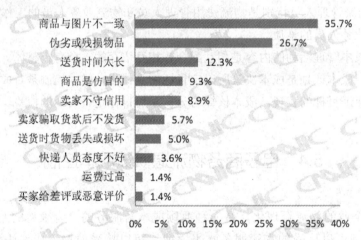

图 5-2　电子商务退货原因

2. 网络购物退货的财务分析

网络购物退货会导致企业流动资金减少，增加短期负债，延长订货周期，因为销售损失而降低销售收入。

电子商务退、换货流程如图 5-3 所示。

退款因不同的付款方式而不同，手续麻烦，交易周期长(确认可退→退货运输→收到退货→检验认可→退款)，商品损坏风险大，客户满意度低。

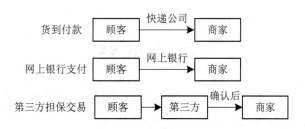

图 5-3 电子商务退、换货流程

3. 电子商务退、换货成本控制

(1) 退货管理。

退货管理可从图 5-4 所示的三个方面着手。

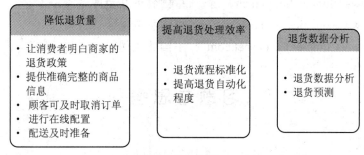

图 5-4 退货管理

(2) 退货战略：退货联盟或与第三方物流合作的战略。

(3) 退货处理中心：主要包括分拣退货、货物修理和拆解、集中装运、信息交换等功能，其流程如图 5-5 所示。

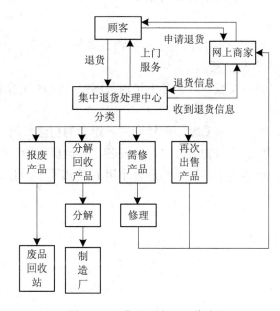

图 5-5 退货处理中心工作流程

项 目 小 结

通过本项目的学习，要求学生能够对成本这一概念有更深的理解，熟悉各种成本的划分，同时清楚电子商务物流成本管理。

教学建议：建议本项目讲授 4~6 课时。

【推荐研究网址】

1. http://www.156net.com   中储物流在线
2. http://www.our56.com   物流之家
3. http://www.chinawuliu.com.cn   中国物流联盟网
4. http://www.elogistics.com.cn   中国物流电子商务网
5. http://www.China-elogisticsnet.com   中国物流网

习 题 与 思 考

一、思考题

(1) 电子商务物流成本的含义是什么？

(2) 物流企业的物流成本包含哪些内容？

(3) 电子商务物流成本的核算方法有哪些？

(4) 可通过哪些途径来降低电子商务物流成本？

二、上机实训题

电子商务物流成本调研，了解目前电子商务物流服务的现状，并从消费者的角度了解直接的物流成本，调研内容和步骤：

(1) 登录三只松鼠、国美商城、天猫等电子商务网站，查看 3 家以上卖家，分别能使用哪些物流公司；

(2) 对于同一商品，查看三家卖家，比较到同一距离的物流费用；

(3) 对于类似商品，查看三家物流公司，比较各自的价格和物流时间；

(4) 撰写调查报告，阐述实训结果，并进行小组 PPT 展示和讨论。

项目六

电子商务物流管理

知识目标

理解电子商务物流管理的含义、原则；

掌握电子商务物流管理的内容；

了解电子商务物流系统和电子商务物流的过程。

能力目标

重点掌握电子商务物流管理的含义及主要内容；

掌握实施电子商务物流管理时应注意的原则；

熟悉电子商务物流技术。

项目任务

任务一　理解电子商务物流管理的含义、原则及内容

任务二　电子商务物流系统和电子商务物流的过程

任务三　熟悉电子商务物流技术

任务导入案例

亚马逊公司的困惑

亚马逊公司自 1995 年创办以来，曾一度亏损 12 亿美元，而且有一半是在 2003 年上半年发生的。据分析家苏利亚称，亚马逊为了运销更多的商品就建立了更多的仓库，这样很大程度上降低了商品的流通速度。速度的降低使得亚马逊与传统的零售商的差别进一步缩小。这就使得该公司与其宗旨——做更有效的"虚拟"零售商相背离。

苏利亚的报告将亚马逊这位新经济偶像与传统零售商相提并论，他的理由很简单：亚马逊投入巨资建立仓储及配送中心，用以存放不断增多的销售货品；依靠品牌认知度及巨额投资来刺激营业额的增长。从这种意义上说，它面对的管理问题与传统的零售商并无不同。

苏利亚报告还认为，亚马逊所做的与传统经营商没有什么区别，但如果以传统经济的标准来衡量，公司的经营状况甚至比三流零售店还糟糕。苏利亚同时指出，自 1998 年底以后，亚马逊的存货周转速度不断下降，这也是他怀疑亚马逊零售管理能力的又一证据。亚马逊 1998 年的存货周转率为 8.5 倍，但到 2002 年首季已下降至 2.9 倍。2001 年亚马逊的营业额较前一年增加近 190%，但其库存上升速度更快，高达 650%。亚马逊的债务也在滚雪球般激增，2002 年已增至 21 亿美元。

提出问题：亚马逊有必要建立自己的仓库吗？亚马逊的亏损源于何处？

任务一　理解电子商务物流管理的含义、原则及内容

6.1　电子商务物流管理概述

物流管理(Logistics Management)指为了以最低的物流成本达到客户满意的服务水平，对物流活动进行的计划、组织、协调与控制，即物流管理是对原材料、半成品和成品等物料在企业内外流动的全过程所进行的计划、实施、控制等活动。

可以说，电子商务物流实际上就是在电子商务环境下的现代物流。具体来说，是指基于电子化、网络化后的信息流、商流、资金流下的物资或服务的配送活动，包括软体商品的网络传送和实体商品的物理传送。

基于以上介绍，我们把电子商务物流管理总结为在社会过程中，根据物质资料流动的规律，应用管理的基本原理和科学方法，对电子商务物流活动进行计划、组织、协调、控制和决策，使各项物流活动实现最佳协调与配合，以降低物流成本、提高物流效率和经济效益。简而言之，电子商务物流管理就是通过研究并利用电子商务下物流规律对物流全过程、各环节和各方面的管理。

电子商务物流管理主要包括对物流过程的管理、对物流要素的管理和对物流中具体职能的管理。

1．对物流过程的管理

1) 运输管理

运输管理是指运输方式及服务方式的选择。例如：一家网上零售店，在选择送货方式时，有自己送货、邮政送货、快递送货、专业物流公司送货等各种方式。管理者就必须根据客户要求的时间、商品的性质、客户距公司的地理位置等因素来选择合适的送货方式。运输管理还需要考虑到的是运输路线的选择。选择运输路线时要以运量尽可能少、运输

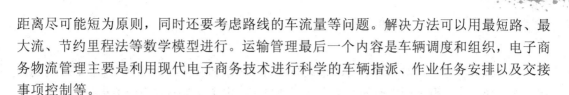

距离尽可能短为原则，同时还要考虑路线的车流量等问题。解决方法可以用最短路、最大流、节约里程法等数学模型进行。运输管理最后一个内容是车辆调度和组织，电子商务物流管理主要是利用现代电子商务技术进行科学的车辆指派、作业任务安排以及交接事项控制等。

2) 储存管理

电子商务既需要建立因特网网站，又需要建立或具备物流中心，而物流中心的主要设施之一就是仓库及附属设备。需要注意的事，电子商务服务提供商的目的不是在物流中心的仓库中储存商品，而是要通过仓储保证开展市场分销活动，同时尽可能降低库存占压的资金，从而减少储存成本。因此，提供社会化物流服务的公共型物流中心需要配备高效率的物流分拣、传送、储存、拣选设备。在电子商务方案中，可以利用电子商务的信息网络，尽可能多地通过完善的信息沟通，将实物库存暂时用信息代替，即将信息作为虚拟库存，解决的办法是建立需求端数据自动收集系统；在供应链的不同环节采用 EDI 交换数据，建立因特网，为用户提供 Web 服务器，以便于数据实时更新和浏览查询；一些生产厂商和下游的经销商、物流服务商共用数据库，共享库存信息等，目的都是为了尽量减少实物库存。那些能将供应链上各环节的信息系统有效集成、并能以尽可能低的库存满足营销需要的电子商务方案提供商将是竞争的真正领先者。

3) 装卸搬运

装卸搬运是指装卸搬运系统的设计、设备规划与配置和作业组织等。装卸搬运系统的设计主要是指装卸搬运的路线、方式、程序与工艺等方面的综合设计。电子商务的装卸管理强调装卸搬运的工作量最小化、均衡化和无缝连接。

4) 包装管理

包装管理是指包装容器和包装材料的选择与设计，包装技术和方法的改进，包装系列化、标准化、自动化。电子商务物流管理下的包装管理的重点是系列化、标准化、自动化，只有实现标准化与自动化，才能满足电子商务物流管理的自动化与智能化，从而提高物流运作的效率与效益。

5) 流通加工管理

流通加工管理是指加工场所的选定，加工机械的配置，加工技术与方法的研究和改进。

6) 配送管理

配送管理是指配送中心选址及系统优化布局。配送中心选址要考虑企业在电子商务下的生产模式和顾客服务战略，企业生产模式是备货型还是按订单生产。如果是按订单生产则需要供应商建立在企业周围，原材料配送中心尽可能选择离企业比较近的地方，从而减少供应不确定性。如果企业是备货型生产，例如耐克、美特斯邦威这些企业，则要考虑配送中心尽可能实现生产同步化、销售的及时化。

7) 物流信息管理

物流信息管理是指对反映物流活动内容的信息、物流要求的信息、物流作业的信息和

物流特点的信息所进行的收集、加工、处理、储存和传输。

8）客户服务管理

客户服务管理是指对物流活动的相关服务进行组织和监督，如调查和分析顾客对物流活动的反映，决定顾客所需要的服务水平和项目等。电子商务的客户服务更强调个性化，如何建立客户的档案、根据不同的客户需求确定不同的服务模式已成为客户服务管理的一个重点。

2．对物流要素的管理

对物流要素的管理详见表6-1。

表6-1　物流要素管理内容

物 流 要 素	具 体 内 容
人的管理	物流从业人员的选用和录用，物流专业人才的培训与提高，物流教育和物流人才培训规划与措施的制定
物的管理	"物"指的是物流活动的对象，即物质资料实体，涉及物流活动的诸多要素，即物的运输、储存、包装、流通加工等
财的管理	指物流管理中有关降低物流成本、提高经济效益等方面的内容，包括物流成本的计算与控制、物流经济效益指标体系的建立、资金的筹措与运用、提高经济效益的方法
设备管理	对物流设备进行管理，包括对各种物流设备的选型与优化配置，对各种设备的合理使用和更新改造，对各种设备的研制、开发与引进
方法管理	包括各种物流技术的研究、推广普及，物流科学研究工作的组织与开展，新技术的推广普及，现代管理方法的应用
信息管理	掌握充分的、准确的、及时的物流信息，把物流信息传递到适当的部门和人员中，从而根据物流信息，做出物流决策

3．对物流中具体职能的管理

1）物流作业管理

物流作业管理是指对物流活动或功能要素的管理，主要包括运输与配送管理、仓储与物料管理、包装管理、装卸搬运管理、流通加工管理、物流信息管理等。

2）物流战略管理

物流战略管理是对企业的物流活动实行的总体性管理，是企业制定、实施、控制和评价物流战略的一系列管理决策与行动，其核心问题是使企业的物流活动与环境相适应，以实现物流的长期、可持续发展。为了达到某个目标，物流企业或职能部门在特定的时期和特定的市场范围内，根据企业的组织机构，利用某种方式发展的全过程管理。物流战略具

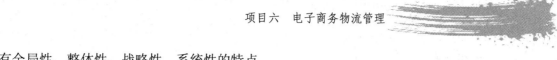

有全局性、整体性、战略性、系统性的特点。

3) 物流成本管理

物流成本管理是指有关物流成本方面的一切管理工作的总称，即对物流成本所进行的计划、组织、指挥、监督和调控。物流成本管理的主要内容包括物流成本核算、物流成本预测、物流成本计划、物流成本决策、物流成本分析、物流成本控制等。

4) 物流服务管理

所谓物流服务，是指物流企业或企业的物流部门从处理客户订货开始，直至商品送交客户过程中，为满足客户的要求，有效地完成商品供应，减轻客户的物流作业负荷，所进行的全部活动。

5) 物流组织与人力资源管理

物流组织是指专门从事物流经营和管理活动的组织机构，既包括企业内部的物流管理和运作部门、企业间的物流联盟组织，也包括从事物流及其中介服务的部门、企业以及政府物流管理机构。

6) 供应链管理

供应链管理是用系统的观点，通过对供应链中的物流、信息流和资金流进行设计、规划、控制与优化，以寻求建立供、产、销企业以及客户间的战略合作伙伴关系，最大程度地减少内耗与浪费，实现供应链整体效率的最优化并保证供应链成员取得相应的绩效和利益，来满足顾客需求的整个管理过程。

7) 物流业务管理

物流业务管理主要包括运输、仓储保管、装卸搬运、包装、协调配送、流通加工及物流信息传递等基本内容。

4. 电子商务物流管理原则

电子商务物流具有综合性、新颖性、智能性、信息化、自动化、网络化、柔性化等特点，物流向一体化、供应链管理方向发展就是电子商务物流管理的基本指导思想。依据一体化的思想和我国物流管理的实际情况，电子商务的物流管理应遵循下述原则：系统化原则、标准化原则和服务化原则。也可以理解为运用最适合的运输工具，结合最便利的联合运输，通过最短的运输距离，使用最合理的包装，占用最少的仓储，利用最快的信息，在最短的时间内，提供最佳的服务。

1) 系统化原则

系统化原则就是强调电子商务物流管理应从物流系统整体出发进行管理。具体表现为：物流方案的制定必须从物流的运输、仓储、装卸搬运、流通加工、配送、包装等整体考虑，而不能单独考虑某一功能要素；物流的计划、组织、执行与控制必须从供应链整体最优的角度进行，而不单仅从某个企业最优角度为出发点进行。这就要求通过电子商务的信息网络实施协同化运作，同时要求企业在制定物流管理的绩效考核指标时必须从系统角度出发进行考核。

2) 标准化原则

电子商务物流管理要进行系统化管理，前提之一是必须首先实施标准化。电子商务物流管理涉及环节较多、范围较广、参与者较多，这就要求企业与企业之间的信息传递、物流作业的设施设备、物流作业流程、物流作业单证等实行标准化。只有在社会范围内建立一个系统的、大家都认可的标准，物流管理才能实现系统化管理，从而实现电子商务物流管理的及时化、协同化、虚拟化、全球化等要求。

3) 服务化原则

服务化原则是指电子商务物流管理必须树立服务的理念，强调在最合适的时间、利用合适的方式把合适的产品以合适的数量、合适的质量和合适的成本送达最合适的顾客。这里的顾客对于企业内部的物资资料需求部门而言是内部顾客，而企业物资资料的需求者则是外部客户。

这就要求管理人员在制定服务策略的时候必须考虑顾客需求、产品特性等，在满足顾客要求的基本服务能力上尽可能创造更多的增值服务，从而不断提高服务水平。

任务二　了解电子商务物流系统和电子商务物流的过程

6.2　电子商务物流管理的内容

电子商务物流管理由以下内容组成。

1. 组织管理

物流系统自主机构设计的科学化、合理化是物流系统正常运行的前提和基础。因此，电子商务物流组织管理是整个电子商务物流管理的首要环节。如果说组织设计是物流管理的静态组织，那么组织管理则是物流组织体系的运行过程，即组织体系是对物流过程的动态管理，功能是使物流系统的各组成部分按照明确的业务分工，准确无误地执行各自的职能，从而保证物流总体活动的系统协调进行。在构建电子商务物流管理组织模式时，要充分考虑电子商务物流系统的内外环境，遵循协作分工、集权和分权结合的原则，合理确定管理宽度和管理层次。电子商务物流组织管理一般有以下几种。

1) 集权型的集中管理组织模式

集权型的集中管理模式是指电子商务物流的全部商品和物流流程集中交由第三方物流公司实施统一计划、统一订购、统一保管、统一分配、统一调度、统一控制。这种方式有利于实施专业化分工协作管理，降低流通费用；统一的计划、订购和调度也有助于仓储设施的机械作业现代化，提高物流设施的利用效率。同时，集权型的集中管理组织模式要求电子商务物流企业有先进完善的物流信息系统、训练有素的专业队伍。

2) 集分权相结合的分级/分散管理组织模式

集分权相结合的分级/分散管理组织模式是指电子商务物流企业设置物流管理中枢机构，并在中枢机构的领导下划分物流类别，按照不同的管理层次进行分级管理。这种方式可以调动基层单位和人员的积极性，但是物流成本过高，经济效益较差。

3) 分权型事业部集中管理组织模式

分权型事业部集中管理组织模式是指物流机构是电子商务公司的一个事业部，同时是一个利润中心，实行企业化或企业化的管理。

4) 集分权结合的各事业部分散管理组织模式

集分权结合的各事业部分散管理组织模式不是按照供应链划分事业部门，而是按照物流的性质划分事业部门，每类产品的物流由使用或管理该类产品的部门负责，这种管理组织模式是低层次的。

2．业务管理

电子商务物流业务管理主要包括 10 部分，分别是：电子商务物流运输配送管理、电子商务物流仓储管理、电子商务物流运输管理、电子商务物流调度管理、电子商务物流货运代理、电子商务物流报关管理、电子商务物流采购管理、电子商务物流结算管理、电子商务物流客户管理和电子商务物流数据交换。

3．质量管理

长期以来，在物流行业中的传统思想，数量观念是非常牢固的，而质量意识却很淡薄。物流概念中，强调解决产/需之间的差额，因此忽视了在创造时间及场所效用中质量的作用。物流过程中丢失、损坏、变质、延迟等事故，不仅使物流中货物数量受到损失，而且使物流本身和企业经营活动等方面都受到挫折。

4．电子商务物流系统和电子商务物流系统的构成

电子商务物流系统是指在一定的空间内，所有需位移的物资与包装设备、装运搬运机械、运输工具、仓储设备、人员和通信联系设施等若干相互制约的动态要素所构成的具有特定功能的有机整体。电子商务物流系统的构成具体包括：

(1) 物流配送中心。

(2) 物流信息网络。

(3) 物流运输网络。

(4) 物流仓储。

(5) 客户服务和管理系统。

物流系统的管理所包含的内容十分广泛，根据物流管理的特点，可分为物流业务管理和物流技术管理两大方面。

(1) 物流业务管理：物流的计划管理、物流经济活动管理、物流的人才管理和物流过程管理。

(2) 物流技术管理：物流硬技术及其管理、物流软技术及其管理。

5．电子商务物流过程

电子商务物流过程包括运输、存储、装卸、包装、流通加工以及与其相联系的物流信息处理。它们相互联系，构成物流系统的功能组成要素。可以把上述过程概括为：电子商务的起点——商品包装；电子商务的动脉——商品运输；电子商务的中心——商品存储；电子商务的接点——商品装卸；电子商务的中枢神经——物流信息。

任务三　熟悉电子商务物流技术

6.3　熟悉电子商务物流技术

1．电子商务物流技术

电子商务物流技术一般是指与物流要素活动有关的所有专业技术的总称，可以包括各种操作方法、管理技能等，如流通加工技术、物品包装技术、物品标识技术、物品实时跟踪技术等。物流技术还包括物流规划、物流评价、物流设计、物流策略等。当计算机网络技术的应用普及后，物流技术中综合了许多现代信息技术，如 GIS(地理信息系统)、GPS(全球卫星定位)、EDI(电子数据交换)、BAR CODE(条码)，等等。

2．电子商务物流管理信息系统

电子商务物流管理信息系统(LMIS)是一个由人和计算机网络等组成的能进行物流相关信息的收集、传送、储存、加工、维护和使用的系统。由于电子商务物流是信息网络和传统物流的有机结合，物流企业本身正以崭新的模块化方式进行要素重组，因此电子商务物流不仅是一个管理系统，更是一个网络化、智能化和社会化的系统。

项 目 小 结

本项目首先对电子商务物流管理作了概述，介绍了其含义、原理与职能；其次重点从组织管理、业务管理、质量管理几个方面讲述了电子商务物流管理的主要内容。通过本项目的学习，学生应理解电子商务物流系统和电子商务物流的过程；掌握电子商务物流管理的含义以及它的主要包括的内容。

教学建议：建议本项目讲授 4 课时。

【推荐研究网址】

1．www.ALL56.com　　　　　　中国大物流网
2．www.china-logisticsnet.com　　中国物流网
3．www.56net.com　　　　　　　物流网
4．www.56888.com　　　　　　　中国全程物流网
5．www.3rd56.com　　　　　　　中国第三方物流网

习题与思考

一、思考题

(1) 什么是电子商务物流管理？

(2) 电子商务物流管理要素的管理包含哪些内容？

(3) 电子商务物流管理的内容有哪些？

(4) 电子商务物流质量管理的指标体系有哪些？

二、上机实训题

(1) 注册淘宝或京东开店，了解其全过程。

(2) 注册淘宝、京东或其他电商平台会员，登录后台，使用后台管理系统的各项功能。

(3) 客户如何进行投诉和举报？

(4) 如何看待淘宝评价的作用？

项目七

电子商务与供应链管理

✎ 知识目标

通过本章的学习，了解供应链和供应链管理的基本概念以及供应链管理与电子商务管理的关系；

熟悉供应链管理涉及的内容；

掌握供应链管理的基本方法。

📖 能力目标

熟悉供应链管理涉及的内容；

掌握供应链管理的基本方法和电子商务下的供应管理的主要方法和主要途径。

📖 项目任务

任务一　了解供应链和供应链管理的基本概念

任务二　熟悉供应链管理涉及的内容，掌握供应链管理的基本方法

任务导入案例

长城集团的供应链管理

长城集团董事长访问了美国思科公司。他观察到，思科公司自己的工厂很少，但其产品从设计到样品出来只需要5~6天的时间，订单下达生产厂，生产厂再向配套厂订货。整个供应链管理协调一致，又都利用网络处理。不但节省成本，而且大大提高了效率。访美回来之后，他提出并着手解决这个问题："用什么样的办法管理越来越庞大的长城制造业？"

对此，长城集团首先从自身的供应链管理上进行突破。现在长城50%以上的显示器和

个人计算机元件采购都在网上实现，虽然执行得并不彻底。长城集团还在与供应链下游的销售商的交易中采用电子商务解决方案，从信息采集、下订单到网上支付，力求实现真正的网上销售。

与一年前相比，长城集团的业务流程已发生了很大变化，从信息传递、人事、财务到物料采购等，很多供应链环节已经转向了通过电子商务解决，电子商务与供应链管理结合取得显著效益。

请思考：长城集团董事长用什么样的办法管理越来越庞大的长城制造业？

 任务一　了解供应链和供应链管理的基本概念

7.1　供应链管理概念

1．供应链概述

供应链的定义：供应链是围绕核心企业，通过对信息流、物流、资金流的控制，从采购原材料开始，到制成中间产品以及最终产品，最后由销售网络把产品送到客户手中的将供应商、制造商、分销商、零售商、直到最终客户连成一个整体的功能网链结构模式。它是一个范围更广的企业结构，包含所有加盟的节点企业，从原材料的供应开始，经过链中不同企业的制造加工、组装、分销等过程直到最终客户。它不仅是一条连接供应商到客户的物料链、信息链、资金链，而且是一条增值链，物料在供应链上因加工、包装、运输等过程而增加其价值，给相关企业都带来收益。

根据以上供应链的定义，其结构可以简单地归纳为图7-1所示的模型。

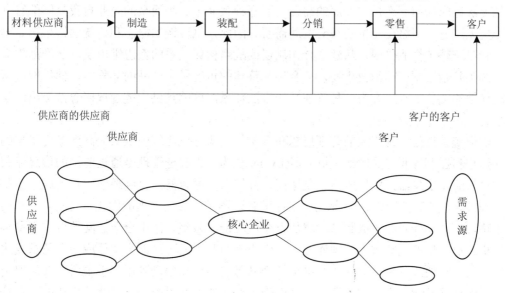

图 7-1　供应链的结构模型图

从图中可以看出，供应链由所有加盟的节点企业组成，其中一半有一个核心企业，节点企业在需求信息的驱动下，通过供应链的职能分工与合作，以及资金流、物流或服务流为媒介实现整个供应链的不断增值。

从供应链的结构模型可以看出，供应链是一个网链结构，由围绕核心企业的供应商，供应商的供应商和客户的客户组成。一个企业是一个节点，节点企业和节点企业之间是一种需求与供应的关系。

2．供应链管理概述

供应链管理(Supply Chain Management，SCM)是一种集成的管理思想和方法，它执行供应链中从供应商到最终用户的物流的计划和控制等职能。从单一的企业角度来看，是指企业通过改善上、下游供应链关系，整合和优化供应链中的信息流、物流、资金流，以获得企业的竞争优势。

供应链管理是企业的有效性管理，表现了企业在战略和战术上对企业整个作业流程的优化。它整合并优化了供应商、制造商、零售商的业务效率，使商品以正确的数量、正确的品质、在正确的地点、以正确的时间、最佳的成本进行生产和销售。

国家标准《物流术语》(GB/T18354—2001)中对供应链管理定义如下：利用计算机网络技术全面规划供应链中的商流、物流、信息流、资金流等，并进行计划、组织、协调与控制等。全球供应链论坛(Global Supply Chain Forum，GSCF)将供应链管理定义成：为消费者带来有价值的产品、服务以及信息的，从源头供应商到最终消费者的集成业务流程。

1) 供应链管理的概念

计算机网络的发展进一步推动了制造业的全球化、网络化进程。虚拟制造、动态联盟等制造模式的出现，更加迫切需要新的管理模式与之相适应。传统的企业组织中的采购(物资供应)、加工制造(生产)、销售等看似整体，但却是缺乏系统性和综合性的企业运作模式，已经无法适应新的制造模式发展的需要，而那种大而全、小而全的企业自我封闭的管理体制，更无法适应网络化竞争的社会发展需要。因此，供应链的概念和传统的销售链是不同的，它已跨越了企业界限，从建立合作制造或战略伙伴关系的新思维出发，从产品生命线的"源头开始，到产品消费市场，从全局和整体的角度考虑产品的竞争力，使供应链从一种运作性的竞争工具上升为一种管理性的方法体系，这就是供应链管理概念被提出的实际背景。

供应链管理是一种集成的管理思想和方法，它执行供应链中从供应商到最终用户的物流的计划和控制等职能。例如，伊文斯(Evens)认为：供应链管理是通过前馈的信息流和反馈的物料流及信息流，将供应商、制造商、分销商、零售商，直到最终用户连成一个整体的管理模式。菲利浦(Phillip)则认为：供应链管理不是供应商管理的别称，而是一种新的管理策略，它把不同企业集成起来以增加整个供应链的效率，注重企业之间的合作。最早人们把供应链管理的重点放在管理库存上，作为平衡有限的生产能力和适应用户需求变化的缓冲手段，它通过各种协调手段，寻求把产品迅速、可靠地送到用户手中所需要的费用与生产、库存管理费用之间的平衡点，从而确定最佳的库存投资额。因此其主要的工作任务

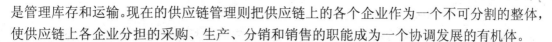

是管理库存和运输。现在的供应链管理则把供应链上的各个企业作为一个不可分割的整体，使供应链上各企业分担的采购、生产、分销和销售的职能成为一个协调发展的有机体。

2) 供应链管理涉及的内容

(1) 供应链管理主要涉及到四个主要领域：供应(Supply)、生产计划(Schedule Plan)、物流(Logistics)和需求(Demand)。

(2) 供应链管理是以同步化、集成化生产计划为指导，以各种技术为支持，尤其以Internet/Intranet为依托，围绕供应、生产作业、物流(主要指制造过程)、满足需求来实施的。

(3) 供应链管理主要包括计划、合作、控制从供应商到用户的物料(零部件和成品等)和信息。

(4) 供应链管理的目标在于提高用户服务水平和降低总的交易成本，并且寻求两个目标之间的平衡(这两个目标往往有冲突)。

(5) 供应链管理可细分为职能领域和辅助领域。职能领域主要包括产品工程、产品技术保证、采购、生产控制、库存控制、仓储管理、分销管理。而辅助领域主要包括客户服务、制造、设计工程、会计核算、人力资源、市场营销。

(6) 供应链管理关心的并不仅仅是物料实体在供应链中的流动，除了企业内部与企业之间的运输问题和实物分销以外，供应链管理还包括以下主要内容：

- 战略性供应商和用户合作伙伴关系管理
- 供应链产品需求预测和计划
- 供应链的设计(全球节点企业、资源、设备等的评价、选择和定位)
- 企业内部与企业之间物料供应与需求管理
- 基于供应链管理的产品设计与制造管理，集成化生产计划、跟踪和控制
- 基于供应链的用户服务和物流(运输、库存、包装等)管理
- 企业间资金流管理(汇率、成本等问题)
- 基于Internet/Intranet的供应链交互信息管理等

 任务二　熟悉供应链管理涉及的内容，掌握供应链管理的基本方法

7.2　供应链管理方法

常见的供应链管理方法如下：

1. 快速反应(Quick Response，QR)

1) 快速反应的概念

快速反应是指物流企业面对多品种、小批量的买方市场，不是储备了"产品"，而是准备了各种"要素"，在用户提出要求时，能以最快速度抽取"要素"，及时"组装"，提供所需服务或产品。

QR 是美国纺织服装业发展起来的一种供应链管理方法。

QR 要求零售商和供应商一起工作，通过共享 POS 信息来预测商品的未来补货需求，并且不断地监视趋势以探索新产品的机会，以便对消费者的需求能更快地做出反应。

QR 的着重点是对消费者的需求做出快速反应。

2) 快速反应的来源

从 20 世纪 70 年代后期开始，美国纺织服装的进口急剧增加，到 80 年代初期，进口商品大约占到纺织服装行业总销售量的 40%。针对这种情况，美国纺织服装企业一方面要求政府和国会采取措施阻止纺织品的大量进口；另一方面进行设备投资来提高企业的生产效率。但是，即使这样，廉价进口纺织品的市场占有率仍在不断上升，而本地生产的纺织品市场占有率却在连续下降。

为此，一些主要的经销商成立了"用国货为荣委员会"。一方面通过媒体宣传国产纺织品的优点，采取共同的销售促进活动；另一方面，委托零售业咨询公司 Kurt salmon 从事提高竞争力的调查。Kurt salmon 公司在经过了大量充分的调查后建议零售业者和纺织服装生产厂家合作，共享信息资源，建立一个快速反应系统来实现销售额增长，客户服务最大化并且库存量、商品缺货、商品风险和减价最小化的目标。

3) 快速反应的作用

快速反应关系到一个厂商是否能及时满足顾客的服务需求的能力。信息技术提高了在最短的时间内完成物流作业并尽快地交付所需存货的能力，这样就可减少传统上按预期的顾客需求过度地储备存货的情况。快速反应的能力把作业的重点从根据预测和对存货储备的预期，转移到以装运的方式对顾客需求作出快速反应上来。不过，由于在顾客需求尚未下达之前，存货实际上并没有发生移动，因此必须仔细安排作业，不能存在任何缺陷。

这里需要指出的是，虽然应用 QR 的初衷是为了对抗进口商品，但是实际上并没有出现这样的结果。相反，随着竞争的全球化和企业经营全球化，QR 系统得以迅速在各国企业界扩展。现在，QR 方法成为零售商实现竞争优势的工具。同时随着零售商和供应商结成战略联盟，竞争方式也从企业与企业间的竞争转变为战略联盟与战略联盟之间的竞争。

4) QR 实施的三个阶段

(1) QR 的初期阶段。对所有的商品单元条码化，利用 EDI 传输订购单文档和发票文档。

(2) QR 的发展阶段。增加内部业务处理功能，采用 EDI 传输更多的文档，如发货通知、收货通知等。

(3) QR 的成熟阶段。与贸易伙伴密切合作，采用更高级的策略，如联合补库系统等，以对客户的需求作出迅速的反映。

5) 实施 QR 必备的五个条件

(1) 改变传统的经营方式、企业经营意识和组织结构。

• 企业不能局限于依靠本企业独自的力量来提高经营效率的传统经营意识，要树立通过与供应链各方建立合作伙伴关系，努力利用各方资源来提高经营效率的现代经营意识。

• 零售商在垂直型 QR 系统中起主导作用，零售店铺是垂直型 QR 系统的起始点。

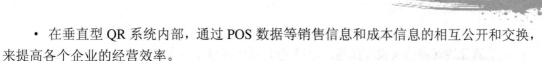

- 在垂直型 QR 系统内部，通过 POS 数据等销售信息和成本信息的相互公开和交换，来提高各个企业的经营效率。

- 明确垂直型 QR 系统内各个企业之间的分工协作范围和形式，消除重复作业，建立有效的分工协作框架。

- 必须改变传统的事务作业的方式，通过利用信息技术实现事务作业的无纸化和自动化。

(2) 开发和应用现代信息处理技术。这是成功进行 QR 活动的前提条件，这些信息处理技术有商品条码技术、物流条码技术、电子订货系统(EOS)、POS 数据读取系统、EDI 系统、预先发货清单技术、电子支付系统等。

(3) 与供应链各方建立战略伙伴关系。具体内容包括以下两个方面：一是积极寻找和发现战略合作伙伴；二是在合作伙伴之间建立分工和协作关系。合作的目标定为消减库存，避免缺货现象发生，降低商品风险，避免大幅度降价现象发生，减少作业人员和简化事务性作业等。

(4) 改变传统的对企业商业信息保密的做法。实现销售信息、库存信息、生产信息、成本信息等与合作伙伴交流分享，并在此基础上，要求各方在一起发现问题、分析问题和解决问题。

(5) 供应方必须缩短生产周期，降低商品库存。具体来说供应方应努力做到：缩短商品的生产周期；进行多品种少批量生产和多频度少数量配送，降低零售商的库存水平，提高顾客服务水平；在商品实际需要将要发生时采用 JIT 方式组织生产，减少供应商自身的库存水平。

6) 应用 QR 系统的效果

根据研究结果显示，应用 QR 系统的效果如表 7-1 所示。

表 7-1　对比表

对象商品	实施 QR 的企业	零售业者的 QR 效果
休闲裤	零售商：Wal-mart 服装生产厂家：Semiloe 面料生产厂家：Milliken	销售额：增加 31% 商品周转率：提高 30%
衬衫	零售商：J.C.Penney 服装生产厂家：Oxford 面料生产厂家：Burlinton	销售额：增加 59% 商品周转率：提高 90% 需求预测误差：减少 50%

应用 QR 系统后之所以有这样的效果，其原因是：

(1) 销售额的大幅度增加。

- 可以降低经营成本，从而降低销售价格，增加销售额。

- 伴随着商品库存风险的减少，商品以低价位定价，增加销售额。

- 能避免缺货现象，从而避免销售机会损失。

- 易于确定畅销商品，能保证畅销品的品种齐全，连续供应，增加销售额。

(2) 商品周转率的大幅度提高。应用 QR 系统可以减少商品的库存量，并保证畅销品的正常库存量，加快商品周转。

(3) 需求预测误差的大幅度减少。根据库存周期长短和预测误差的关系可以看出，如果在季节开始之前的 26 周进货，则需求预测误差达 40%左右。如果在季节开始之前的 16 周进货，则需求预测误差达 20%左右。如果在很靠近季节开始的时候进货，需求预测误差只有 10%左右。

2．有效客户反应(Efficient Consumer Response,ECR)

1) 有效客户反应的概念

有效客户反应是 1992 年从美国食品杂货业发展起来的一种供应链管理策略，是一个由生产厂家、批发商和零售商为供应链成员的，各方相互协调和合作，以更低的成本和更好、更快的服务满足消费者需要为目的的供应链管理解决方案。有效客户反应是以满足顾客要求和最大限度降低物流费用为原则，能及时做好准确反应，使提供的物品供应或业务流程最佳化的一种供应链管理战略。

2) 有效客户反应产生的背景

有效客户反应的产生可归结于上个世纪商业竞争的加剧和信息技术的发展。20 世纪 80 年代特别是到了 90 年代以后，美国日杂百货业零售商和生产厂家的交易关系，由生产厂家占据支配地位转换为零售商占主导地位，在供应链内部，零售商和生产厂家为取得供应链主导权，为商家品牌(PB)和厂家品牌(NB)占据零售店铺货架空间的份额展开激烈的竞争，使得供应链各个环节间的成本不断转移，供应链整体成本上升。

从零售商的角度来看，新的零售业态如仓储商店、折扣店大量涌现，日杂百货业的竞争更趋激烈，他们开始寻找新的管理方法。从生产商角度来看，为了获得销售渠道，直接或间接降价，牺牲了厂家的自身利益。生产商希望与零售商结成更为紧密的联盟，对双方都有利。

另外，从消费者的角度来看，过度竞争忽视消费者需求：高质量、新鲜、服务好和价格合理。许多企业通过诱导型广告和促销来吸引消费者转移品牌。

为此，美国食品市场营销协会(Food Marketing Institute)联合 COCA-COLA、P&G、KSA 公司对供应链进行调查、总结、分析，得到改进供应链管理的详细报告，提出了 ECR 的概念体系，这一概念被广大零售商和生产商采用，广泛应用于实践。

ECR 真正实现了以消费者为核心，转变了生产商与零售商对立、竞争的关系，实现供应与需求一体化的运作流程，目前日益被生产商和零售商所重视。

3) 应用 ECR 时必须遵守的五个基本原则

要实施 ECR，首先应联合整个供应链所涉及的生产商、分销商以及零售商，改善供应链中的业务流程，使其最合理有效；然后再以较低的成本，使这些业务流程自动化，以进一步降低供应链的成本和时间。这样，才能满足客户对产品和信息的需求，即给客户提供最优质的产品和适时准确的信息。

ECR 的实施原则包括如下五个方面:

(1) 以较少的成本,不断致力于向供应链客户提供性能更优、质量更好、花色品种更多的现货产品和更好、更加便利的服务。

(2) ECR 必须有相关的商业巨头的带动。该商业巨头必须决心通过互利双赢的经营联盟来代替传统的输赢关系,达到获利之目的。

(3) 必须利用准确、适时的信息以支持有效的市场、生产及后勤决策。这些信息将以 EDI 的方式在贸易伙伴间自由流动,它将影响以计算机信息为基础的系统信息的有效利用。

(4) 产品必须以最大的增值过程进行流通,从生产至包装,直至流动至最终客户的购物篮中,以确保客户能随时获得所需产品。

(5) 必须采用共同、一致的工作业绩考核和奖励机制。它着眼于系统整体的效益(即通过减少开支、降低库存以及更好的资产利用来创造更高的价值),明确地确定可能的收益(例如,增加收入和利润)并且公平地分配这些收益。

4) 实施 ECR 的四大因素

(1) 快速产品引进(Efficient Product Introductions):最有效的开发新产品,制订产品的生产计划,以降低成本。

(2) 快速商店分类(Efficient Store Assortment):通过第二次包装等手段,提高货物的分销效率,使库存及商店空间的使用率最优化。

(3) 快速促销(Efficient Promotion):提高仓储、运输、管理和生产效率,降低供应商库存及仓储费用,使贸易和促销的整个系统效率最高。

(4) 快速补充(Efficient Replenishment):包括电子数据交换(EDI),以需求为导向的自动连续补充和计算机辅助订货,使补充系统的时间和成本最优化。

5) ECR 的实施方法

(1) 为变革创造气氛。对大多数组织来说,改变对供应商或客户的内部认知过程,即从敌对态度转变为将其视为同盟的过程,将比实施 ECR 的其他步骤更困难,花费时间更长。创造 ECR 的最佳氛围首先需要进行内部教育以及通信技术和设施的改善,同时也需要采取新的工作措施和回收系统。

(2) 选择初期 ECR 同盟伙伴。对于大多数刚刚实施 ECR 的组织来说,建议成立 2～4 个初期同盟。每个同盟应首先召开一次会议,请来自各个职能区域的各级同盟代表对怎样启动 ECR 进行讨论。

(3) 开发信息技术投资项目,支持 ECR。虽然在信息技术投资不大的情况下就可获得 ECR 的许多利益,但是具有很强信息技术能力的公司要比其他公司更具竞争优势。

3. ECR 与 QR 的比较

1) ECR 与 QR 的差异

(1) 产品属性不同。ECR 主要以食品杂货业为对象,其主要目标是降低供应链各环节的成本,提高效率。QR 主要集中在一般商品和纺织行业,其主要目标是对客户的需求作出快速反应,并快速补货。

这是因为食品杂货业与纺织服装行业经营的产品的特点不同：杂货业经营的产品多数是一些功能型产品，每一种产品的寿命相对较长(生鲜食品除外)，因此，订购数量过多(或过少)的损失相对较小。

纺织服装业经营的产品多属创新型产品，每一种产品的寿命相对较短，因此，订购数量过多(或过少)造成的损失相对较大。

(2) 侧重点不同。QR 侧重于缩短交货提前期，快速响应客户需求；ECR 侧重于减少和消除供应链的浪费，提高供应链运行的有效性。

(3) 管理方法不同。QR 主要借助信息技术实现快速补发，通过联合开发产品缩短产品上市时间；ECR 除新产品快速有效引入外，还实行有效商品管理、有效促销。

(4) 适用的行业不同。QR 适用于单位价值高、季节性强、可替代性差、购买频率低的行业；ECR 适用于产品单位价值低、库存周转率高、毛利少、可替代性强、购买频率高的行业。

(5) 改革的重点不同。QR 改革的重点是补货和订货的速度，目的是最大程度地消除缺货，并且只在商品需求时才去采购；ECR 改革的重点是效率和成本。

2) 共同特征

ECR 和 QR 的共同点表现为超越企业之间的界限，通过合作追求物流效率化。具体表现在如下三个方面：

(1) 贸易伙伴间商业信息的共享。

(2) 商品供应方进一步涉足零售业，提供高质量的物流服务。

(3) 企业间订货、发货业务全部通过 EDI 来进行，实现订货数据或出货数据的传送无纸化。

7.3 电子商务与供应链管理

1. 供应链管理(SCM)的基本思想

现代供应链管理是以现代信息技术为支撑，对供应链所涉及组织的集成和对物流、信息流及资金流的协同，以满足客户的需求和提高供应链整体竞争能力。换句话说"供应链管理的对象是供应链的组织(企业)和它们之间的'流'；应用的方法是以现代信息技术为支撑手段进行对象的集成和协同；目标是满足客户需求，最终提高供应链的整体竞争能力。"

2. 电子商务促进供应链管理(SCM)的发展

电子商务是一个依靠 Internet 支撑的企业商务过程，用电子方式替代传统的基于纸介质的数据和资料的交换、传递、存储等作业方式。企业之间的电子商务就是利用 Internet 整合企业上下游的产业，以中心制造厂商为核心，将产业上游原材料和零配件供应商、产业下游经销商、物流运输商及产品服务商以及往来银行结合为一体，构成一个面向最终顾客的完整电子商务供应链。

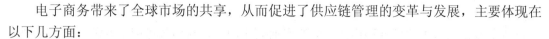

电子商务带来了全球市场的共享，从而促进了供应链管理的变革与发展，主要体现在以下几方面：

(1) 供应链管理从功能管理向过程管理的转变。传统的管理，供应链中的采购、制造、市场营销、配送等功能都具有各自独立的目标和计划，这些目标和计划经常冲突。电子商务时代的供应链管理就是要达成一种一致和协调的机制。企业通过自己的内部网及 Internet 搭建的电子商务平台，不仅在企业内部，而且在企业外部从功能管理走向过程管理。

(2) 供应链管理从产品管理向客户管理转变。电子商务时代，企业垂直一体化的传统推动供应链发展，将其改造成由客户拉动的供应链。客户是主要的市场驱动力，是客户而不是产品主导企业的生产、销售活动，所以客户的需求、客户的购买行为、客户的意见等都是企业要谋求竞争优势所必须争夺的重要资源。

(3) 供应链管理从实体库存管理向虚拟库存管理转变。电子商务时代用信息代替库存，也就是"虚拟库存"，而不是实物库存，只有到供应链的最后一个环节才交付实物库存，这样可以大大降低企业持有库存的风险。

(4) 供应链管理从交易管理向协同合作管理转变。传统的供应链伙伴之间考虑的是眼前的既得利益，供应链伙伴之间的关系是交易关系。电子商务时代的供应链管理以协调供应链关系为基础进行交易，既协同商务，合作竞争，同时又增加供应链各方的利益，使供应链整体的交易成本最小化、收益最大化。

(5) 供应链管理从大而全、小而全的管理向业务外包管理转变。传统的供应链管理忽视了社会分工可以提高效率这一简单的经济学原理，依照大而全、小而全的方式生存，从一个产品的设计、生产、包装到运输都是企业自己做。电子商务时代的供应链管理则是利用业务外包(Outsourcing)，把资源集中在企业的核心竞争力上。

3．基于电子商务的供应链管理的原理

供应链管理的内容包括生产计划与控制、库存控制、采购、销售、物流、需求预测、客户管理、伙伴管理等，实质是信息流、物流和资金流的管理，因此可从这"三流"的运动来说明供应链管理的基本原理。所有成员企业的 Intranet 通过 Internet 实现互联而形成Extranet，信息高度集成与共享。下面是对需求拉动的供应链管理中的信息流、物流和资金流管理的简要描述。

1) 信息流

用户在分销商网站的电子商务交易系统在线下单，分销商订单处理实时完成，并立刻向产品制造商在线下单采购，产品制造商实时处理完成分销商的采购订单并向其上级供应商采购零部件或原材料。由于是在线下单，分销商、产品制造商与供应商几乎同时得到了需求信息。

2) 物流

物流方向从供应商到产品制造商到分销商再到用户，与传统供应链管理一样。不同的是，信息流指挥物流，基于 Internet/Intranet/Extranet 的电子商务的高度信息共享和即时沟通能力带来了物流的高速和适时性，即物料或产品在指定时刻到达指定地点，从而减少甚至消除了各节点企业的库存。

155

3) 资金流

资金流方向从用户到分销商到产品制造商到供应商，与传统供应链管理一样。不同的是，支付方式以在线支付为主，从而大大提高了订单的执行速度和交货速度。

基于电子商务的供应链的目标是在企业之间交互传输动态的信息流和资金流，通过最终顾客的有效拉动，保证物流的有效、畅通。为了实现这一目标，所有供应链的参加者必须采用统一的数据标准，从而实现信息的流畅和无缝传输。

7.4　电子商务下的供应链管理

供应链管理是多层次、多目标的集成化管理，随着电子商务时代市场经济的深刻变化，供应链管理的管理容量和复杂程度都大大增加，这就要求应该从系统科学和系统工程的角度看待供应链管理。

供应链管理不是依靠单一的科学管理方法或纯粹的技术手段就能够实现的，只有将系统管理技术、运筹学、管理科学、决策支持系统、信息技术有机地结合起来，并应用于供应链管理的各个环节，才能实现供应链的科学管理。

项 目 小 结

通过本项目的学习，了解供应链和供应链管理的基本概念以及供应链管理与电子商务的关系。掌握供应链管理的基本方法以及电子商务下的供应链管理的主要方法和主要途径。

教学建议：建议本章讲授 4 课时。

【推荐研究网址】

1. http://www.lgw.com.cn/home.php　　中国供应链网
2. http://www.chinacoop.gov.cn/　　中国供销合作网
3. http://www.chinawuliu.com.cn/　　中国物流与采购联合会
4. http://www.interscm.com/　　泛联供应链
5. http://www.globrand.com/　　品牌网
7. http://www.linkshop.com.cn/　　联商网
8. www.amteam.org　　中国人力资源网
9. http://www.e3356.com/index.htm　　三山国际物流网
10. www.jctrans.com　　锦程物流交易网
11. www.all56.com　　中国大物流网

习 题 与 思 考

一、思考题

(1) 什么是供应链？

(2) 什么是供应链管理?

(3) 电子商务与供应链管理有什么关系?

(4) 简述供应链管理中的物流运作系统。

(5) 试述电子商务时代供应链管理的主要发展趋势。

(6) 供应链的支持技术有哪些?

(7) 什么是快速反应?

(8) 什么是有效客户反应?

(9) 简述 ECR 的四大要素。

(10) 简述电子订货系统的流程。

二、上机实训题

掌握速卖通(www.aliexpress.com)平台的使用方法,在速卖通上发布产品并通过审核,总结速卖通的营销方式。

项目八

电子商务时代的国际物流

知识目标

理解国际物流的形式与特点；
了解国际物流的发展过程和发展趋势；
掌握国际物流系统的构成与运作模式；
理解电子商务时代国际物流的变革。

能力目标

能解释国际物流的基本内涵；
通过案例的学习和分析，能应用国际物流的基本知识；
能根据国际物流的特点解释我国加入 WTO 后与国际物流接轨应注意的问题。

项目任务

任务一　国际物流概述
任务二　国际物流运作

加 入 WTO 对 我 国 物 流 业 的 影 响

公路、水路、航空等交通行业属服务业范畴，其有关的国际服务贸易受 WTO 约束。我国公路、水路等交通行业在我国申请恢复在关贸总协定中的地位和加入 WTO 的历程中，作出了广泛的、实质性的市场开放的承诺。承诺的内容涉及公路运输、水路运输、仓储、船舶检验、交通基础设施建设等多个领域，其中在公路货运、仓储、海上班轮运输、船舶代理等方面作出了进一步开放市场的承诺。

我国加入 WTO 后，交通行业面临机遇与挑战并存的局面。首先，加入 WTO 将促进我国交通行业的发展。WTO 所建立的多边贸易体制是以市场经济为基础的，其有关规则反映了市场经济的一般原则，因此加入 WTO 将进一步推进我国公路、水路、航空等交通行业管理体制和管理观念的转变。同时，市场经济也是法制经济，加入 WTO 必将加快我国交通行业的法制化建设步伐。另外，市场的进一步开放和竞争，将有利于提高行业服务水平和技术含量，降低服务价格，增强交通运输企业的市场竞争力。

加入 WTO，我国的公路、水路、航空等交通行业也面临着一些问题，其主要体现在两个方面：一是政府管理部门能否切实转变观念，使行业管理符合 WTO 的有关原则和要求，建立和营造公平、公正、公开、平等竞争的市场环境。这关系到政府体制改革、职能转变是否到位，法律、规章是否符合市场的经济规则。这些都是政府首先要考虑和下功夫做的事情。二是由于市场加大开放力度，国内相关企业能否承受竞争压力，并在竞争中发展壮大。我国加入 WTO 后，外商将加大进入我国仓储物流服务、集装箱多式联运和场站经营、公路快速货物运输、汽车维修、国际海上班轮运输、船舶代理等市场的力度，而目前我国交通运输行业的企业大多数规模小、技术落后、设备陈旧、现代化管理观念不强，与参与国际竞争的要求不相适应，这也是当前我国物流行业急需解决的问题。

提出问题：我国加入 WTO 后与国际物流接轨应注意哪些问题？

任务一　国际物流概述

8.1　国际物流的概念

所谓国际物流就是组织原材料、在制品、半成品和制成品在国与国之间进行流动和转移的活动。它是相对于国内物流而言的，在不同国家间进行的物流，是国内物流的延伸和进一步扩展，是跨国界的、流通范围扩大了的物的流通，也叫国际大流通或大物流。国际物流有广义和狭义之分，广义含义是各种形式的物资在国与国之间的流入与流出。狭义含义是与一国进出口贸易相关的物流活动。其总目标就是：为国际贸易和跨国经营服务选择最佳的方式和路径，以最低的费用和最小的风险，保质保量适时地将商品从某国的供方运送到另一个国家的需方。

1．国际物流的特点

国际物流与国内物流有许多相似的地方，它们都具有现代物流的共性，但它们也有许多不同之处。

1）国际物流与国内物流的联系

国际物流与国内物流是根据物流活动的区域大小或活动的空间氛围区分的。国际物流与国内物流往往是不可分割的。国际物流是国内物流越过国界或关境,在两个以上的国家或全球范围内开展的物流。国际物流在货物出境前和入境后与国内物流基本相同,基本原理相同。

2) 国际物流与国内物流的区别

按复杂性来说,国际物流远远超过国内物流。全球物流运作的环境远比国内物流复杂,这可以用4个D来概括:距离(Distance)、单证(Documentation)、文化差异(Diversity in culture)和顾客需求(Demands of customer)。

3) 国际物流的特点

与国内物流相比,国际物流的复杂环境形成了国际物流运作的独有特点:

- 需要国际贸易中间人
- 国际物流具有国际性,市场广阔
- 国际物流的复杂性
- 国际物流的高风险性
- 国际物流运输以远洋运输为主,多种运输方式组合

2. 国际物流的种类

(1) 根据商品在国与国之间的流向分类,可以分为进口物流和出口物流。

(2) 根据商品流的关税区域分类,可以分为不同国家之间的物流和不同经济区域之间的物流。

(3) 根据跨国运送的商品特性分类,可以分为国际军火物流、国际商品物流、国际邮品物流,国际捐助物流等。

3. 国际物流发展的背景

国际物流活动随着国际贸易和跨国经营的发展而发展。国际物流活动的发展经历了以下几个阶段。

第一阶段——20世纪50年代至80年代初。这一阶段物流设施和物流技术得到了极大的发展,建立了配送中心,广泛运用电子计算机进行管理,出现了立体无人仓库,一些国家建立了本国的物流标准化体系等等。物流系统的改善促进了国际贸易的发展,物流活动已经超出了一国范围,但物流国际化的趋势还没有得到人们的重视。

第二阶段——20世纪80年代初至90年代初。随着经济技术的发展和国际经济往来的日益扩大,物流国际化趋势开始成为世界性的共同问题。美国密歇根州立大学教授波索克斯认为,进入80年代,美国经济已经失去了兴旺发展的势头,陷入长期倒退的危机之中。因此,必须强调改善国际性物流管理,降低产品成本,并且要改善服务,扩大销售,在激烈的国际竞争中获得胜利。与此同时,日本正处于成熟的经济发展期,以贸易立国,要实现与其对外贸易相适应的物流国际化,并采取了建立物流信息网络,加强物流全面质量管理等一系列措施,提高物流国际化的效率。这一阶段物流国际化的趋势局限在美、日和欧洲一些发达国家。

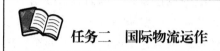

第三阶段——20 世纪 90 年代初至今。这一阶段国际物流的概念和重要性已为各国政府和外贸部门所普遍接受。贸易伙伴遍布全球，必然要求物流国际化，即物流设施国际化、物流技术国际化、物流服务国际化、货物运输国际化、包装国际化和流通加工国际化等。世界各国广泛开展国际物流的理论和实践方面的大胆探索。人们已经形成共识：只有广泛开展国际物流合作，才能促进世界经济繁荣，物流无国界。

任务二　国际物流运作

8.2　国际物流运作

1. 国际物流的业务运作流程

国际贸易合同签订后的履约过程，便是国际物流业务的事实过程，国际物流业务的运作流程大致如图 8-1 所示。

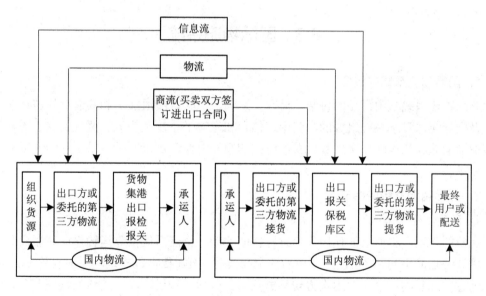

图 8-1　国际物流业务的运作流程图

2. 国际物流企业的发展方向

国际物流企业向集约化、协同化方向发展，主要表现在两个方面：

(1) 大力建设物流园区；

(2) 物流企业整合与合作。

物流园区的建设有利于实现物流企业的专业化和规模化，发挥它们的整体优势和互补优势。由于世界上各行业大型企业之间的并购浪潮和网上贸易的迅速发展，使国际贸易的货物流动加速向全球化方向前进。为适应这一发展趋势，一些大型物流企业跨越国境，展开合纵连横式的并购，大力拓展国际物流市场，以争取更大的市场份额。这种联合与并

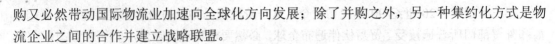

购又必然带动国际物流业加速向全球化方向发展；除了并购之外，另一种集约化方式是物流企业之间的合作并建立战略联盟。

3．实行一体化经营管理模式

大型物流公司可以采取总公司与分公司体制，采取总部集权式物流运作，实行业务垂直管理，实际上就是一体化经营管理模式(只有一个指挥中心，其他都是操作点)。从实践上讲，现代物流需要一个统一的指挥中心、多个操作中心的运作模式。因为有效控制是现代物流的保证。从物流业务的内容来看，每项内容并不复杂，但要协调整个过程就必须建立一个高效而有权威的组织系统，能控制物流实施状态和未来运作情况，并能及时有效地处理衔接中出现的各种疑难问题和突发事件，也就是说需要有一个能力很强、指挥很灵的调控中心来对整个物流业务进行控制和协调。各种界面和各种决策必须联系在一起，才能创建一个作业系统。如果各部门都强调自己是利润中心，考虑问题总是将成本与最大利润联系起来，这样对外报价肯定无竞争力。所以从事物流业务、承担全程服务时，只能有一个利润中心，其他各个机构、各个部门都应该是成本中心，一切听从利润中心的指挥，一切为利润中心服务，一切以利润中心的最大利益为自己的利益。

8.3 国际物流系统

1．国际物流系统的概念

国际物流系统是由商品的包装、储存、运输、检验、流通加工和其前后的整理、再包装以及国际配送等子系统组成的。其中，储存和运输子系统是物流的两大支柱。国际物流通过商品的储存和运输，实现其自身的时间和空间效益，满足国际贸易活动和跨国公司经营的要求。

2．国际物流系统的组成

1) 商品运输子系统

运输的作用是将商品的使用价值进行空间移动，物流系统依靠运输作业克服商品生产地和需要地点的空间距离，创造了商品的空间效益。国际货物运输是国际物流系统的核心。商品通过国际货物运输作业由卖方转移给买方。国际货物运输具有路线长、环节多、涉及面广、手续繁杂、风险性大、时间性强等特点。运输费用在国际贸易商品价格中占有很大比重。国际运输主要包括运输方式的选择、运输单据的处理以及投保等有关方面。

我国国际物流运输存在的主要问题如下：

第一，海运力量不足、航线不齐、港口较少等，影响了进出口货物及时流进流出，特别是出口货物的运输更加不足。我国出口货物主要靠海运。虽然目前我国海运运载能力位居世界前列，并能为第三国开展货运经营，但总运输力的增长远远跟不上国际贸易发展的速度，运输力仍然不足。90 年代初期曾发生过的最严重的月份缺船量达 30 条。目前，现有的船型结构也极不合理，中等船舶奇缺。由于船舶较大，运输间隔时间又长，这与要求批量小、需求供货快的运输要求是很不适应的。我国港口不足和布局不合理也比较突出。

例如我国输往中南美、澳大利亚、新西兰、南太平洋、西非等地的货物几乎全部运到香港地区中转，这样运费高、时间长，严重影响了我国出口商品的竞争力。

第二，铁路运输全面告急，内陆出口更困难。我国同朝鲜、蒙古、越南等虽然有铁路连接，但运力仍然不足。

第三，航空运输力不足，加上运价昂贵，难以适应外贸发展需要。

2) 商品储存子系统

商品储存、保管使商品在其流通过程中处于一种或长或短的相对停滞状态，这种停滞是完全必要的，因为商品流通是一个由分散到集中，再由集中到分散的源源不断的流通过程。国际贸易和跨国经营中的商品从生产厂或供应部门被集中运送到装运港口，有时须临时存放一段时间，再装运出口，是一个集和散的过程。商品储存主要是在各国的保税区和保税仓库进行的，主要涉及各国保税制度和保税仓库建设等方面。保税制度是对特定的进口货物，在进境后，尚未确定内销或复出口的最终去向前，暂缓缴纳进口税，并由海关监管的一种制度。这是各国政府为了促进对外加工贸易和转口贸易而采取的一项关税措施。

保税仓库是经海关批准专门用于存放保税货物的仓库。它必须具备专门储存、堆放货物的安全设施，健全的仓库管理制度和详细的仓库账册，配备专门的经海关培训认可的专职管理人员。保税仓库的出现，为国际物流的海关仓储提供了既经济又便利的条件。有时会出现对货物不知最后作何处理的情况，这时买主(或卖主)将货物在保税仓库暂存一段时间。若货物最终复出口，则无须缴纳关税或其他税费；若货物将内销，可将纳税时间推迟到实际内销时为止。从物流角度看，应尽量减少储存时间、储存数量，加速货物和资金周转，实现国际物流的高效率运转。

3) 商品检验子系统

由于国际贸易和跨国经营具有投资大、风险高、周期长等特点，使得商品检验成为国际物流系统中重要的子系统。通过商品检验，确定交货品质、数量和包装条件是否符合合同规定。如发现问题，可分清责任，向有关方面索赔。在买卖合同中，一般都订有商品检验条款，其主要内容有检验时间与地点、检验机构与检验证明、检验标准与检验方法等。

根据国际贸易惯例，商品检验时间与地点的规定可概括为三种做法：一是在出口国检验，可分为两种情况：在工厂检验，卖方只承担货物离厂前的责任，运输中品质、数量变化的风险概不负责；装船前或装船时检验，其品质和数量以当时的检验结果为准，买方对到货的品质与数量原则上一般不得提出异议。二是在进口国检验，包括卸货后在约定时间内检验和在买方营业处所或最后用户所在地查验两种情况，其检验结果可作为货物品质和数量的最后依据。在此条件下，卖方应承担运输过程中品质、数量变化的风险。三是在出口国检验、进口国复验。货物在装船前进行检验，以装运港双方约定的商检机构出具的证明作为议付货款的凭证，但货到目的港后，买方有复验权。如复验结果与合同规定不符，买方有权向卖方提出索赔，但必须出具卖方同意的公证机构出具的检验证明。

在国际贸易中，从事商品检验的机构很多，包括卖方、制造厂商、买方或使用方的检验单位，有国家设立的商品检验机构以及民间设立的公证机构和行业协会设立的检验机构等。在我国，统一管理和监督商品检验工作的是国家出入境检验检疫局及其分支机构。究竟选定由哪个机构实施和提出检验证明，在买卖合同条款中，必须明确加以规定。

商品检验证明即进出口商品经检验、鉴定后，应由检验机构出具具有法津效力的证明文件。如经买卖双方同意，也可采用由出口商品的生产单位和进口商品的使用部门出具证明的办法。检验证书是证明卖方所交货物在品质、重量、包装、卫生条件等方面是否与合同规定相符的依据。如与合同规定不符，买卖双方可据此作为拒收、索赔和理赔的依据。

此外，商品检验证也是议付货款的单据之一。商品检验可按生产国的标准进行检验，或按买卖双方协商同意的标准进行检验，或按国际标准或国际习惯进行检验。商品检验方法概括起来可分为感官鉴定法和理化鉴定法两种。理化鉴定法对进出口商品检验更具有重要作用。理化鉴定法一般是采用各种化学试剂、仪器器械鉴定商品品质的方法，如化学鉴定法、光学仪器鉴定法、热学分析鉴定法、机械性能鉴定法等。

4) 商品包装子系统

杜邦定律(美国杜邦化学公司提出)认为：63%的消费者是根据商品的包装装潢进行购买的，国际市场的消费者是通过商品来认识企业的，而商品的商标和包装就是企业的面孔，它反映了一个企业的综合科技文化水平。

现在我国出口商品存在的主要问题是：出口商品包装材料主要靠进口；包装产品加工技术水平低，质量上不去；外贸企业经营者对出口商品包装缺乏现代意识，表现在缺乏现代包装观念、市场观念、竞争观念和包装的信息观念。仍存在着重商品、轻包装，重商品出口、轻包装改进等思想。

为提高商品包装系统的功能和效率，应提高广大外贸职工对出口商品包装工作重要性的认识，树立现代包装意识和包装观念；尽快建立起一批出口商品包装工业基地，以适应外贸发展的需要，满足国际市场、国际物流系统对出口商品包装的各种特殊要求；认真组织好各种包装物料和包装容器的供应工作，这些包装物料、容器应具有品种多、规格齐全、批量小、变化快、交货时间短、质量要求高等特点，以便扩大外贸出口和创汇能力。

5) 国际物流信息子系统

国际物流信息子系统的主要功能是采集、处理和传递国际物流和商流的信息情报。没有功能完善的信息系统，国际贸易和跨国经营将寸步难行。国际物流信息的主要内容包括进出口单证的作业过程、支付方式信息、客户资料信息、市场行情信息和供求信息等。国际物流信息系统的特点是信息量大，交换频繁；传递量大，时间性强；环节多，点多，线长，所以要建立技术先进的国际物流信息系统。国际贸易中 EDI 的发展是一个重要趋势，我国应该在国际物流中加强推广 EDI 的应用，建设国际贸易和跨国经营的高速公路。

上述主要系统应该和配送系统、装搬系统以及流通加工系统等有机联系起来，统筹考虑，全面规划，建立起我国适应国际竞争要求的国际物流系统。

8.4 国际物流组织和管理

国际物流系统由商品的包装、储存、运输、检验、外贸加工和前后的整理、再包装以

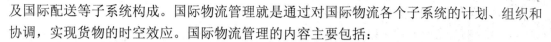

及国际配送等子系统构成。国际物流管理就是通过对国际物流各个子系统的计划、组织和协调，实现货物的时空效应。国际物流管理的内容主要包括：

1) 国际货物运输管理

国际货物运输是国际物流系统的核心，它可以创造物流的空间效应，通过国际货物运输实现商品由发货方向收货方的转移。国际货物运输是国内运输的延伸和扩展，同时又是衔接出口货物运输和进口货物运输的桥梁与纽带。

2) 外贸商品储存管理

外贸商品流通是一个由分散到集中，再由集中到分散的流通过程。储存保管克服外贸商品使用价值在时间上的差异，创造商品的时间价值。外贸商品的储存地点可以是生产厂的成品库，也可能是流通仓库或国际运转站点，而在港口、站场储存的时间则取决于港口装运系统与轨迹运输作业的有机衔接。

3) 进出口商品装卸搬运管理

在物流系统中，装卸搬运主要指垂直运输和短距离运输，其主要作用是衔接物流其他各环节的作业。货物的装船、卸船，商品进库、出库以及在库内的搬、倒、清点、查库、转运转装等都是装卸搬运的主要内容。

4) 进出口商品的流通加工与检验管理

商品在物流通过程中的检验和加工，不仅可以促进商品销售，提高物流效率和资源利用率，而且还能通过加工过程保证并提高进出口商品的质量，扩大出口。流通加工既包括分装、配装、拣选等出口贸易商品服务，也包括套裁、拉拔、组装、服装烫衣等生产性外延加工。这些加工不仅能最大限度地满足客户的多元化需求，还能增加外汇收益。对进出口商品的流通加工的有效管理是许多国际物流企业能否开展增值服务的基本保证。

5) 商品包装管理

在国际物流系统中，商品包装的主要作用是保护商品、便利流通、促进销售。商品的商标与包装不仅反映了企业的经营水平与风格，也是一个国家综合科技文化水平的直接反映。在对出口商品包装进行设计及具体包装作业的管理中，应将包装、储存、装卸搬运、运输等物流各环节进行系统分析，全面规划，实现现代国际物流系统所要求的"包、储、运一体化"，从而提高整个物流系统的效率。

8.5　国际物流和电子商务间的关系

1. 国际电子商务需要高效的国际物流体系

(1) 国际物流是实现国际电子商务交易的需要。

国际电子商务能够准确、快速反应市场需求，使企业根据所获得的市场信息进行生产调节或控制采购量。这就需要建立一套集成化、规模化的国际物流配送体系，进行网络化配送，才能使国际电子商务所具有的新优势得到有效发挥。

(2) 国际物流是国际电子商务实现高利润的保证。

与传统商务交易相比，国际电子商务具有三个利润增长点，分别处于信息化的生产、流通和销售三个阶段。在生产阶段，随着国际电子技术的应用，企业可以降低物耗，提高劳动生产率；在销售阶段，国际电子商务使企业拥有更广泛的消费人群；在流通阶段，通过高效的国际物流体系，使货物运输方式更加科学化，才能全程降低成本，实现高利润。

(3) 国际物流是国际电子商务取得良好信誉的关键。

高效的国际物流是国际电子商务实现"以顾客为中心"理念的最终表现。国际电子商务在最大程度上方便了各国的最终消费者，但是，缺少了现代化的国际物流体系，国际电子商务给消费者最终带来的购物便利将等于零，所以物流配送效率也就成为客户评价国际电子商务满意程度的重要标志之一。

2．国际电子商务使国际物流发生质的变革

(1) 配送效率变革。国际电子商务网络在组织现有物流资源的规模、速度、效率方面要比传统物流配送方式优越得多。国际配送企业可以通过统一的国际虚拟电子平台，将分散在世界各地的仓库和多种运输工具通过网络系统连接起来，进行最科学的管理和调配，做到尽量缩短运输距离，减少货物在途时间，使商品在运输中达到费用最省、距离最短、时间最少。

(2) 网络运营变革。在国际电子商务时代，国际网络的高效性和全球化的特点，可以使国际物流信息在全球范围内实现整体的网络控制和管理。当系统的任何一个终端收到需求信息时，都会在极短的时间内做出反应，并拟定详细的配送计划.

(3) 综合服务变革。国际电子商务下的国际物流服务流程，可以通过 EDI 等电子网络连接，大大简化繁琐、耗时的信息处理过程，加快国际物流的速度，将使货运时间变得相对较短，以充分满足客户的需要。同时，国际电子商务下的国际物流服务可以实现全过程的跟踪服务，从而提高物流服务水平和质量。

(4) 物流业态变革。国际电子商务将促进国际物流业的一体化过程。这就要求国际物流企业应相互联合起来，形成一种协同的竞争状态，在相互协同中实现物流高效化、合理化、系统化的竞争，从而打破传统物流分散的状态，为此统一标准势在必行。

8.6　电子商务下我国国际物流的发展战略

我国的国际物流系统网络已具有一定的规模，为了促使我国国际物流系统网络更加合理，应该采取以下措施。

(1) 总体布局合理，缩短进出口商品的在途积压。

合理选择和布局国内、外物流网点，扩大国际贸易的范围、规模，以达到费用省、服务好、信誉高、效益高、创汇好的物流总体目标。应尽力缩短出口商品的在途积压，包括进货在途(如进货、到货的待验和待进等)、销售在途、结算在途，以便节省时间，加速商品和资金的周转。

(2) 增加运力，采用先进的运输方式、运输工具和运输设施。

作为我国主要运输力量的海运力量不足、航线不齐、港口较少，影响了进出口货物及时流进流出，应加速进出口货物的流转。充分利用海运、多式联运方式，不断扩大集装箱运输和大陆桥运输的规模，增加物流量，扩大进出口贸易量和贸易额。并应注意改进运输路线，减少相向、迂回运输。

(3) 改进包装，增大技术装载量，多装载货物，减少损耗。

目前，我国出口的商品包装材料主要靠进口，包装产品加工技术水平低，质量上不去。外贸企业经营者对出口商品包装缺乏现代包装观念、竞争观念和包装的信息观念。因此，应提高广大外贸职工对出口商品包装工作重要性的认识，树立现代包装意识和观念；尽快建立起一批出口商品包装的工业基地，以适应国际物流系统对出口商品包装的各种特殊要求。

(4) 加强国际物流信息网络的建设。

为了更好地实现国际物流，应注意完善国际物流信息系统的建设，强化国际物流组织过程的信息处理功能，为国际物流发展提供网络化、强有力的信息支持。重视物流信息技术的标准化问题，使国际物流与信息流的有机结合更为通畅，便于国际物流的合理组织和信息共享。加强电子商务与国际物流的结合，使物流与电子商务之间形成紧密联系、互相促进的关系。

除此之外，还应注意改进港口装卸作业，有条件的话要扩大港口设施，合理利用泊位与船舶的停靠时间，尽力减少港口杂费，吸引更多的买卖双方入港；改进海运配载，避免空仓或船货不相适应的状况；综合考虑国内物流运输。在出口时，有条件的话要尽量采用就地就近收购、就地加工、就地包装、就地检验、直接出口的物流策略等。可以预见，随着电子商务发展日趋成熟，跨国、跨区域的物流将日益重要。没有物流网络、物流设施和物流技术的支持，电子商务将受到极大抑制；没有完善的物流系统，电子商务能够降低交易费用，却无法降低物流成本，电子商务所产生的效益将大打折扣。只有大力发展电子商务，广泛开展国际物流合作，才能促进世界经济繁荣。

项 目 小 结

通过本项目的学习，了解国际物流的特点，国际物流的各种子系统的构成及内容，以及国际物流业务的作业流程。

教学建议：建议本章讲授 4 课时。

【推荐研究网址】：

1. www.jctrans.com　　　　锦程物流交易网
2. http://www.chinawuliu.com.cn　　中国物流与采购联合会
3. www.chinawuliu.com.cn　　中国物流联盟网

习题与思考

一、思考题

(1) 国际物流如何理解？有何特点？

(2) 从国际物流的形式看，国际物流的形式主要有哪几种？

(3) 国际物流历经了哪几个阶段？

(4) 国际物流系统由哪些要素构成？

(5) 国际物流系统能实现哪些功能？

(6) 电子商务时代国际物流有哪些变革？

二、上机实训题

访问锦程或海尔物流，访问 DHL，分析中外国际物流的差异。

项目九

电子商务物流相关法律问题及发展趋势

✎ 知识目标

了解电子商务物流交易平台的有关法律制度和电子商务在我国的现状以及发展趋势。

📖 能力目标

理解电子商务物流平台及电子商务物流的发展趋势。

📖 项目任务

任务一　了解电子商务物流交易平台的有关法律制度
任务二　分析电子商务在我国的现状及发展趋势

任务导入案例

网上交易传统监管太虚拟

网络经济被视为中国经济飞跃的一个新的助推器。如今，网上交易形式五花八门，经营者鱼龙混杂。从整体上来说，目前网上交易尚处于欠成熟的快速发展期。这类交易的行为主体大多数都没有在当地工商部门登记注册，而且这类网络商品的交易量很大，也是引发消费者投诉热点和难点的主要问题所在。

网上交易相当一部分是跨地区完成的，而管辖的属地性和互联网无疆域的矛盾非常突出。例如，涉及案件的"行为发生地"问题，违法行为主体的服务器可能在美国，银行转账可能在杭州，货物所在地可能是上海，运输公司可能在郑州，几地都有管辖权；再如，北京的某个"C"使用淘宝网发布了虚假信息，经营者是这个"C"还是淘宝网？其违法行

169

为发生渠道是无限制的，所有的地方都有可能发生，全国工商部门都可以管它，同一件事情，各地都可能给这个"C"和淘宝网开罚单。因此，应该制定相应的规范，明确一种机制。

网上购物完全是在一个虚拟环境中完成交易的整个流程，这种虚拟导致了传统的有形监管面临重重困难。市场准入，是市场的入口，也是规范的基础，既关系到市场主体资格的取得、规模的到位，也关系到交易中的支付、债权人利益的保护，是确保交易安全和提高效率的法律制度。无论网络市场业态与传统市场业态有多大差异，都不能背离交易安全、消费者权益保护的核心。

提出问题：怎样改善网上交易环境？

任务一　了解电子商务物流交易平台的有关法律制度

9.1　电子商务物流的相关法律问题

市场经济的运行主要依靠市场规律来自动调节，但是自由、平等的市场经济必须由相应的法律、法规来规范，使参与者应有的权利不受侵犯，使参与者在平等、明晰、规范的市场中从事经济活动、行使经济权利、履行经济义务，从而规范经济秩序，使经济最终为社会服务，所以说市场经济是法制经济。

电子商务物流也是市场经济的一部分，是市场经济的一种实现形式，具有其他经济形式的共同特点：受价值规律的调节，需要相应的法律、法规的规范来有效地实施。因此，电子商务物流的规范及法律问题也就必然与其他经济模式的规范同等重要，没有法律的支持和保障，电子商务物流就不会有更好的发展。

同时，电子商务独特的运作方式对物流涉及的法律也提出了更高的要求和挑战。首先，传统的经济往来中经济行为具有可验证性，如合同、契约等，使得经济行为容易规范，出现问题容易裁定。而电子商务中常常使用电子签名，电子签名是一串数字、密码或使用精密扫描工具扫描的其他文字或符号，取消了书面签字由此也带来一系列相应的问题。其次，电子商务如果仅靠信用体系运作是不可能的。良好的信用体系固然是经济行为中可以信赖的一面，但是它毕竟不能提供最终的保证。信用是经济活动中的一种手段，不能代替法律基础，信用是道德范畴的东西，没有法律的强制性很难提供最根本的保证，因此电子商务必须同时依靠法律。另一方面，人们担忧网络的安全性。任何系统的安全都是相对的，没有一个网络系统是绝对安全的。无论采用链路加密技术还是采用节点加密技术，或是在网络中心及关键之处建立专用的防火墙，但在病毒的入侵和黑客的攻击面前这些安全措施都不是天衣无缝的。对这种方式的违法犯罪的界定及处罚，对出现的不安全责任的追究和责任承担的大小等问题，只有通过相应的立法才是最可靠的解决办法。

9.1.1　电子合同的法律问题

与物流相关的商务往来一般都要通过缔结合同达成的，传统的合同是通过达成协议并在纸质合同上签名盖章才生效，而在虚拟的网络空间里，人们无法通过纸质合同来达成协议，只有采取电子函件等数据电文的方式签订电子合同来达成协议。目前，随着因特网的迅速发展，以电子数据交换达成的电子合同，因为在专有网络上进行，具有安全性高、成本高等特点，这种形式现在正逐渐减少并逐渐向因特网的电子合同靠拢。在因特网上达成的电子合同具有成本极低、风险较大的特点，但随着因特网的迅速普及和上网人数的迅猛增加而随之迅速发展，并日益成为未来签订电子合同的主要方式。电子合同与传统纸质合同的最大不同就是它的内容具有可编辑性。

1. 电子合同的特征

首先，传统合同签订后签字人各执一份合同原件，原件一经修改就可以很明显地分辨出来。即使是通过传真方式签订的合同，发件人仍有一份原件；而电子合同具有可编辑性，可以由人们随意编辑、修改、增加或删除，而没有明显的修改痕迹。电子合同的特征给法院认定证据效力方面带来许多困难。其次，签订电子合同的数据文件具有易消失性，数据电文是无形物。最后，电子合同具有易受侵害性，数据电文是通过键盘输入的，是用磁性介质保存的，容易受到物理灾难的威胁，同时容易受到计算机病毒或黑客的攻击。

2. 电子合同的要约和承诺

合同一般是由要约和承诺构成的。提出订立合同的人是要约人，提出订立合同的意思表示为要约，对要约内容表示完全同意的是承诺，接受要约的人是承诺人。一个合同通常经过不断的要约和承诺才能达成协议。传统合同通常是缔约人通过人工达成协议并签订书面合同而成立的(口头合同除外)，而电子合同是完全自动化的无纸合同，缔约方通过计算机进入因特网或专有网络自动发出要约和承诺，订立合同是非面对面的，是自动完成的，在这一订立的过程中，由于是在网络空间中非当面达成的协议，合同的要约和承诺可能会被黑客等篡改而无法反映当事人的真实意愿，合同被错误地执行，同时，由于数据电文的修改不留痕迹，如何解决这一问题变得相当重要。欧洲共同体委员会在《关于通过电子商务订立合同》的研究报告中提出解决这一问题的方案：可以把对计算机拥有最后决定权的人看做是同意计算机发出要约或承诺的人，由他对计算机系统所做出的一切决定承担责任。

3. 电子合同生效的时间和地点

电子合同生效的时间和地点相当重要，它不仅确立了当事人权利和义务的开始，而且也是发生纠纷确定管辖权和所适用法律的依据之一。不同的法系和国家对合同成立的时间和地点的规定各不相同。大陆法系国家通常采用"到达生效原则"，承诺的函电一到达要约人，合同就发生法律效力，以承诺到达时间和地点作为合同成立的时间和地点。英美法系是采用"发出生效原则"或"邮箱规则"，承诺一旦发出，合同就成立，以承诺发出时间或地点作为合同生效的时间和地点。"只要正确写明收件人并加贴邮票，一项采用邮寄方式(或类似方式)的发盘接受，在发送时即可构成一项合同。如果该信件发送不当，则在要约人收到信件时接受才生效，这就是著名的邮箱原则，它只适用于接受。"(摘自《赛博空间和法律》第 54 页)。电子合同的订立是在不同地点的计算机系统之间完成的。对电子合同的签订人来说，随着手机上网的普及，可以在任何地点发出数据电文签订电子合同，例如发出人通过手提计算机手机上网可以在任何地方发出数据电文承诺，从而签订电子合同，在合同成立的时间上不论是"发出生效原则"还是"到达生效原则"，通过不同时区的时间可以确定合同生效时间再转换成统一的时间，例如通过英国提出的格林威治电子时间可以确定全球统一的电子商务合同生效时间。由此可见，合同成立的时间是容易确定的，但合同生效的地点如果按照"发出生效原则"，在网络空间里将难以确定，采取"到达生效原则"来确定合同生效的地点则易于确立合同生效的地点，因为数据电文到达要约人总是有一个固定的接受地点，因此很易确定。采取"到达生效原则"确定合同生效的地点已成为发展的趋势，这种方式既有利于确定合同管辖权和所适用的法律，又有利于当事人预见可能发生纠纷的处理结果。联合国国际贸易法委员会所制定的《电子商务示范法》是采用承诺到达的地点作为合同生效的地点。

4. 我国《合同法》对电子合同的法律规定

我国原先的《经济合同法》《技术合同法》《涉外经济合同法》并不承认根据电文签订的非纸质合同，1999 年 10 月 1 日实施的新《合同法》则用功能等同法认可了电子合同属于书面合同。新《合同法》第十一条规定"书面形式是指合同书、信件和数据电文(包括电报、电传、传真、电子数据交换和电子函件)等可以有形地表现所载内容的形式"。该法第十六条规定："要约到达受要约人时生效。采用数据电文形式订立合同，收件人指定特定系统接收数据电文的，该数据电文进入该特定系统的时间，视为到达时间；未指定特定系统的，该数据电文进入收件人的任何系统的首次时间，视为到达时间。"第二十六条第二款规定："采用数据电文形式订立合同的，承诺到达的时间适用本法第十六条第二款的规定。"由此可见，我国采用大陆法系的"到达主义"既与我国通常的做法一致又和国际上的做法接轨，而且符合技术发展的趋势。

对于电子商务的电子合同，新《合同法》第三十九条规定"采用格式条款订立合同的，提供格式条款的一方应当遵循公平原则确定当事人之间的权利和义务，并采取合理的方式提醒对方注意免除或者限制其责任的条款，按照对方的要求，对该条款予以说明。格式条款是当事人为了重复使用而预先拟订，并在订立合同时未与对方协商的条款。"第四十条规定："格式合同具有本法第五十二条和五十三条规定情形的，或者提供格式条款一方免除其责任、加重对方责任、排除对方主要权利的，该条款无效。"第四十一条规定："对格式条款的理解发生争议的，应当按照通常理解予以解释。对格式条款有两种以上解释的，应当作出不利于提供格式条款一方的解释。格式条款与非格式条款不一致的，应当采用非格式条款。"新《合同法》之所以这么规定，既考虑到传统法律的规定以及买方没有办法参与合同制订，无讨价还价的余地，也根据网络空间的消费者可能来自世界各地的实际情况加以考虑，这一规定有利于保护消费者。

通过签订电子合同来进行电子商务虽然具有方便、快捷、成本低、市场全球化等优点，但也存在一定的风险：电子合同通常是通过开放网络中的数据电文这一信息流来传递的，虽然可以采取加密的方式进行传递，但在传递过程中仍然会发生信息被他人截获、篡改，被病毒侵蚀的可能，从而导致电子合同的内容变更。为此，新《合同法》第三十三条规定："当事人采用信件、数据电文等形式订立合同的，可以在合同成立之前要求签订确认书。签订确认书时合同成立。"无疑这一规定在网络经济刚刚兴起，电子商务正在迅速发展，而法律严重滞后的情况下是必要的，在防范电子商务下电子合同的风险起到相当大的作用，这也是我国从工业社会向信息社会过渡中的一种暂时的法律措施。

5. 电子合同与相关的证据法问题

传统的书面文件(包括合同和各种单据)因其本身直观、明了、可以长久保存，改动和增删又都会留有痕迹，通常不难察觉，所以各国法律均承认其可以作为证据。电子数据能否作为法律上的证据，直接关系到电子交易中当事人合法权益的保护，关系到网络电子商务的顺利发展。各国法律专家、技术专家都在努力寻求好的解决方案，以便电子数据能被纳入法律中证据的范畴。我国现行立法、司法中对电子数据是否能成为合法证据态度尚不明朗，这是一个亟待解决的问题。目前，比较妥善的办法是通过立法或司法解释的方式，对法定证据之一的书证或视听材料做扩大解释，将电子数据纳入法定证据的范畴，以促进电子商务在我国的有序发展。

9.1.2 电子商务支付的法律问题

随着电子商务的发展，消费者通过因特网享受物流服务，通常需要安全、快捷的支付服务。要想达到这一点，最好的方式是采取网上支付。目前，网上支付手段种类较多，常见的有信用卡网上支付和"数字货币"支付。利用现有的信用卡结算体系进行网上支付是目前比较普遍，也是比较成熟的一种方式。

1. 信用卡网上支付的法律问题

1) 传统信用卡支付方式

在利用信用卡进行消费之前，往往是持卡人与银行签订一个协议，而银行与商家也就是特约商户之间也有协议。支付过程是，持卡人在选购好商品以后，把信用卡交给商家，商家用刷卡机刷卡，制作出签购单。持卡人审查签购单，检查没有问题之后，就在签购单上签字。商家拿到这些签购单之后，就向信用卡的发卡银行提交这些单据，要求银行付款。发卡银行向商家付款，并收取一定的手续费。然后，发卡银行再根据业务的规则，向持卡人发出付款通知书，持卡人再向银行付清款项。

这是一个比较简单的过程，只涉及消费者、商家和发卡银行。在信用卡使用比较发达的地区，关系会比较复杂，可能会有发卡行和收单行，有时发卡行和收单行不是一家，因此信用卡使用的过程中，会出现一些问题，例如伪造信用卡，利用信用卡进行欺诈等，有时还会有民事上的纠纷。这就涉及各个当事人之间责任的分担。比较常见的情况是信用卡遗失或被别人冒用，这时，在无法追究冒用人责任的情况下，如何分担这一损失是关于信用卡的法律中要解决的一个十分重要的问题，这直接涉及信用卡的发展。如果持卡人否认一笔交易，不向发卡银行支付账款，那么发卡银行也不会向收单行付款，收单行由于已经

付了款，因此所承受的风险较大。

2) 信用卡网上支付方式

利用信用卡在因特网上购物有许多方式，根据当事人在其中所起的作用，大致可以分为两种。

一种是商家起主导作用。在这种方式中，商家通过自己的因特网网址展示有关商品的信息(价格、型号、品牌等)，并提示可以用信用卡进行支付。消费者选择好需要购买的商品之后，根据计算机屏幕上的指示，将自己有关信用卡号码、密码等信息网络传给商家。在传送信息的时候，所传信息通常是加密的。商家收到这些信息之后，送给收单行的处理器进行处理，确认是否是真实的信用卡，有关信息是否正确。如果正确，商家就确认交易，然后再发货。最后，商家再主动把信息传递给银行确认并获得款项。

在上一过程中，商家所起的作用比较大，而在另外一种方式中，消费者所起的作用较大。在这种方式中，选择商品、使用信用卡进行支付同前一种方式是一样的。唯一不同的是，消费者在传送有关信用卡信息的时候，使用了一种特殊的软件，有人把这种软件称为"电子钱包"。因为这种软件将信用卡信息进行了加密，像一个钱包一样把代表金钱的信息包起来，它实际上是一个数据包。消费者通过因特网将经过加密的信用卡数据信息包发给商家，商家收到信息后，将其转送给银行的处理器，银行进行解密，确认信用卡信息真实无误向商家确认，商家再发货，最后再进行各个当事人的支付和结算。

3) 信用卡网上支付的法律问题

信用卡是目前消费者经常使用的一种支付工具，规范信用卡发卡、授权、结算、挂失等环节的法律很多，涉及各个当事人之间的权利和义务。但其中最为核心的是未经授权使用信用卡所造成的损失如何分担，是商家承担，消费者承担，还是发卡银行承担? 或者采取一种什么样的规则来处理所造成的损失? 这种损失分担的机制直接影响到各个当事人使用信用卡的积极性，从而使信用卡的发行量、普及率受到影响。因此，以信用卡为基础的网上支付体系也必须考虑这种损失的分担问题。

此外，由于是通过因特网传送有关的信用卡信息，而因特网是一个开放的网络，如何保护这些信息不被黑客等人非法利用或受病毒侵蚀是一个新的法律问题。

从现在各国信用卡的法律规定来看，虽然内容各不相同，但是基本都偏重于保护消费者，因为消费者承担的责任有限。

以美国为例，调整信用卡使用人和商家、银行之间关系的法律主要是《Z 条例》。该条例在几个方面做出了对消费者保护有利的规定。首先，消费者承担的责任有限。对于未经授权而冒用的信用卡，持卡人的责任承担只限于 50 美元以内。因此，损失大部分由商家和收单行承担。它们之间的责任分担由双方之间已经达成的协议规定来处理，例如规定收单行在发卡行拒绝付款时，能从商家账户上扣回多少自己的垫付款。相对来说，对欺诈产生的损失，商家承担较大的风险。其次，调查责任主要由发卡行承担。对于未经授权而冒用的信用卡，持卡人在发现之后一定时间内必须报告发卡行。发卡行应在规定的时间里通知特约商户拒绝接受此卡。在这个时间内，持卡人可以拒绝支付那些有争议的款项。

这些规定都是调整信用卡在物理空间运作产生的法律关系，而以信用卡为基础的网上

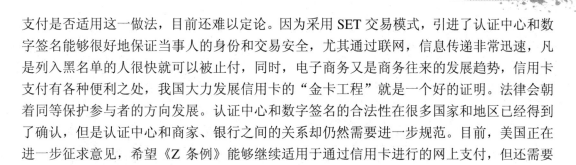

支付是否适用这一做法，目前还难以定论。因为采用 SET 交易模式，引进了认证中心和数字签名能够很好地保证当事人的身份和交易安全，尤其通过联网，信息传递非常迅速，凡是列入黑名单的人很快就可以被止付，同时，电子商务又是商务往来的发展趋势，信用卡支付有各种便利之处，我国大力发展信用卡的"金卡工程"就是一个好的证明。法律会朝着同等保护参与者的方向发展。认证中心和数字签名的合法性在很多国家和地区已经得到了确认，但是认证中心和商家、银行之间的关系却仍然需要进一步规范。目前，美国正在进一步征求意见，希望《Z 条例》能够继续适用于通过信用卡进行的网上支付，但还需要进一步地完善和修改。

2. 数字货币支付产生的法律问题

1) 什么是数字货币

数字货币是以电子化数字形式存在的货币，是由 0 和 1 排列组合而成的、通过电路在网络上传递的信息电子流。其发行方式包括存储性质的预付卡(电子钱包)和纯电子系统形式的用户号码文件等形式。

数字货币比起传统的实际货币有着明显的优点：传统货币有较大的存储风险，除昂贵的运输费用外，还在安全保卫及防伪造等方面投资较大。数字货币与信用卡不同，它是层次更高、技术含量更高的电子货币，不需要连接银行网络就可以使用，且方便顾客，并具有不可跟踪性。但从技术上讲，由于各商家和个人都可以发行数字货币，如果不加以规范控制和统一标准，将不利于网上电子交易的正常发展。

2) 数字货币产生的法律问题

使用数字货币进行在线交易和支付具有优于信用卡的优点，数字货币可以被使用在纸币从不被使用的某种特定目的的花费上，但同时，使用数字货币也会产生以下法律问题：

(1) 数字货币可以跨国界、脱离银行网络由个人或商家发行，这样将严重侵害个别国家的货币发行主权和制定货币政策的完整性。

如果数字货币被广泛使用又不受中央银行调控，那么货币的作用将下降，而且相关的借款不受银行最低存款准备金的限制，新增信贷的规模可能会膨胀。同时，数字货币流入一国过多，可以使该国的宏观货币调控机制的活动空间减少甚至失效，将冲击该国的货币市场，对央行的货币发行权构成挑战。

(2) 不可重复使用性。数字货币存储于计算机系统、智能卡等设备中，无法被所有者重复使用；

(3) 安全性。数字货币必须是难以伪造或假冒的，这包括防止复制和查明复制机制。应确保存储数字货币的设施，例如智能卡或计算机硬盘等不被伪造或篡改；而一旦它被篡改，这种变动的证据将会立即出现。此外，一个数字货币的接受者必须能证明他收到的数字货币是真实的。数字货币的使用依赖于加密技术，安全性主要通过加密和发行单位的在线证明来实现，还须利用必要的设施来防止同一数字货币被多次使用。

(4) 消费者保护问题。还必须确保数字货币的使用者不易被欺诈、骗取或受到窃取者和伪造者的侵害，因此应制定相关法律法规来打击利用数字货币犯罪的行为。

(5) 犯罪问题。执法人员担心广泛使用的匿名数字货币将极大地妨碍他们处理诸如洗钱、毒品走私和恐怖主义犯罪。尤其担心的是这么大数量的数字货币通过因特网转移，转移的地方易于隐瞒，而传递又是即时的，国家的边界变得虚无。利用数字货币逃税也是个很严重的问题。

虽然数字货币存在许多问题，尤其是有些法律问题尚未解决，但从长远来看，随着科技的进步，数字货币是货币发展的必然趋势，也是发展电子商务支付手段的最佳选择；就近期而言，数字货币只有纳入现有的货币、银行发行支付体系，才有可能得到有效的实施，否则将会严重影响一国的金融体制，进而威胁到一国的金融主权。鉴于此，我国政府、金融界、科技界及法律界应加大研究力度，尽快使数字货币在我国得到很好的运用。

9.1.3　电子商务下的货物运输保险

1. 货物运输保险

货物运输保险是以运输过程中的各种货物作为保险标的的保险。不论是对外贸易还是国内贸易，一笔交易的货物从卖方到买方，都需要经过运输过程，在此过程中货物碰到自然灾害或意外事故而遭受损失是时有发生的。货物运输保险正是对这种货损加以赔偿的一种经济补偿行为。

货物运输保险承保的是运输过程中的货物。现代化的运输要具备道路、运输工具、动力及通信设备四大要素。就运输方式而言，根据道路的不同，分为公路运输、铁路运输、水路运输、航空运输及管道运输。这些运输方式各有其特点，在商品经济活动中都有十分重要的作用。国际贸易中的绝大多数商品是通过海上远洋运输来实现的，因此海上运输货物的保险问题也是货物运输保险的主要形式。

货物运输保险的种类可以按保险单的种类或保险标的的种类来划分，也可以按不同的运输方式来划分。按照不同的运输方式，货物运输保险主要有以下几种：海上运输货物保险、陆上运输货物保险、航空运输货物保险及邮包保险。

货物运输保险的险别是保险人与被保险人考虑双方权利和义务的基础，也是保险公司承保责任大小、被保险人缴付费多少的依据。货物运输保险的险别主要是在海上货物运输保险的基础上发展起来的，根据我国的保险习惯，将货物运输保险的险别分为主要险别、附加险、特别附加险和特殊附加险。

在实际业务中，货物运输保险主要分为投保、承保、理赔、追偿四个环节。

1) 投保

货物运输保险的投保，是指投保人在办理投保时应该如何选择险别，要办理哪些手续，注意贸易合同中的保险要求以及办理投保有关工作的实务。投保是拟订保险合同的开始，是整个承保工作的基础，做好这项基础工作，对保证承保质量很重要。投保工作分为两个方面：一个是投保人的要约，一个是保险人的承诺，也就是申请投保和接受投保。因此，需要保险与被保险双方共同来做好工作。

货物运输保险是任何对外贸易的必要组成部分，因此买卖双方在签订贸易合同时，必须将保险由谁办理、如何办理在合同中加以明确。至于国内贸易，在售货合同中也要将保

险条件写清楚，明确买卖双方各自的责任，以免发生损失时由于责任不清而引起纠纷。

2) 承保

承保工作从广义上讲，是指保险公司将一笔业务承揽下来要做的全部工作，包括争取业务、接受投保、拟订费率、出立保险单、出具批单、结算保险费、危险管理和安排分保等。简单地从形式上看，出立保险单证似乎只是一个具体手续，实际上它包括选定险别、费率开价、拟订保险条件和危险控制等重要内容。保险单证的缮制是上述各项工作的结果；出单水平的高低，反映承保工作的质量。同时，保险人与被保险人双方签订的保险合同，其主要内容也是通过保险单上的各个项目和条件、条款来表达的，因此又是保险双方权利义务的依据。

3) 理赔

理赔工作是指处理保险赔案的全部过程，包括：损失通知、保险索赔、损失确定、责任审定、赔款计算及赔款给付。保险的职能是补偿，被保险人保险的最终目的是在保险货物受损后，能及时地得到经济保障。保险理赔是具体办理经济补偿、处理赔案的工作，直接体现补偿作用。这项工作既涉及被保险人的切身利益又关系到保险作用的正确发挥，做好这项工作对促进生产、促进贸易、促进对外经济交往和树立保险的对外良好形象有重要作用。

4) 追偿

保险责任范围内的损失，有相当一部分是由第三者的责任造成的。对于这类由第三者责任造成的损失，被保险人可向责任方请求赔偿，也可向保险人请求补偿。如保险人赔偿了这类损失，被保险人就应将向第三方追偿的权利转让给保险人，保险人可以自己的名义或以被保险人的名义向责任方追偿。我国《财产保险合同条例》第十九条规定："保险标的发生保险责任范围内的损失，应由第三者负责赔偿的，投保方应当向第三者要求赔偿。当投保方向保险方提出赔偿要求时，保险方可以按照保险合同规定先予赔偿，但投保方必须将向第三者追偿的权利转让给保险方，并协助保险方向第三者追偿"。在货物运输保险中，因第三方造成的货损主要责任人是承运人。

2. 网上货物运输保险

电子商务下的货物运输保险业务可借助网络进行。通常网上信息都是总体介绍，不能包括所有的情况和保单，要想获得具体信息、提交保单，需要通过电话、电子函件与保险方联系，争取保险方提供帮助。如果对保单的条件满意，希望投保，只需填好指定内容如地址、城市、联系方法等。

顾客可以通过网上信息得到货物运输保险的报价，在交易环节中，可以通过该公司的安全交易系统付款，还可以进行保单变更。如果运输途中发生事故或丢失财产，可以随时在网上提出索赔。

网上货物运输保险包括以下内容：

1) 得到报价

每一笔货物的运输保险业务都很复杂，包含很多信息，投保时在网上提供的信息越多，保险方给出的报价就越准确。但是这份报价是基于投保方所提供的信息而确定的同类保单的价格,最后的价格将由保险方的代理人在核实了所有必要的信息后来决定。

2) 网上交易

通过网上交易,可以要求变更保单、选择交易选项和决定付费方式。保单变更要求对投保人进行重新审查以确定所有要求事项都已填好,保险方会告诉投保人何时进行。付费过程隔夜完成,投保信息将在正常交易日的第二天中午登记到投保方的账户上。

3) 网上理赔

该服务提供一个理赔号码,处理客户的索赔,以及向客户提供有关的索赔报告等信息。

9.1.4 我国现行的有关物流的主要法律、法规

随着我国法制建设的逐步完善,与物流有关的法律、法规也相继出台。

1. 已经颁布的与物流有关的现行法律

(1) 规定企业主体资格和权利义务的《中华人民共和国公司法》(2013 年)。

(2) 规定企业诚信经营、保护消费者利益的《中华人民共和国消费者权益保护法》(2013年)、《中华人民共和国反不正当竞争法》(2019 年)。

(3) 调整市场经济条件下经济主体之间关系的《中华人民共和国合同法》(1999 年)。

(4) 规定专项物流业务的《中华人民共和国海商法》(1992 年)、《中华人民共和国铁路法》(2015 年)。

2. 国务院颁布的、涉及物流的具体行政法规

第一类:关于运输业务及其管理

(1) 《公路货物运输合同实施细则》《1986 年》。

(2) 《关于发展联合运输若干问题的暂行规定》(1986 年)。

(3) 《水路货物运输合同实施细则》(2011 年)。

(4) 《铁路货物运输合同实施细则》(2011 年)。

(5) 《航空货物运输合同实施细则》(1987 年)。

(6) 《国务院关于进一步改革国际海洋运输管理工作的通知》(1992 年)。

第二类:关于流通设施,如道路交通和仓储管理等的法规

(1) 《中华人民共和国航道管理条例实施细则》(2008 年)。

(2) 《民用机场管理暂行条例》(2009 年)。

(3) 《仓储保管合同实施细则》(1984 年)。

(4) 《中华人民共和国公路管理条例》(2008 年)。

(5) 《国务院关于进一步搞活农产品流通的通知》(1991 年)。

(6) 《关于加快发展我国集装箱运输的若干意见》(2002 年)。

3. 由国务院各部委颁布的涉及物流的规章、通知、条例等更为具体的行政法规

1) 关于运输规范化的法规细则

(1) 《铁路和水路货物联运规则》(1984 年)。

(2) 《中国民用航空国内货物运输规则》(1996 年)。

(3) 《水路货物运输规则》(1995 年)。

(4) 《联运工作条例》(1984 年)。

(5) 《陆运口岸进口货物运输管理暂行办法》(1986 年)。

(6) 《公路运输管理暂行条例》(1986 年)。

(7) 《关于改善和加强公路运输管理的暂行规定》(1986 年)。

(8) 《关于发展联合运输若干问题的暂行规定》(1986 年)。

(9) 《铁路货物运输规程》(1987 年)。

(10) 《中华人民共和国水路运输管理条例》(1987 年)。

(11) 《国家经委、铁道部关于加快发展铁路集装箱运输的通知》(1987 年)。

(12) 《危险货物运输规则》(1987 年)。

(13) 《商品运输定额损耗》(1987 年)。

(14) 《商业运输管理办法》(1988 年)。

(15) 《中华人民共和国交通部汽车货物运输规则》(1988 年)

(16) 《关于运输烟花爆竹的规定》(1992 年)。

2) 关于仓储、包装等的法规

(1) 《国家粮油仓储设施管理办法》(1981 年)。

(2) 《冷库管理规范》(1981 年)。

(3) 《棉花储备库管理条件》(1982 年)。

(4) 《国家物资储备局仓库设施完好标准》(1985 年)。

(5) 《国家粮油仓库管理办法》(1987 年)。

(6) 《商业仓库管理办法》(1988 年)。

(7) 《关于商品包装的暂行规定》(1986 年)。

(8) 《商业部关于进一步做好商品包装工作的通知》(1990 年)。

(9) 《商业、供销社系统商品包装工作规定》(1990 年)。

3) 关于货物交付管理、货物运输管理和流通监管的法规

(1) 《港口水上过驳作业暂行办法》(1986 年)。

(2) 《港口装卸作业办法》(1986 年)。

(3) 《关于加强空运进口货物管理的暂行办法》(1987 年)。

(4) 《关于港口、车站无法交付货物的处理办法》(1987 年)。

(5) 《木材运输监管管理办法》(1990 年)。

(6) 《中华人民共和国海上国际集装箱运输管理规定》(1990 年)。

(7) 《进口粮油接运管理暂行办法》(1990 年)。

(8) 《铁路货物集装化运输组织管理办法》(1990 年)。

(9) 《商业部、中国人民保险公司关于进一步做好商业部门货物运输保险工作的通知》(1991 年)。

(10) 《关于加快发展国际集装箱联运的通知》(1992 年)。

从上面列举的法律法规中可以看到，我国政府是非常重视物流行业的管理和监督的，相关的法制建设也正在逐步加强和完善，现存的法律和规章等基本上维护了传统物流业的经济秩序，对促进我国物流业的发展起到了重要作用。但是，当代经济发展很快，我国的相关法律常常跟不上形势，有些法律法规和规章已落后于当前经济发展的需要，物流业缺乏专门的法律规定，如对于综合性物流业就缺少相应的法律依据。因此，应当对原有的法律法规进行一定的修订，废止过时的内容，增加符合市场经济要求的新的法律条文，以适应新环境的需要，尽快建立一个专业性强的、有权威性的物流法律体系。如图9-1所示为电子商务物流的一个法律体系架构例图。

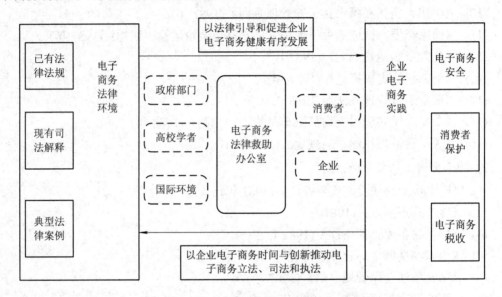

图 9-1   电子商务物流法律体系

在市场经济条件下，法律是国家管理经济活动必不可少的手段，需要依靠法律手段去理顺物流过程中的各种经济关系。随着物流基础设施建设的迅速推进，必须有相应的法律法规与之相适应，必须要建立一个以市场公平竞争为基础的物流法规体系，按法律规定的程序和原则，对物流业实行干预和监督。

9.1.5   电子商务交易平台运行的法律制度

电子商务交易平台在运行过程中依赖于网络服务，网络服务已成为电子商务不可分割的组成部分，也是支撑网上交易运营的基础。电子商务网络主要提供电子商务信息的收集、整理、发布、传递与存储等服务内容，为此网络信息服务的有关法律法规是电子商务交易平台法律制度的主要内容。我国关于网络信息服务的法律文件主要是国务院2000年颁布的《中华人民共和国电信条例》(2016年修订)和《互联网信息服务管理办法》，这是目前我国对提供互联网信息服务实行管制制度的主要行政法规。

1．网络信息服务的含义

互联网信息服务是指通过互联网向上网用户提供信息的服务活动。互联网信息服务分

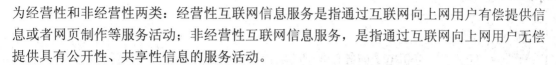

为经营性和非经营性两类：经营性互联网信息服务是指通过互联网向上网用户有偿提供信息或者网页制作等服务活动；非经营性互联网信息服务，是指通过互联网向上网用户无偿提供具有公开性、共享性信息的服务活动。

2．网络信息服务的市场准入

为了规范互联网信息服务活动，促进互联网信息服务健康有序发展，我国加强了对互联网信息服务的管理，主要是通过审批与备案制度实现相关职能。

(1) 经营性网络信息服务许可制度。经营性 ICP 经营的内容主要是网上广告、代制作网页、有偿提供特定信息内容、电子商务及其他网上应用服务。国家对经营性 ICP 实行许可制度。根据《中华人民共和国电信条例》和《互联网信息服务管理办法》中的规定，经营性网站必须办理中华人民共和国增值电信业务经营许可，否则就属于非法经营。

(2) 非经营性网络服务备案制度。ISP 是经国家主管部门批准的正式运营企业，享受国家法律保护，主要开展互联网接入服务。非经营性互联网信息服务提供者在提供互联网信息服务之前，应当向为其接入互联网络服务的互联网服务供应商提交相关备案信息。

3．电子商务交易参与方的规范行为

根据商务部发布的《关于网上交易的指导意见》，电子商务交易参与方应遵循如下行为规范。

(1) 认识网上交易的特点。网上交易通过现代信息技术和互联网进行信息交流、洽谈、签订合同乃至履行合同，具有效率高、成本低的特点。但交易方在了解对方真实身份、信息情况、履行能力等方面有一定难度，因此存在一定的违约和欺诈风险。

(2) 了解交易对方的真实身份。交易各方在交易前要尽可能多地了解对方的真实身份、信用状况、履行能力等交易信息，可以要求对方告知或向交易服务提供者询问，必须时也可以向有关管理、服务机构查询。

(3) 遵守合同订立的各项要求。交易各方采用电子邮件、网上交流等方式订立合同，应当遵守合同法、电子签名法的有关规定。

(4) 依法适用电子签名。交易各方通过电子签名签订合同的，应遵守电子签名的法律规定，使用可靠的电子签名，选择依法设立的电子认证服务提供者的认证服务。

(5) 注意支付安全。交易各方选择网上支付方式的，要通过安全可靠的支付平台进行支付，及时保存支付信息，增强网上支付的安全意识。

(6) 依法发布广告，防范违法广告。交易各方发布的网络广告要真实合法。浏览广告的一方要增强警惕性和鉴别能力，注意识别并防范以新闻或论坛讨论等形式出现的虚假违法广告。

(7) 注意保护知识产权。交易各方要尊重知识产权，依法交易含有知识产权的商品或服务，不得利用网上交易侵犯他人知识产权。

(8) 保存网上交易记录。交易各方可以自行保存各类交易记录，以作为处理纠纷时的证据。大宗商品、贵重商品与重要服务的交易，可以生成必要的书面文件或采取其他合理措施留存交易记录。

任务二　分析电子商务在我国的现状及发展趋势

9.2　电子商务物流中存在的问题及对策

1. 电子商务物流中存在的问题

(1) 适用于电子商务的物流配送基础设施不配套，管理手段落后，物流技术不完善。经过多年的发展，我国在交通运输、仓储设施、信息通信和货物包装等物流基础设施方面有了一定的发展，但总体上来说，物流基础设施还比较落后，各种物流基础设施的规划和建设缺乏必要的协调性，因而物流基础设施的配套性和兼容性差，缺乏系统功能。配送中心的管理、物流管理模式和经营方式的优化等问题也都亟待解决，加之服务网络和信息系统不健全，严重影响物流配送服务的准确性与时效性，从而阻碍了电子商务的发展。

(2) 物流和配送方面的人才严重缺乏。物流从业人员是否具有一定的物流知识水平和实践经验，会直接影响到物流服务水平，甚至影响到企业的生存与发展。由于我国在物流方面的起步较晚，所以在物流和配送方面的教育还相当落后，开设物流专业和课程的高校不多，与物流相关的职业教育更是十分匮乏，尚未建立完善的物流教育体系和人才培训体系。物流人才缺乏已经成为阻碍物流业发展的一项重要因素。

(3) 与物流配送相关的制度、政策法规及物流管理体制尚未完善。

2. 电子商务物流解决措施

1) 积极发挥政府对物流发展的促进作用

首先，针对当前我国物流产业管理分散的现状，从政府的角度来说，应从明确管理部门入手，建立统一管理全国物流的机构或权威性的组织协调机构，由其承担组织协调职能。

其次，政府要制定规范的物流产业发展政策，确立物流业发展总目标，以政府为主导并引导企业共同加大对物流业的投资力度，统一进行物流发展规划，重点建设和分布物流基础设施，以改变当前物流业不合理的布局状态，并以此为基础，建立起我国物流实体网络，为物流产业整体发展水平的提高奠定基础。

最后，政府要在高速公路和铁路、航空、水运、信息网络等方面投入大量资金，以保证交通流和信息流的通畅，形成全面覆盖的交通网络和信息网络，为发展电子商务网络配送提供良好的社会环境。

2) 实现物流配送体系的社会化和产业化

物流配送的社会化和产业化是指流通代理制与配送制相结合，通过合理化布局的社会物流网将分散的物流集中起来，形成产业，实现物流的规模效益和零库存生产。要实现物流配送体系的社会化和产业化，关键是建立适合电子商务的物流中心。目前，适宜的是联建或代建物流中心，这样电子商务企业可以将主要精力集中在核心业务上，而与物流相关

的业务环节则交给专业化的物流企业操作，以求节约成本和提高效率。

3) 实现物流配送体系化

首先，实现物流配送手段机械化、自动化和现代化。物流配送采用机械化、自动化、现代化的储运设备和运载工具，如建立并采用立体仓库、旋转货架、自动分拣输送系统、悬挂式输送机等高效、多功能的物流机械。

其次，实现物流配送管理现代化、规范化、制度化。采用现代化的管理理念、管理技术和管理手段，改革和优化物流企业现有组织结构。物流配送企业制定规范的操作规程和管理制度，建立、健全科学的管理体制，从而提高物流的管理水平、服务水平以及物流从业人员的素质和技术水平。

最后，实现物流配送信息化。物流配送信息化表现为：物流信息收集的数据库化和代码化、物流信息处理的电子化和机械化、物流信息传递的标准化和实时化、物流信息存储的数字化等。

4) 培养高素质的物流经营管理人才

在物流人才培养上，首先，应由政府管理部门牵头行动，着手建立包括高校学历教育、物流职业教育、企业岗位教育、社会培训机构继续教育互相结合、多种层次、互为补充的人才培养体系，加快启动我国物流人才教育工程。

其次，加快我国高校的物流教育工程。政府主管教育的部门，应当积极鼓励各高校结合自身的特点，探索物流专业的课程设置和学生的培养模式，以各种形式推动我国的物流学历教育，扩大物流管理专业的教育规模。

3. 发展电子商务物流的对策

(1) 必须提高全社会对电子商务物流的认识。要把电子商务与电子商务物流放在一起进行宣传，电子商务是商业领域内的一次革命，而电子商务物流则是物流领域内的一次革命。要改变过去那种重商流、轻物流的思想，把物流提升到竞争战略的地位，把发展社会电子化物流系统安排到日程上来。

(2) 国家与企业共同参与，共建电子化物流系统。形成全社会的电子化物流系统，需要政府与企业共同出资：政府要在高速公路和铁路、航空、信息网络等方面投入大量资金，以保证交通流和信息流的通畅，形成一个覆盖全社会的交通网络和信息网络，为发展电子商务物流提供良好的社会环境；物流企业要投资于现代物流技术，要通过信息网络和物流网络，为客户提供快捷的服务，提高自身竞争力。

9.3　电子商务物流业的发展趋势

在电子商务时代，由于企业销售范围的扩大，企业的商业销售方式及最终消费者购买方式的转变，使得物流业的发展有了广阔的前景。

1. 多功能化是现代物流业的发展方向

在电子商务时代，物流发展到集约化阶段，一体化的配送中心不单单提供仓储和运输

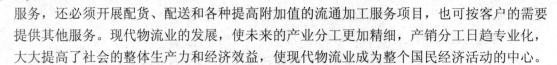

服务，还必须开展配货、配送和各种提高附加值的流通加工服务项目，也可按客户的需要提供其他服务。现代物流业的发展，使未来的产业分工更加精细，产销分工日趋专业化，大大提高了社会的整体生产力和经济效益，使现代物流业成为整个国民经济活动的中心。

2. 优质服务是现代物流业追求的目标

在电子商务下，现代物流业是介于供货方和购货方之间的第三方，是以服务作为第一宗旨。从当前物流的现状来看，物流企业不仅要为本地区服务，而且要进行长距离的服务。因为客户不但希望得到很好的服务，而且希望服务点不是一处，而是多处。因此，如何提供高质量的服务便成了物流企业管理的中心课题。

首先，在概念上变革，由"推"到"拉"。配送中心应更多地考虑"客户要我提供哪些服务"，从这层意义讲，它是"拉"，而不是仅仅考虑"我能为客户提供哪些服务"，即"推"。其次，物流企业要与货主企业结成战略伙伴关系(或称策略联盟)，一方面有助于货主企业的产品迅速进入市场，提高竞争力，另一方面则使物流企业有稳定的资源。对物流企业而言，服务质量和服务水平正逐渐成为比价格更为重要的决定因素。

3. 信息化是现代物流业的发展之路

在电子商务时代，要提供最佳的服务，物流系统必须要有良好的信息处理和传输系统。良好的信息系统能提供及时的信息服务，帮助了解客户在想什么，需要什么，以赢得客户的信赖。在电子商务环境下，由于全球经济的一体化趋势，当前的物流业正向全球化、信息化、一体化发展。商品与生产要素在全球范围内以空前的速度自由流动。EDI 与 Internet的应用，使物流效率的提高更多地取决于信息管理技术；电子计算机的普遍应用提供了更多的需求和库存信息，提高了信息管理的科学化水平，使产品流动更加容易和迅速。物流信息化，包括商品代码和数据库的建立、运输网络合理化、销售网络系统化和物流中心管理电子化建设等等，目前还有很多工作有待实施。可以说，没有现代化的信息管理，就没有现代化的物流。

4. 全球化是现代物流业的竞争趋势

90 年代早期，由于电子商务的出现，加速了全球经济的一体化，致使物流企业的发展达到了多国化。它从许多不同的国家收集所需要的资源，再加工后向各国出口。随着我国加入 WTO 融入世界经济的大潮，越来越多的外国企业登陆我国，同时，越来越多的国内知名企业走向世界，这都必将涉及物流配送的问题。例如，海尔物流近年来得到了迅速的发展。全球化战略的趋势，使物流企业和生产企业更紧密地联系在一起，形成了社会大分工。生产厂商集中精力制造产品、降低成本、创造价值；物流企业则花费大量时间、精力从事物流服务。

项 目 小 结

电子商务作为一种新型的商业运行机制对国际贸易关系产生了重大的影响。本项目首先介绍了与电子商务物流有关的法律问题，主要从电子合同、电子支付、电子商务下的货

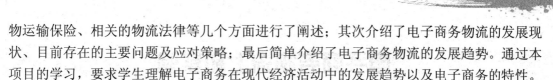

物运输保险、相关的物流法律等几个方面进行了阐述；其次介绍了电子商务物流的发展现状、目前存在的主要问题及应对策略；最后简单介绍了电子商务物流的发展趋势。通过本项目的学习，要求学生理解电子商务在现代经济活动中的发展趋势以及电子商务的特性。

教学建议： 建议本章讲授 4 时。

【推荐研究网址】

1. www.china-logisticsnet.com　　　中国物流网
2. www.56net.com　　　　　　　　物流网
3. www.56888.com　　　　　　　　中国全程物流网
4. www.3rd56.com　　　　　　　　中国第三方物流网

习题与思考

一、思考题

(1) 电子合同有什么特点?

(2) 电子合同如何生效?

(3) 电子支付有什么优缺点?

(4) 电子支付的形式有哪些?

二、上机实训题

(1) 电子商务法律如何影响跨境电商?

(2) 搜索电子商务相关法律，浅谈电子商务物流从业者应当如何遵守电子商务和物流的相关法律法规。

电子商务物流上机实验

实验一 浏览知名电子商务网站

一、实验目的

指导学生浏览国内外知名电子商务网站。

二、实验内容

指导学生浏览几个国内外具有较高知名度的电子商务网站，如

B2C 类型网站：亚马逊、苏宁易购、当当网

C2C 类型网站：淘宝网，雅宝网

B2B 类型网站：阿里巴巴(水平类型)、海创汇(垂直类型)

了解电子商务与传统商务模式的区别，电子商务网站与非电子商务网站的区别。

三、实验步骤

打开 IE 浏览器，登录如下网站：

亚马逊：https://www.amazon.cn

当当网：http://www.dangdang.com

京东商城：https://www.jd.com

阿里巴巴：http://china.alibaba.com

海创汇：http://www.ihaier.com

中国物通网：http://www.chinawutong.com

四、实验报告

记录实验过程，并写出自己的体会。

实验二 电子商务网站建设

一、实验目的

指导学生掌握网站建设的基本步骤和过程。

二、实验内容

学生利用网络学习申请域名、建立网站，了解在网络上申请使用虚拟主机的过程和方法以及将网站发布到 Internet 的途径。

三、实验步骤

打开 IE 浏览器，登录如下网站

万网 http://www.net.cn

新网 http://www.xinnet.com

分别注册会员、申请域名、申请虚拟主机、发布网站。

四、实验报告

记录实验过程和结果，并写出自己的体会。

实验三 网店的搭建

一、实验目的

掌握搭建一个简易电子商务网店的流程和方法。

二、实验内容

网络商店信息管理、店面设计、商店后台管理、商店发布管理、预览商店。

三、实验步骤

步骤 1：选一套好的网店系统。

如果系统做得不灵活，不健壮，功能无法有效表现，则无法吸引消费者。网民对网店总体来说还是比较挑剔的，除了货品本身外，还希望网站做得美观漂亮，使用方便。一套不好用的网店系统，相当于实体店铺没选好址，这在商业领域是一个大忌。市面上主流的网店系统如 Hishop 网店系统等，可直接去其官网免费下载，无使用时间限制，也无任何功能限制。

步骤 2：解决好物流配送问题。

如果网店交易量不大，则物流配送问题表现不明显；一旦交易量达到一定规模，物流配送问题就显得尤其重要。建议网店店主选择服务质量好且信誉优良的第三方物流公司进行配送，随着物流企业竞争的加剧，其物流费用也相对低廉。

步骤 3：资金结算问题。

随着移动支付的普及，越来越多的电子商务活动都通过移动支付来完成，可由银行或第三方经过认证的公司提供相应服务，支付安全性有保障。作为网店店主，建议应尽可能给消费者提供多一些支付方式的选择，这样利于网上交易的完成。

步骤 4：解决好网店信誉问题。

这是许多网上消费者最头疼的问题，目前网络上确实存在许多网上诈骗、或货不符实的问题，给部分消费者带来了损失。不过随着国家一系列电子商务支持政策的出台以及国内信用体系的进一步健全，这个问题将逐步得到改善，毕竟大部分网店店主都是想实实在在做生意的。作为网店店主而言，如果想真正成就一番自己的事业，一定要注重自己的网上信誉，注重商品质量及退换货等服务。

步骤 5：网店定位问题。

有的网店店主对货品一味贪全贪大，致使网店很难形成自己的特色，因此交易额一直上不去。Hishop 建议网店新手尽可能开一些专卖店或精品店，只要将这个店铺做精做实，一样可以拥有比较大的交易量。物美价廉，是亘古不变的商业法则，谁能组织到好的货源，谁能够拿到最低的进货价，谁就会有不错的利润产生，何况网民当前最关注的还是价格及货品。建议网店店主可以和一些实体店铺合作，有些实体店铺的负责人并不熟悉网上营销，这实际上就给网店店主一个机会。这样做的另一个好处是，可以顺畅地解决进货和物流问题。

步骤6：项目选择。

行业选择：首先选择产品的类别，建议选择适合在网上经营的，譬如电子产品、女性服饰、化妆品等。当然，选择冷门类别也不是没有优势，冷门产品竞争小，利润空间大。
产品选择：建议选择热销的产品。不要怕竞争大，只要整合好自己的资源，确立自己的核心竞争力，做好对应的策划方案，就可以在众多的店铺里"杀"出一条路来，建设起来自己的"超级店"。

步骤7：客源分析。

理论上网上每个人都可以成为我们的客户。网店店主应针对自己经营的产品，找出潜在客户在哪里，然后做细致的市场细分，根据不同的客户实施不同的销售策略和技巧。

步骤8：渠道建设。

这里的渠道是指进货、运输、客服、销售等渠道的建设。

四、实验报告

记录实验过程和结果，并写出自己的体会。

实验四　网上信息发布

一、实验目的

学习使用电子邮件、BBS、微信等工具进行网上信息发布。

二、实验内容

(1) 使用电子邮件发布产品和服务信息。

(2) 登录 BBS 论坛发布产品和服务信息。

(3) 查看微信公众号发布的产品和服务信息。

三、实验步骤

(1) 登录已申请的邮箱系统，如 126 邮箱。

(2) 制作一则小型的产品/服务的广告，并选择一些目标邮件地址(学生之间可以互相发送)。

(3) 登录天涯论坛的物流板块(http://bbs.tianya.cn/list-54-1.shtml)，点击"注册"，进行会员注册。

(4) 查看论坛中的栏目，并制作一则小型的产品/服务的广告进行发布。

(5) 查看微信公众号发布的产品和服务信息。

四、实验报告

记录实验过程和结果，并写出自己的体会。

实验五　B2C、B2B、C2C 模式体验

一、实验目的

熟练掌握电子商务的主要模式和流程。了解 B2C 电子商务网站网上购物的流程；掌握网上购物的操作方法；学习企业网上采购和销售的基本操作；掌握 C2C 电子商务网站商品拍卖流程。

二、实验内容

(1) 登录当当网进行购物。

(2) 以企业的身份登录 B2B 网上交易系统，进行销售与采购的业务处理。

(3) 登录闲鱼网进行商品拍卖。

三、实验步骤

1. B2C 网上购物

(1) 打开浏览器，登陆当当网(www.dangdang.com)，注册会员。

(2) 选择想要购买的书籍或商品后，点击"购物车"，并按照操作提示填写订单。

(3) 填写付款方式。

(4) 等待商家发来确认订单的信息。

2. B2B 网上购销

(1) 打开浏览器，登陆阿里巴巴中国(china.alibaba.com)，点击"注册"，进行会员注册。

(2) 点击"我要采购"，单击"按行业与产品分类"，查看供应信息下的栏目，如"传媒—摄影器材—数码相机"。

(3) 单击具体产品栏目查看该产品详细资料，如"奥林巴斯数码相机"。

(3) 如卖方正在线上，点击"我正在网上马上和我洽谈"与其进行洽谈，如果卖方不在线上则点击"留言询价"。

3. C2C 商品拍卖

(1) 打开浏览器，登陆易趣(www.ebay.com)，注册会员。

(2) 点击我要拍卖，输入商品图片、价格等文字介绍信息，发布成功。

(3) 等待买方竞价，确定买方，拍卖成功。

四、实验报告

记录实验过程和结果，并写出自己的体会。

实验六　电子合同的签订

一、实验目的

掌握电子合同洽谈和签订流程；了解电子合同的特点。

二、实验内容

网上询价、网上报价、电子合同的洽谈、合同签订、历史记录查询、注册信息修改等。

三、实验步骤

(1) 甲方询价。

(2) 乙方报价。

(3) 甲方进入洽谈室。

(4) 乙方进入洽谈室。

(5) 甲乙双方开始洽谈质量要求及验收方法，交货地点、运输方式及费用，合同履行期限，违约责任等各条款。

(6) 甲乙双方签订合同。

四、实验报告

记录实验过程和结果，并写出自己的体会。

实验七　数字证书的使用

一、实验目的

学习数字证书的下载和安装，查看数字证书的基本信息。

二、实验内容

(1) 登录 CA 认证中心页面并注册，取得根数字证书。

(2) 下载并安装证书。

(3) 查看证书的基本信息。

三、实验步骤

(1) 打开 IE 浏览器，登录中国数字认证网(www.ca365.com)，点击免费数字证书栏中的"下载根证书"选项。

(2) 打开已下载的根证书进行安装，把证书存放在"受信任的根证书颁发机构"文件夹中。

(3) 点击"工具"—"Internet 选项"—"内容"—"证书"—"受信任的根证书颁发机构"。

(4) 找到已安装的根证书，并查看其基本信息。

四、实验报告

记录实验过程和结果，并写出自己的体会。

实验八　网 上 银 行

一、实验目的

能够掌握网上银行的基本操作，申请个人网上银行账号并进行相应的银行账户管理。

二、实验内容

(1) 指导学生掌握网上银行提供的基本服务的操作。

(2) 开户审批；储户资料查询；网上存款。

三、实验步骤

(1) 申请个人银行服务。

(2) 开户审批。

(3) 储户资料查询。

(4) 储户存款。

四、实验报告

记录实验过程和结果，并写出自己的体会。

实验九 物 流 配 送

一、实验目的

掌握物流配送中心的货物发送与接收的业务流程，了解物流中心处理货物的工作流程及特点。

二、实验内容

出货系统查询浏览，发货单处理，备货处理，发货处理，收货情况查询，收货单处理等。

三、实验步骤

在物流管理系统上进行以下实验：

1. 物流中心出货业务管理

点击首页中的"物流配送"，选择"后台"，输入账号×××和密码，进入"配送点管理区"，点击"出货处理"，进入"出货处理"模块。

2. 备货和出货

点击页面中"备货单完成情况"为"可备货"的"备货单号"。

物流配送中心备货完成后，点击该备货单下方的【备货完成确认】按钮。

物流配送中心根据规定的发货时间向经销商发货。点击"备货单明细"页面中下方的【出货确认】，进行发货处理。至此完成整个发货业务流程。

3. 物流中心收货业务管理

点击进入物流中心的"收货处理模块"。

点击"货场收货处理"页面中的"全部收货单"，即可查询已经接收到的全部收货单。

点击"货场收货处理"页面中的"未完成收货单"，即可查询未处理的收货的单据。

点击该收货业务单据的【收货确认】按钮，完成收货单据的处理。此时货物进入仓库。

4. 物流中心的"买家需求处理"

点击经销商名称为"学生真实姓名＋×××××＋贸易公司"的需求。

点击"通知分公司"链接。

点击"返回经销商需求信息"。

点击"返回配送点管理区"。

点击"注销身份"。

四、实验报告

记录实验过程和结果，并写出自己的体会。

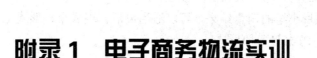

附录1 电子商务物流实训

项目一 电子商务物流应用调研

一、项目任务

(1) 撰写物流调研报告，明确调研的目的和内容。

(2) 调研电子商务物流信息采集中常用的几种方法。

(3) 选择 2 到 3 家第三方物流企业进行走访，并记录它们的规模和电子商务信息化的程度。

(4) 调研企业采用物流信息系统或者物流信息技术的情况。

(5) 从调研材料上区分宏观物流和微观物流以及二者之间的联系。

二、项目分析

本项目主要是以调研的形式进行的，可以通过调查走访企业，结合网上收集信息的形式来进行。通过本次调研，要求学生理解信息、物流信息、电子商务物流信息技术、物流信息系统的概念并掌握相关技术在企业中的应用情况，为以后的项目实践做铺垫，并认识到这门课程的重要性。

三、项目实施准备

项目实施前需要做以下准备：

(1) 确定调研的内容。主要围绕企业物流信息化建设，当地物流信息化的现状、原因及发展趋势，物流信息技术在物流企业中的应用，物流信息采集的常用方法进行调研，也可以根据具体情况进行选择或者自定调研内容。

(2) 制订调研计划。围绕调研目标，明确调研主题，确定调研的对象、地点、时间、方式，并确定要收集哪些相关资料。

(3) 调研以小组为单位，根据班级情况，每组 5 到 10 人，设一名组长，并带上调查工具，如笔记本和笔。情况允许的话可以带上照相机和录音笔。

(4) 调研之前，进行相关资料的收集并做好知识准备。

(5) 本项目时间安排。在网络上收集材料：2 到 4 课时；企业现场调研则根据实际情况自行安排。

四、注意事项

(1) 被调研的企业对象要有一定的代表性，在项目安排中要予以体现，以避免得出的结论以偏概全。调研的内容要尽量具体，注意所得材料的真实性、可靠性和时效性。

(2) 尊重调研企业、调研对象，遵守相关纪律，听从安排，体现大学生的文明素质，表现出良好的综合素质。

(3) 调研报告的写作格式要符合行业规范。

(4) 对每个项目小组的调查结果，可以适当灵活体现成果，形式上不局限于调查报告，也可以是小作品、方案等多种形式。

五、思考题

(1) 什么是物流信息？

(2) "一体四流"是指哪四个流？

(3) 什么是商流和资金流？

(4) 物流信息电子化的主要手段是哪四种？

(5) 电子商务物流信息的特点是什么？

(6) 请说出至少四种电子商务物流信息技术。

项目二　电子商务网站分析

一、登录当当网

(1) 搜索并打印一份电子商务书籍的清单。

(2) 找到对其中一本书的评论。

(3) 总结从当当网所得到的服务。

二、使用易趣网进行商品拍卖

(1) 注册成为该网站的会员。

(2) 上传一件商品，参加竞拍。

(3) 总结易趣网的拍卖过程，分析该网站的盈利模式。

三、登录招商银行网站

(1) 了解招商银行卡的开设流程。

(2) 了解个人银行账户管理功能。

四、登录湘财证券网站

(1) 了解开户流程。

(2) 下载股市交易软件，并了解股票操作规则。

五、分析与使用电子商务模拟软件及商务网站的实施策略与计划

项目三　利用 IE 进行网上信息检索

一、项目任务

(1) 设置 IE 浏览器并访问因特网。

(2) 浏览网站, 保存网页以及图片文件至本地硬盘。

(3) 根据关键词进行网上信息搜索。

(4) 搜索提供 Winzip 软件的网站, 并下载和使用该软件。

(5) 搜索 FTP 软件服务器, 下载有关软件并安装使用。

(6) 使用因特网的服务。

二、项目分析

本项目主要是通过设置和使用 IE 软件, 来掌握信息浏览的方法, 并通过下载和安装一些常用软件掌握如何在因特网获取资源并利用资源。

三、项目实施准备

(1) 提供可以上网的网络教室。

(2) 提供可以登录的 FTP 站点。

(3) 项目以小组为单位, 根据班级情况, 每组 3 到 5 人, 设一名组长。

(4) 本项目时间安排为 2 课时。

四、注意事项

(1) 正确使用因特网。

(2) 软件安装过程中的问题。

五、思考题

(1) 什么是 WWW? WWW 的特点是什么?

(2) 什么是超级链接? 因特网的服务可分为哪几种?

(3) 什么是电子邮件? 访问 FTP 服务器有哪几种方式?

(4) 电子论坛的作用是什么? 什么是搜索引擎?

项目四 Internet 信息服务软件的应用

一、项目任务

(1) 根据要求设置 Internet 信息服务软件。

(2) 根据要求把企业信息平台安装在服务器端。

(3) 在服务器端设置企业信息平台。

(4) 在浏览器中运行企业信息平台。

(5) 进入企业信息平台的后台, 添加相关企业信息。

二、项目分析

互联网信息服务(Internet Information Server, IIS)是一种 Web 服务组件, 其中包括 Web 服务器、FTP 服务器、NNTP 服务器和 SMTP 服务器, 分别用于网页浏览、文件传输、新闻服务和邮件发送等方面。借助这些服务器, 在网络(包括互联网和局域网)上发布信息成了一件很容易的事。

本项目主要是通过 IIS 5.0 的配置以及实例的操作来掌握它的配置和管理方法。

三、项目实施准备

(1) 将全班学生分组，每组 3～4 人。

(2) 项目小组在进行项目之前，查阅或学习相关的理论知识点。

(3) 教师准备好 IIS 软件、企业信息平台软件。

四、项目实施

(1) IIS 的安装。

(2) 创建虚拟 Web 站点。

(3) 建立虚拟目录。

(4) 配置备份与还原。

(5) 创建虚拟 FTP 服务器。

(6) 设置企业信息平台站点。

五、注意事项

(1) 教师可以提供 IIS 安装软件让学生安装，也可以提供已经安装好 IIS 的系统供学生上机使用。

(2) 企业平台代表简单的企业信息平台，本项目只是说明信息服务平台的使用方法。

(3) 项目实施过程中可以根据实际情况进行安排内容，本书提供了与内容相关的源码供学习使用。

(4) 教师可以根据实际情况进行调整。

六、思考题

什么是 IIS？Web 服务器的工作过程是怎样的？

项目五 数据库技术的使用

一、项目任务

(1) 创建数据库和数据表。

(2) 修改数据表结构和数据表数据。

(3) 创建数据查询。

(4) 创建报表。

二、项目分析

本项目主要通过 SQL Server 的使用，了解关系型数据库管理系统管理数据的一般原理，为以后的物流信息系统的学习打下基础。

三、项目实施准备

(1) 预习数据库的知识，了解常用的关系型数据库管理系统软件。

(2) 本项目时间安排 2 课时。

四、项目实施

(1) 创建 SQL Server 数据库和数据表。

(2) 修改 SQL Server 数据表结构。

(3) SQL Server 数据表数据的输入和修改。

(4) 创建和修改 SQL Server 数据表之间的关系。

(5) 创建 SQL Server 查询。

(6) 对数据进行排序。

(7) 创建 SQL Server 报表。

五、注意事项

(1) 在创建数据库和数据表时，可以根据自己的需求建立相关数据库和表。

(2) 在建立数据库时，要分清什么是数据库结构以及数据元素。

(3) 在建立数据表时，要清楚什么是表结构和表内容。

(4) 输入数据库记录，要逐条输入，输入完毕后保存，主键不能为空。

六、思考题

(1) 数据库的分类方法有许多，按数据库的数据结构模型来分类，可分为哪四种？

(2) 什么是关系型数据库？什么是面向对象型数据库？

(3) SQL 是一种什么语言？

项目六　ERP 系统

一、项目任务

(1) 根据要求安装 ERP 软件并进行设置。

(2) 了解 ERP 的概念并了解 ERP 的发展。

(3) 通过实验了解 ERP 的操作方法。

(4) 通过实验了解 ERP 在库存管理中的一般方法。

(5) 完成期末记账、转账和结账操作，并备份到相应的文件夹中。

二、项目分析

本项目通过实际操作来理解 ERP 系统在企业管理中的作用，掌握一定的操作方法，完成建账操作、供应链采购环节操作、销售环节操作和库存环节操作，并完成期末记账、转账和结账等操作，以熟悉 ERP 在供应链管理中的一般操作流程以及账务管理操作。

三、项目实施准备

(1) 将全班学生分成几组，每组 3～4 人。

(2) 项目小组在进行项目之前，查阅或学习相关的理论知识点。

(3) 教师准备好计算机，及安装 ERP 相关软件。

(4) 本项目使用用友软件公司出品的 U8 系统训练。

(5) 实训总结。

四、项目实施

本项目结合单位实际业务和所使用的 ERP 及财务软件，共设有如下六个实验。

实验一 系统初始化

一、目的与要求

掌握企业在进行期初建账时，如何进行核算体系的建立及各项基础档案的设置，以 2019/02/01 日期进入系统，业务时间可根据具体情况调整。

二、实验内容

1. 核算体系的建立

· 启动系统管理，以"admin"的身份进行注册。

· 增设三位操作员：001 黄红，002 张晶，003 王平。

· 建立账套信息：

账套信息：账套号自选，账套名称为"供应链练习"，起用日期为 2019 年 2 月 1 日。

单位信息：单位名称为"用友软件公司"，单位简称为"用友"，税号为 3102256437218。

核算类型：企业类型为"工业"，行业性质为"新会计制度科目"并预置科目，账套主管选"黄红"。

基础信息：存货、客户及供应商均分类，有外币核算。

· 编码方案：

A 客户分类和供应商分类的编码方案为 2

B 部门编码的方案为 22

C 存货分类的编码方案为 2233

D 收发类别的编码级次为 22

E 结算方式的编码方案为 2

F 其他编码项目保持不变

说明：设置编码方案主要是为以后分级核算、统计和管理打下基础。

数据精度：保持系统默认设置。

说明：设置数据精度主要是为了核算更精确。

· 分配操作员权限：

操作员张晶：拥有"公共单据"、"公共目录设置"、"采购管理"、"销售管理"、"库存管理"、"存货核算"中的所有权限。

操作员王平：拥有"公共单据"、"公共目录设置"、"库存管理"、"存货核算"中的所有权限。

2. 各系统的启用

(1) 启用企业应用平台，以账套主管身份进行注册。

启用"总帐"、"应收"、"应付"、"采购管理"、"销售管理"、"存货核算"，启用日期为

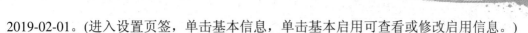

2019-02-01。(进入设置页签，单击基本信息，单击基本启用可查看或修改启用信息。)

(2) 定义各项基础档案。

可通过企业应用平台中的设置页签，选择"基础档案"来增设下列档案：

定义部门档案：制造中心，营业中心，管理中心。

制造中心下分：一车间，二车间。

营业中心中心下分：业务一部，业务二部。

管理中心下分：财务部，人事部。

定义职员档案：李平(业务一部，在职人员，男，业务员)，王丽(业务二部，在职人员，女)。

(3) 定义客户分类：批发，零售，代销，专柜。

(4) 定义客户档案：

客户编码	客户简称	所属分类	税号	开户银行	账号	信用额度	信用期限
HHGS	华宏公司	批发	310003154	工行	112		
CXMYGS	昌新贸易公司	批发	310108777	中行	567		
JYGS	精益公司	专柜	315000123	建行	158		
LSGS	利氏公司	代销	315452453	招行	763		

(5) 定义供应商分类：原料供应商，成品供应商。

(6) 定义供应商档案：

供应商编码	供应商简称	所属分类	税号	供应商属性
XHGS	兴华公司	原料供应商	310821385	存货
JCGS	建昌公司	原料供应商	314825705	存货、服务
FMSH	泛美商行	成品供应商	318478228	存货
ADGS	艾德公司	成品供应商	310488008	存货

(7) 存货分类：

01 原材料 —— 0101 主机 —— 0101001 芯片

　　　　　　　　　　　　　—— 0101002 硬盘

　　　　　　—— 0102 显示器

　　　　　　—— 0103 键盘

　　　　　　—— 0104 鼠标

02 产成品 —— 0201 计算机

03 外购商品 —— 0301 打印机

　　　　　　—— 0302 传真机

04 应税劳务

(8) 计量单位：

计量单位编号	计量单位名称	所属计量单位组	计量单位组类别
01	盒	无换算单位	无换算
02	台	无换算单位	无换算
03	只	无换算单位	无换算
04	千米	无换算单位	无换算

(9) 存货档案：

存货编码	存货名称	所属类别	计量单位	税率	存货属性
001	PIII 芯片	芯片	盒	17	外购，生产耗用
002	40G 硬盘	硬盘	盒	17	外购，生产耗用，销售
003	17 寸显示器	显示器	台	17	外购，生产耗用，销售
004	键盘	键盘	只	17	外购，生产耗用，销售
005	鼠标	鼠标	只	17	外购，生产耗用，销售
006	计算机	计算机	台	17	自制，销售
007	1600K 打印机	打印机	台	17	外购，销售
008	运输费	应税劳务	千米	7	外购，销售，应税劳务

(10) 会计科目：应收账款，预收账款设为"客户往来"；应付账款，预付账款设为"供应商往来"。

(11) 选择凭证类别为"记账凭证"。

(12) 定义结算方式：现金结算，支票结算，汇票结算。

(13) 定义本企业开户银行：账户名称"用友软件公司"，开户行"工行准海路分理处"，账号为765848981258，所属银行"中国工商银行"。

(14) 定义仓库档案：

仓库编码	仓库名称	计价方式
001	原料仓库	移动平均
002	成品仓库	移动平均
003	外购品仓库	全月平均

(15) 定义出入库类别：

收 01 正常入库 ——0101 采购入库

————0102 产成品入库

————0103 调拨入库

收 02 非正常入库 ——0201 盘盈入库

————0202 其他入库

发 03 正常出库 ——0301 销售出库

————0302 生产领用

————0303 调拨出库

发04 非正常出库 ————0401 盘亏出库

————0402 其他出库

(16) 定义采购类型：普通采购，入库类别为"采购入库"，设为默认采购类型。

(17) 定义销售类型：经销，代销，出库类别均为"销售出库"。默认销售类型为"经销"。

(18) 定义单据编码设置中采购、销售专用发票、采购运费发票编号为"完全手工"。

实验二 期初设置及余额

一、目的与要求

本实验目的是为了企业在将来的业务处理时，能够由系统自动生成有关的凭证。本实验主要讲述在进行期初建账时，应如何设置相关业务的入账科目，以及如何把原来的手工做账时所涉及到的各业务的期末余额录入至系统当中。

二、实验内容

1. 设置基础科目

根据存货大类分别设置存货科目：(在存货系统中，进入科目设置，选择存货科目)

存货分类	对应科目
原材料	原材料(1211)
产成品	库存商品(1243)
外购商品	库存商品(1243)

根据收发类别确定各存货的对方科目：(在存货系统中进入科目设置，选择对方科目)

收发类别	对应科目	暂估科目
采购入库	物资采购(1201)	物资采购(1201)
产成品入库	基本生产成本(410101)	
盘盈入库	待处理流动财产损益(191101)	
销售出库	主营业务成本(5401)	

2. 期初余额的整理录入

(1) 期初货物的录入：

2019/01/28 收到兴华公司提供的 40G 硬盘 100 盒，单价为 800 元，商品已检收入原料仓库，至今尚未收到发票。

操作向导：

启动采购系统，录入采购入库单；

进行期初记账。

(2) 期初发货单的录入：

2019/01/28 业务一部向昌新贸易公司出售计算机 10 台，报价为 6500 元，由成品仓库发货。该发货单尚未开票。

操作向导:

启动销售系统,录入并审核期初发货单。

(3) 进入存货核算系统,录入各仓库期初余额:

仓库名称	存货名称	数量	结存单价
原料仓库	PIII 芯片	700	1200
	40G 硬盘	200	820
成品仓库	计算机	380	4800
外购品仓库	1600K 打印机	400	1800

操作向导:

启动存货系统,录入期初余额,进行期初记账。

(4) 进入库存管理系统,录入各仓库期初库存:

仓库名称	存货名称	数量
原料仓库	PIII 芯片	700
	40G 硬盘	200
成品仓库	计算机	380
外购品仓库	1600K 打印机	400

操作向导:

启动库存系统,录入并审核期初库存(可通过取数功能录入)。

实验三　销售业务练习

一、目的与要求

掌握企业在日常业务中如何通过软件来处理销售出库业务及相关账表查询,以 2019/02/02 日期进入系统。

二、实验内容

业务一(普通销售):

(1) 2019 年/02/04,先行公司想购买 10 台计算机,向业务一部了解价格。业务一部报价为 6000 元/台(含税)。该客户了解情况后,要求订购 10 台,要求发货日期为 2019/02/06。填制并审核销售订单。

(2) 2019/02/06,业务一部从成品仓库向先行公司发出其所订货物,并据此开据专用销售发票一张,票号为 38275。业务部门将销售发票交给财务部门,财务部门结转此业务的收入及成本。

操作向导：

销售选项设置(报价是否含税)。

在销售系统中，填制并审核报价表。

A．增加客户档案(在"批发"大类下，客户编码"XXGS"，客户简称"先行公司"，税号"310003156"，开户银行"中国银行"，银行账号"138")。

在销售系统中，参照报价单生成并审核销售订单。

B．增加销售类型：基本信息，出库类别出库。

在销售系统中，参照销售订单生成并审核销售发货单。

在销售系统中，调整选项进入"其他控制"(将新增发票默认"参照发货单生成")。

在销售系统中，根据发货单填制并复核销售发票。

在销售系统中，查询销售订单执行情况统计表。

在销售系统中，查询发货统计表。

在销售系统中，查询销售统计表。

业务二(多次发货一次开票)：

(1) 2019/02/07，业务一部向昌新贸易公司出售计算机 10 台，报价为 6400 元，货物从成品仓库发出。

(2) 2019/02/07，业务二部向昌新贸易公司出售打印机 5 台，报价为 2300 元，货物从外购品仓库发出。

(3) 2019/02/07，根据上述两张发货单开据专用发票一张，票号为 38375。

操作向导：

在销售系统中，填制并审核两张销售发货单。

在销售系统中，根据上述两张发货单填制并复核销售发票。

业务三(一次发货多次开票)：

(1) 2019/02/08，业务二部向华宏公司出售打印机 20 台，报价为 2300 元，货物从外购品仓库发出。

(2) 2019/02/09，应客户要求，对上述所发出的商品开据两张专用销售发票，第一张发票中所列示的数量为 15 台，票号为 38381；第二张发票上所列示的数量为 5 台，票号为 38384。

操作向导：

在销售系统中，填制并审核销售发货单。

在销售系统中，分别根据发货单填制并复核两张销售发票(考虑一下，在填制第二张发票时，系统自动显示的开票量是否为 5 台)。

业务四：(开票直接发货)

2019/02/09，业务二部向昌新贸易公司出售打印机 5 台，报价为 2300 元，成交价为报价的 90%，开据专用发票一张，票号为 38385，货物从外购品仓库发出。

操作向导：

在销售系统中，填制并复核销售发票。

实验四　采购业务练习

一、目的与要求

掌握企业在日常业务中如何通过软件来处理采购入库业务及相关账表查询。

二、实验内容

业务一(普通采购业务)：

(1) 2019/02/01，业务三部业务员王新向创新公司询问 P4 2.4G 的价格(1000 元/盒)，觉得价格合适，随后向公司上级主管提出请购要求，请购数量为 300 盒，需求日期为 2019/02/03。业务员据此填制请购单。

(2) 2019/02/02，上级主管同意向创新公司订购 P4 2.4G 300 盒，单价为 1000 元，要求到货日期为 2007/02/03。

(3) 2019/02/03，收到所订购的 P4 2.4G 300 盒。填制到货单。

(4) 2019/02/03，将所收到的货物验收入原材料仓库。填制采购入库单。

(5) 当天收到该笔货物的专用发票一张，票号为 85010。

操作向导：

在采购系统中，填制并审核请购单。

增加部门档案(部门编码"203；部门名称"业务三部")。

增加职员档案(职员编码"20301"，职员姓名"王新"，所属部门"业务三部")。

增加存货档案(属"芯片"大类，存货编码"009"，存货名称"P4 2.4G"，存货属性"外购、销售属性")。

在采购系统中，填制并审核采购订单(先增加，然后右键拷贝采购订单)。

A．增加供应商档案：属原料供应商大类，供应商编码"CXGS"，供应商简称"创新公司"，税号"314835920"。

B．增加采购类型：02，基本采购。

在采购系统中，填制到货单(先增加，再右键拷贝采购订单)。

启动库存系统，生成并审核采购入库单(进入库存系统采购入库单界面后，依次选择"生单—选择到货单—过滤—显示表体"，录入入库日期和仓库)。

在采购系统中，填制采购发票(先增加，然后右键拷贝入库单)。

在采购系统中，采购结算(自动结算)。

在采购系统中，可查询订单执行情况统计表。

在采购系统中，可查询到货明细表。

在采购系统中，可查询入库统计表。

在采购系统中，可查询采购明细表。

业务二(费用发票结算)：

2019/02/04，向创新公司购买硬盘 200 盒，单价为 800 元/盒，到货并验收入原料仓库。同时收到专用发票一张，票号为 85012。另外，在采购的过程中，发生了一笔运输费 200 元，税率为 7%，收到相应的运费发票一张，票号为 5678。

操作向导：

在采购系统中，填制到货单。

启动库存系统，生成并审核采购入库单。

在采购系统中，填制采购专用发票。

在采购系统中，填制运费发票。

在采购系统中，采购结算(手工结算)。

采购结算—手工结算—选单—过滤—刷票—选择对应入库单和发票—分摊—结算。

实验五　库存业务练习

一、目的与要求

掌握企业在日常业务中如何通过软件来处理库存管理业务及相关账表查询。

二、实验内容

业务一(采购入库)：

2019/02/17，收到所订购的键盘200只，货物验收入原料库。

2019/02/18，收到所订购的键盘100只，货物验收入原料库。

2019/02/19，发现2019/01/18验收入库的货物有2只有质量问题，退回。

操作向导：

在库存系统中，填制并审核采购入库单。

在库存系统中，复制采购入库单并审核采购入库单。

在库存系统中，红冲采购入库单并审核红字采购入库单。

在库存系统中，查询库存台账。

业务二(销售分批出库)：

2019/02/17，业务二部向精益公司出售显示器20台，由原料仓库发货，报价为1500元/台，同时开具专用发票一张。

2019/02/17，客户根据发货单从原料仓库领出15台显示器。

2019/02/18，客户根据发货单再从原料仓库领出5台显示器。

操作向导：

在销售系统中，调整有关选项(将"是否销售生单"选项勾去掉)。

在销售系统中，填制并审核发货单。

在销售系统中，根据发货单填制并复核销售发票。

在库存系统中，分次填制销售出库单(根据发货单生成销售出库单)。

业务三(单据记账)：

正常单据记账：将采购、销售业务所涉及的入库单、出库单进行记账。

操作向导：

在存货系统中，进行业务核算—正常单据记账。

在存货系统中，查询存货明细账。

实验六　期末处理

一、目的与要求

掌握企业在日常业务中如何通过软件进行各出入库成本的计算及月底如何做好月末结账工作。

二、实验内容

1. 采购系统的月末结账

操作向导：

在采购系统中，进入业务—月末结账。

2. 销售系统的月末结账

操作向导：

在销售系统中，进入业务—销售月末结账。

3. 库存系统的月末结账

操作向导：

在库存系统中，进入业务处理—月末结账。

4. 存货系统的月末处理及各仓库的期末处理

操作向导：

在存货系统中，进入业务核算—期末处理。

5. 生成结转销售成本的凭证(如果计价方式为"全月平均")

操作向导：

在存货系统中，进入财务核算—生成凭证，选择"销售出库单"。

6. 存货系统的月末结账

操作向导：

在存货系统中，进入业务核算—月末结账。

项目七　电子商务与物流关系调研

一、项目任务

(1) 组织学生参观物流企业。

(2) 确定进行调研的参考题目，比如：电子商务下的物流业务流程，物流对电子商务的影响，电子商务下的快递模式，电子商务与物流的关系等。根据情况进行选题。

(3) 根据选题，制定调研计划，收集资料，明确调查地点、对象、范围、日期和方法。

(4) 撰写调研报告或调研总结。

二、项目分析

本项目主要了解电子商务下的物流业务流程，物流对电子商务的影响，电子商务下的

快递模式，电子商务与物流的关系等。

三、项目实施准备

(1) 将全班学生分成几组，每组 3~4 人。

(2) 项目小组在进行项目之前，查阅或学习相关的理论知识点。

(3) 教师联络好调研单位。

(4) 根据实际项目情况做好其他准备工作。

四、项目实施

(1) 在教师的组织下，到某家物流企业进行参观，明确调研的目的、要求及任务。也可以通过 Internet、报纸或期刊来搜集整理资料。

(2) 学生按项目分组，确定调研计划、步骤和方法等内容。

(3) 各项目小组分头开展实际调研、查阅资料、做好知识准备。

(4) 各项目小组进行分析研究资料，并以方案、调查报告、小论文等形式完成作业，用书面或电子演示文稿形式均可。

(5) 各个小组之间进行交流。

五、注意事项

(1) 要以课堂上学到的相关理论知识为基础开展调查研究，注重理论联系实际。

(2) 注重培养物流业务操作能力的训练，以提高综合业务素质为目标。

(3) 在调研过程中，调研对象应尽可能的多，包括不同水平的企业，避免得出的结论以偏概全。

(4) 调研的内容尽量具体，并认真做好总结。

(5) 注意所得资料的真实性、可靠性和时效性。

(6) 对参加调研的学生要进行必要的训练，参与调研的学生要听从指挥，注意安全，避免出现失误。

六、思考题

(1) 简述电子商务环境下物流业务流程与物流作业的特点。

(2) 简述电子商务环境下的物流作业系统。

项目八　电子商务的应用

一、项目任务

(1) 通过网上商店购物来掌握网上购物的一般步骤。

(2) 通过 C2C 网站来掌握个人对个人交易实现的一般步骤。

(3) 通过 B2B 企业信息平台的应用来了解企业间的交易流程。

二、项目分析

通过本项目的实施让学生掌握网上商店的基本结构、功能，掌握网上购物、网上交易

的一般步骤和基本的运作流程，从而掌握电子商务的基本知识。

三、项目实施准备

(1) 将全班学生分成几组，每组 3～4 人。

(2) 提供能够上因特网的计算机机房。

四、项目实施

1. 模拟 C2C 业务作业

熟悉网上购物的一般步骤，并进行网上商店购物。

模拟银行卡账户的申请及使用

模拟支付宝账户支付淘宝业务。

2. 模拟 B2B 业务作业

熟悉阿里巴巴业务流程。

模拟阿里巴巴订单业务。

3. 时间安排

安排 2 到 4 课时，教师可根据实际情况自行调整。

项目九　画出便利店或大型综合超市的流通途径和

指定类别商品的流通渠道

一、项目任务

目的：掌握主要业态的流通途径和主要商品的流通渠道。为了完成这项课业，需要调查一家大型综合超市的采购人员和一家便利店的采购人员，了解有关的流通渠道，并对这些渠道做出分析，提出改进渠道的建议。

背景：学苑超市需要采购某类商品，要求去调查目前该商品的主要流通渠道，并分析调查的结果。根据调查，对该商品的流通渠道进行总体评估，尽可能提出具有可操作性的建议，并提交结果。

二、项目分析

(1) 了解本项目的目的。

(2) 收集有关流通渠道的资料。

(3) 分析有关渠道的合理性。

(4) 完成项目评估。

三、项目实施准备

(1) 分组，每组至少负责四个品种。

(2) 确定调研的对象。

业态有两种可选择：便利店、大型综合超市。

商品分为食品与非食品。食品包括：生稻米、牛奶、饮料、水产品、冰淇淋、糕点、酒类、农产品。非食品包括：医药品、日化用品、家用电器。以上商品任选四种。

四、项目实施

(1) 起草调查流通渠道的计划(包括调查目的、范围、目标、内容和方法)。

(2) 起草会谈和调查的大纲。

(3) 上网查找第二手资料。

(4) 准备一份调查原始记录的复印件。

(5) 完成对培训结果的详细报告(报告不准超过一页，有关资料可放入附件)。

(6) 陈述。

项目十　居民购买商品的物流活动对城市交通的影响

一、项目任务

了解购买商品的物流活动对交通运输的影响。需要进行实地调查，了解居民购买主要商品时所使用的交通工具和购买这些商品的频率，并对有关数据进行分析，了解在中国购买商品时的物流活动对交通产生的影响作用。

二、项目分析

背景：在国外，物流被指责为交通混乱的主要责任者，其中居民出行购买商品的物流活动是主要原因之一。上海正日益成为国际化的大都市，交通问题也日益成为社会关心的热门话题，那么在上海是否也存在与国外类似的问题。本项目通过调查来研究人们购买商品的物流活动对上海城市交通产生的影响，并与国外情况进行比较。

(1) 收集有关购买商品的交通方式与购买频率的资料。

(2) 分析购买商品的物流活动对交通造成的影响。

(3) 完成对课业的评估。

三、项目实施准备

(1) 确定调查方向

(2) 设定调查动机与目的

(3) 分组，每组大约 4 个人。

四、项目实施

(1) 设计调查问卷与抽样方法，以一般居民为调查对象，每个同学负责调查两户人家。

(2) 实地访谈。

(3) 问卷回收整理。

(4) 资料分析与解释。

(5) 完成报告(报告不要超过一页，有关资料可放入附件)。

(6) 小组陈述。

调研报告结构：

题目：居民购买商品的物流活动对城市交通的影响。

研究动机：

研究目的：

研究方法：

资料收集方法；

问卷设计；

抽样方法；

资料分析方法。

研究步骤：

结论：

项目十一　超市配送中心的设计

一、项目任务

了解配送中心的设计步骤及方法。

二、项目分析

某公司需要为一家连锁超市建设一个配送中心，要求去调查目前该连锁超市的基本情况，并根据给定的资料，设计确定配送中心的运作目标、配送中心的功能，初步设计配送中心的内部布局，并计算建设配送中心的成本。

三、项目实施准备

1. 超市基本情况

企业形态：食品超市。

年营业额：2850 万元。

店铺数：22 家店铺。

企业发展的总目标：事业规模的进一步扩大，企业价值的提高。

2. 物流量资料

现有物流量：1 天约 21 000 箱(1 300 辆货筐车)。

店铺分布：A 区、B 区。

经营品种：3 种生鲜、面包除外的全温度带商品。

计划每年发展三家新店，填写发展情况表，见表 1。

表 1　发展情况表

	2015 年	2016	2017	2018
A 区	16	16		
B 区	6	9		
门店数	22	25		

填写物流量表，见表 2。

表 2　物流量表

	2015	2016	2017	2018
门店数	22	25		
销售额	2850 万			
日物流量	1 200 车 19 000 箱			

3. 经营的主要品种

糕点、杂货、一般包装食品、饮料、加工食品、咸菜、熟食、乳制品、点心、日用品、腌制品、加工肉等。

4. 分组

由组长安排具体工作，分组工作很重要，因为这将直接影响到最后工作完成的质量与效率。

四、项目实施

(1) 收集超市的基本资料，了解建设配送中心的步骤，根据资料确定建设配送中心的基本目标。

(2) 根据资料确定设计年度并估算配送中心未来的物流量，画出草图，纵坐标是销售额，横坐标是年度的门店数，并在每一点上标出日物流量是多少车、多少箱。

(3) 根据资料确定配送中心的功能，包括配送中心配送的商品类别，以及各类商品的配送频率并说明理由。

(4) 了解配送中心内部的主要设施区域，根据资料列出配送中心的主要区域，分析各设施之间的相关性，画出商品流程及与设施配置相关的线路图。

(5) 根据配送中心设计的原则以及给定的资料绘制配送中心平面图。

(6) 每小组提交包括基本目标、物流量预算图、配送中心设施相关线路图、配送中心平面设计图在内的项目报告，报告不要超过一页(有关资料可放入附件)。

(7) 陈述。

项目十二　供应链各环节物流策略比较研究

一、项目任务

掌握供应链上主要环节(制造企业、批发企业、零售企业、物流企业)的物流策略取向，通过实际调研、案例分析、网上信息查询等手段了解这些企业的主要的物流策略及各企业在策略上的不同之处。

为了完成这项课业，需要收集第二手资料，并对选定的企业进行调研，了解企业的具体物流策略并做出评价和建议。

二、项目分析

某公司正处于重塑物流系统阶段，要求调查目前该公司的物流策略，并分析调查结果。根据调查，记录该公司的物流策略，对该公司的物流策略进行总体评估，并尽可能提出具有可操作性的建议，将结果交给总经理。

三、项目实施准备

了解项目任务，收集有关供应链各环节的物流策略资料，分析实际调研的资料，完成报告。

四、项目实施

(1) 了解本项目的目的。

(2) 分组，每组负责一个环节的物流策略的调研与分析。

(3) 确定调研的对象。参与物流活动的供应链上的企业可以分成四种类型，制造企业、批发企业、零售企业和物流企业。每种企业各选择一家进行调研。

(4) 起草调查物流策略的计划(包括调查目的、范围、目标、内容和方法)。

(5) 起草会谈和调查的大纲。

(6) 上网查找第二手资料。

(7) 实地调研。

(8) 准备一份调查原始记录的复印件。

(9) 完成调研报告(报告不要超过一页，有关资料可放入附件)。

(10) 陈述。

项目十三　物流运输合理化

一、项目任务

通过对物流运输合理化知识的技能训练，了解不合理运输的含义，理解不合理运输的表现形式，清楚运输合理化的含义及影响因素，掌握实现运输合理化的一般途径。

二、项目实施准备

(1) 将学生分成 5 人一组，每一组调查所在地区不合理运输的表现形式。

(2) 每组准备一张全国交通地图。

(3) 每组根据自己的情况，通过网络或图书查阅相关资料：

① 不合理运输的概念及表现形式。

② 运输合理化的概念。

③ 影响运输合理化的因素。

④ 实现运输合理化的途径。

三、项目实施

1. 通过资料的查询，总结下列问题

(1) 不合理运输的特征及表现形式。

(2) 不合理运输的危害。

(3) 运输不合理的原因。

(4) 改变哪些宏观条件，可以使运输更合理？

2. 针对下列运输业务，讨论其运输过程是否合理

(1) 小王从温州购买了100箱鞋子，准备运往乌鲁木齐销售。他雇了一辆15吨的载货汽车运输。

(2) 辛雨从重庆运送200吨土产杂品到上海，他采用铁路运输方式。

(3) 王新要从南昌运50头生猪到南京，他选择公路运输，走南昌—鹰潭—杭州—南京线。

(4) 从浙江长兴运到上海的建筑材料都采用内河航运，走长—湖—申航线。

(5) 陕西固原某企业从山西大同采购了一批煤炭。

【技能训练注意事项】

(1) 资料的查阅范围要广泛，内容要全面。

(2) 多收集一些当地货物运输的资料进行讨论。

【技能训练评价】

物流运输合理化技能训练评价表如表1所示。

表1　物流运输合理化技能训练评价表

被考评人				
考评地点				
考评内容	物流运输合理化			
考评标准	内　　容	自我评价	教师评价	综合评价
	调查内容完整			
	查阅资料的内容正确、完整			
	参与讨论积极			
	有团队合作精神			
	该项技能等级			

备注：综合评价以教师评价为主，自我评价作为教师对学生初期能力评判的参考条件。

等级标准：

1级标准：在教师指导下，能部分完成某项实训作业或项目；

2级标准：在教师指导下，能全部完成某项实训作业或项目；

3级标准：能独立地完成某项实训作业或项目；

4级标准：能独立且又快又好地完成某项实训作业或项目；

5级标准：能独立且又快又好地完成某项实训作业或项目，并能指导其他人。

【技能训练建议】

收集资料时，可以查阅物流运输业务管理、运输与配送管理、物流管理与实务等方面的资料。

项目十四　电子商务技能实训

电子商务技能实训包含电子商务客服、电子商务推广、网站内容策划与信息编辑等实训。

技能实训一　售前客户服务与管理

背景资料：

麦德龙于 1964 年在德国以 1.4 万平方米的仓储式商店开始了企业的历程。麦德龙以"现购自运"(现金交易，自选自运)营销新理念在市场上引人注目。经过近 50 年的发展，现在麦德龙已经成为欧洲最大的商业连锁企业之一，并自 1999 年开始排名世界零售百强第三位。目前，麦德龙在全球 20 多个国家和地区建立了 3000 多家分店，拥有约 20 万员工，年销售额超过 400 亿美元。

麦德龙提出"我们是顾客的仓库"的概念，意味着每个商店不另设仓库，同时商店本身就是仓库。通常，麦德龙标准店的规格为 140 米长、(90+28)米宽，其中 90 米为商店宽度，28 米为商店自身仓储空间的宽度。麦德龙习惯于运营独立的商业空间，单层建筑，独立的停车场，很少将店开在大型购物中心里面。2002 年，麦德龙在中国北部、东部、南部和中部建立了四个销售区域。麦德龙通过其全国性分销系统将当地产品投入国内市场的同时吸引着各地顾客。同时麦德龙国际分销系统还将中国商品推向国际市场。

目前，麦德龙在中国的店铺一般都超过 1 万平方米，加上建筑面积和与建筑面积基本等同的停车场面积，有的甚至达到 3~5 万平方米。与大型综合超市如家乐福与沃尔玛相比，麦德龙对地点、面积的要求更严格，更难选到合适的店，所以自建超市成为麦德龙的一贯选择。

麦德龙的客户很"有限"，因为它只对工商领域的经营者、群体消费层实行仓储式会员制，会员必须是具有法人资格的企事业单位。只有申请加入并拥有"会员证"的顾客才能进场消费。

值得注意的是，如果您带着小孩，也许您只能自己带着会员卡进超市消费了，因为麦德龙禁止 1.2 米以下的儿童进入卖场，理由很简单：作为一家大型仓储式商场，需要进行叉车作业、补充货品，而 1.2 米以下的儿童恰恰是在叉车驾驶员的视觉盲区。

购物完成后，尽管你不愿意，但你的名字将不得不重复出现在你的每一张收银单上。"透明"收银单上面详尽地排列着消费者所购商品名称、单价、数量、金额、日期和顾客姓名等。其详细程度甚至连每包卫生纸的卷数都有说明，绝无半点含糊。在欧洲，这种透明方式很受欢迎，可是在中国市场推行起来却有了问题。据说，麦德龙为此事已经遭遇了金额高达上百万元的退货。

麦德龙内部根据客户规模和购买量将客户分为"A、B、C"三类，其专门成立的"客户顾问组"，对客户的消费结构进行分析，向客户提供专业咨询服务，帮助他们用最少的钱，配最合适的货。如：为小型装修队选配所需电动工具和手动工具提供商品建议清单；为小

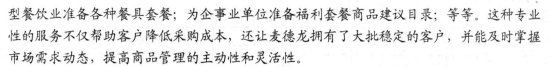

型餐饮业准备各种餐具套餐；为企事业单位准备福利套餐商品建议目录；等等。这种专业性的服务不仅帮助客户降低采购成本，还让麦德龙拥有了大批稳定的客户，并能及时掌握市场需求动态，提高商品管理的主动性和灵活性。

任务：

(1) 客服前的准备(提炼企业产品服务特色及优势)。

根据背景材料的第 2 段到第 5 段，简单概括出麦德龙不同于其他竞争对手的 4 个服务特色(不超过 100 个字)，将概括的各特色填入表 1

表 1 客服前的准备

服务特色概述：
参考要点：

(2) 分析目标客户，进行客户开发，掌握客户沟通技巧。

根据材料，麦德龙超市定位的是哪一类目标客户？如果你是售前营销人员，你会怎样来争取某客户成为麦德龙超市的会员。试着用文字表述出来，填入表 2。

表 2 目标客户及售前沟通模拟

目标客户有哪些？
售前沟通模拟测试：(参照淘宝网店等售前客服沟通 7 步法)

(3) 客户终生价值计算。

假定一个客户信息在麦德龙的保留时间为 10 年，吸引、营销、维系一个客户 10 年所用的成本是 2000 元。该客户每个星期去麦德龙交易一次，平均每次交易发生额 5000 元，平均每次交易麦德龙的人员、服务、铺面等成本是 4300 元，请计算该客户的终生价值，并简述客户终生价值的作用，填入表 3。

表 3 客户终生价值

计算客户的终生价值：
简述客户终生价值的作用：

(4) 客户分级管理。

材料中提到了麦德龙分类管理客户的方法，其实还可以对客户进行分级管理，表 4 是麦德龙某超市门店的客户分级管理利润表，看后回答表后的问题。

表4　客户分级管理利润表

客户等级	客户数量	交易总金额(单位:万元)	按10%利润率计算利润(单位:万元)
重要客户	20%	800	80
普通客户	30%	112	11.2
中小客户	50%	88	8.8

分析上表数据,回答表5中提出的问题。

表5　客户分级管理

上表反映了一个什么现象,你如何看待该现象:
为什么要对客户进行分级管理,对于重要客户,你认为要做好哪些方面的工作?

技能实训二　电子商务物流推广

背景资料:

山西杏花村汾酒集团有限责任公司(http://www.fenjiu.com.cn)为国有独资公司,以生产经营中国名酒——汾酒、竹叶青酒为主营业务,年产名优白酒5万吨,是全国最大的名优白酒生产基地之一。集团公司下设22个子、分公司,员工8000人,占地面积230万平方米,建筑面积76万平方米。核心企业汾酒厂股份有限公司为公司最大子公司,1993年在上海证券交易所挂牌上市,为中国白酒第一股,山西第一股。公司拥有"杏花村"、"竹叶青"两个中国驰名商标,公司主导产品有汾酒、竹叶青酒、玫瑰汾酒、白玉汾酒以及葡萄酒、啤酒等六大系列。汾酒文化源远流长,是晋商文化的重要分支,与黄河文化一脉相承。汾酒历史上有过四次成名。2007年,汾酒继续蝉联国家名酒,竹叶青酒成为中国名牌产品。

近年来,公司倾力打造名白酒基地、保健酒基地和酒文化旅游基地,为了扩大公司和公司网站的知名度,公司打算采用搜索引擎推广来进行公司网站推广。

请帮助其完成搜索引擎推广过程中相关任务的实施。

实验任务:

(1) 将公司网址提交到搜索引擎。为了利用搜索引擎进行推广,必须首先将公司网址http://www.fenjiu.com.cn 提交给各大搜索引擎。请写出 Baidu 和 Yahoo 提交网站的入口地

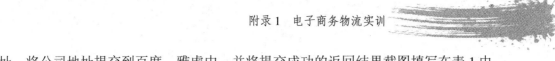

址，将公司地址提交到百度、雅虎中，并将提交成功的返回结果截图填写在表 1 中。

表 1   目标地址提交到 Baidu & Yahoo 的成功结果截图

Baidu提交入口网址	
提交到Baidu的成功界面截图	
Yahoo提交入口网址	
提交到Yahoo的成功界面截图	

(2) 检查收录情况。检查 Baidu 是否成功收录了公司的网站地址？并将检查结果通过截图的方式填写到表 2。

表 2   Baidu 收录公司网址检查结果表

检查方式	
检查结果	
检查结果截图	

(3) 公司网站目前被搜索引擎收录基本情况调查。为了了解公司网站目前在各大搜索引擎中的收录情况，便于今后进行网站优化推广，请完成表 3，并根据表 3 将操作步骤进行截图，填写到表 4 中。

表 3   网站的收录情况、反向链接数、PR 值、A lexa 排名结果

网站名称	Google(收录情况	Baidu(收录情况	Baidu(反向链接数)	PR值	Alexa排名
http: //www.fenjiu.com.cn/					

表 4   查询结果过程记录表

公司网站被Google、Baidu的收录情况截图	
PR值截图	
Alexa排名截图	

(4) 搜索引擎优化(SEO)。为了让公司网站在搜索引擎中的排名靠前，公司打算进行SEO。请了解该网站首页的搜索引擎优化情况，并对不妥的地方加以改进，填写表5。

表5 搜索引擎优化情况评价

编号	项目名称	公司网页情况	是否需改进	改进后
1	Title(标题)			
2	Keyword(关键词)			
3	Description(描述)			
4	关键词密度基本情况			
5	网页用户体验整体评价(从网页打开速度、导航栏是否清晰、是否有网站地图、内容更新是否及时等)			

(5) 关键词的设计。为了打开湖南市场，请根据湖南地区方言特点、产品特点、用户搜索习惯等设计4个关键词，并说明理由，完成表6。

表6 关键词设计

序号	设计的关键词	设计的理由
1	湖南汾酒	
2	湖南汾酒价格表	
3	湖南老白干汾酒	
4	湖南汾酒总代理	

(6) 撰写 Baidu 创意。Baidu 创意是指网民搜索触发百度竞价排名推广结果时，展现在网民面前的推广内容，包括标题、描述以及访问 URL 和显示 URL 等。请为公司撰写一则 Baidu 创意。创意标题最长不能超过 50 个字符，每行描述最长不能超过 80 个字符，且总字数控制在 300 字以内。

表7 Baidu 创意设计

标题：汾酒集团官方网站
描述：
URL: www.fenjiu.com.cn

(7) 数据分析与推广优化。公司经过一段时间的网络广告推广后，进行了推广效果的分析；数据统计如下，请根据统计结果按表8中的要求进行回答。

一个月内该企业在某网站上投入广告，总费用是 6000 元。经过统计，这则广告的曝光次数是 600 000，点击次数是 60 000 次，广告后转换购买次数是 1200。

表 8　数据分析和优化改进措施表

① 请解释转化率的含义。
② 请计算 CPM、CPC、CPA、转化率。
③ 该行业的平均转化率大约是 4%。请分析该网站是偏高还是偏低，并提出改进建议。

技能实训三　携程网客户服务

(1) 客服前的准备(提炼企业产品服务特色及优势)。

三句话描述网站的特色和优势(平台模式平台所提供的服务盈利模式):

(2) 沟通客户需求。

目标客户群:
差旅人士、旅游者、星级酒店、各地机场、中高档成功人士、具有经济实力的年轻一族、自驾游爱好者。
售前沟通模拟测试(销售七步曲):

(3) 客户分级管理。

得分	点击频率	迄今成交总金额/半年旅行次数	平均成交频率——交易次数	注册信息	旅行线路——消费习惯	加权平均	分级	迄今成交总金额/半年旅行次数
客户 1	90	20	60	90	20	56	D	667
客户 2	90	20	80	90	20	60	C	667
客户 3	80	90	60	90	60	76	B	50 000
客户 4	80	20	80	90	20	58	D	833
客户 5	90	60	60	80	60	70	B	3500
客户 6	90	90	60	90	80	82	A	16 667
客户 7	90	90	80	90	90	88	A	61 667
客户 8	60	80	60	60	20	56	D	2000
客户 9	60	20	60	60	20	44	D	900
客户 10	60	90	60	60	90	72	B	40 000
A 类客户								
B 类客户								
C 类客户								
D 类客户								

ABCD 客户分类管理的意义，如何针对上述结果对客户进行高效管理：

技能实训四　售后客户服务与管理

背景资料：

湖南竞网科技有限公司是湖南最具竞争实力的互联网综合服务提供商之一。作为百度湖南地区总代理和百度(湖南)客户服务中心，公司一直秉承"服务创造价值"的经营理念，在业内同行中赢得了良好声誉。尽管如此，但对于一家服务数千家中小企业的公司而言，让客户满意仍不是一件容易的事情。以下是公司客服部客服经理亲自处理的一个客户投诉案例：

一天，公司的客户——某家纺品老板万先生怒气冲冲地通过客服平台反映：

(1) 目前，客户的网站已经将近两个星期无法打开了，客户在百度的广告投放也停止了将近两个星期；

(2) 因为临近年底，正是客户公司的销售旺季，所以损失非常大，要求赔偿在这段时间的损失；

(3) 在此之前，客户已经提供相关资料，并早已传真给竞网的客服人员，但问题一直没有解决；

(4) 要求网站马上恢复访问。

测试任务：

1. 客户异议分析

按投诉的原因划分，客户投诉可分为产品质量投诉、服务投诉、价格投诉、诚信投诉等。本案例属于哪种类型投诉？针对这种投诉，客服处理客户异议的思路是什么？字数要求在 200 字以内，将内容填入表 1。

表 1　客户异议分析

本案例属于哪种类型的投诉？
针对这种投诉，客服处理客户异议的思路是什么？

2. 客户异议处理

通过了解查证后，客户投诉原因为：

(1) 客户的网站因为前期没有备案，因此被有关部门进行了关闭。

(2) 客户目前已经提交了营业执照、身份证复印件等，但因客户对网络操作不熟练，并且不熟悉备案流程，导致上传失败。竞网的技术人员负责协助其进行备案工作，目前正在审核过程中。

(3) 有关部门的答复是 20 个工作日内完成处理。

如果你是本案例中负责受理该投诉的客服代表，请拟定解决投诉的基本步骤，撰写相应的应答话术，填入表 2。

表 2　客户异议处理

步骤 1：	
话术 1：	
步骤 2：	
话术 2：	
步骤 3：	
话术 3：	
步骤 4：	
话术 4：	

3. 客户回访和关怀

通过两个星期的跟踪处理，该客户的异议已得到解决，请你通过电子邮件的方式向该客户编写一封关于针对此次异议处理的回访邮件。邮件内容包括客户对此次异议处理是否满意、是否有新的问题需要得到帮助等，字数要求 200 字左右，将邮件内容填入表 3。

表 3　客户回访邮件

邮件标题：	(标题)
邮件内容：	

4. 客户维权帮助

在客户回访中，万先生反映，一次公司通过百度搜索，在一家"梦雅家纺"的网站上批发了一批枕头。可是当收到货物的时候，发现这批货物的颜色和型号都不对。应该是"梦雅家纺"发错货了。通过与"梦雅家纺"多次沟通，"梦雅家纺"承诺重新发货，但是要求将已收到的货物先邮寄到公司，公司才同意换货，并且不承担运费。万先生要求退货，因为再发货过来，销售这种枕头的销售时间已经过了大半，担心卖不掉形成积压。可是"梦雅家纺"不同意。万先生想咨询应该如何进行维权？分析以上内容，请你帮助他进行维权，将内容填入表 4。

表 4　客户维权帮助

维权方式	
维权前的准备	
实施思路简述	

技能实训五　　联盟广告推广

背景资料：

多喜爱家饰用品有限公司(网址：http://www.dohia.com)是一家以专业设计生产和销售

床上用品为主的公司，产品涉及被套、床笠、床单、床裙、枕套、被芯、枕芯、婚庆产品、垫类产品、床具等。现为强化公司品牌形象和知名度、扩大公司产品的市场占有率，公司决定采用联盟广告推广。请帮助其完成联盟广告推广过程中相关任务的实施。

测试任务：

1. 联盟广告平台的选择

公司首先对联盟广告平台进行了调查，请为其挑选出 5 个最常用的联盟广告平台(网站名称)，并分析其计费方式(CPA/CPS/CPC/CPM)，填入表 1。

表 1　常用联盟广告平台

联盟广告平台(网站名称)	主要计费方式
Google Adsense	
百度网盟	
淘宝联盟	
极限广告联盟	
百分百广告联盟	

2. 推广方案的制定

通过对联盟广告平台的调查和对比分析，公司决定选择百度网盟推广；现假定公司在百度网盟推广中每日预算是 500 元人民币，请根据自己的分析为其制作相应的推广方案。对网盟推广来说，一个健康的账户应至少包括 2 个推广计划、5 个推广组。填写表 2。

表 2　多喜爱百度网盟推广投放手册

推广计划名称	预算(元)	推广组名称	推广组类型	推广组类型网站	点击出价(元)	创意类型
主推广计划	300	核心优质网站	固定	婚庆类网站 休闲娱乐类网站 新闻媒体	0.5~1.5	文字+图片
		目标人群活跃网站	固定	小说类网站	0.5~1.0	图片
		目标人群活跃网站	悬浮	游戏类网站	0.4~0.6	图片
辅助推广计划	200	核心优质网站	悬浮	网络服务类网站 社交类网站 女性类网站	0.7~1.0	文字
		目标人群活跃网站	固定	游戏类网站 医疗保健类网站	0.3~0.6	图片

3. 投放网站的分析和选择

为了充分发挥百度网盟推广效果，公司根据自身产品特点情况，利用百度网盟123进行投放网络的分析和选择。请按网站分类定向、人群类型定向分别为其选择3个适合公司推广的网站并填写表3、表4。

表3　按网站分类定向选择

选择投放的网站	网站所属分类	选择该网站的理由

表4　按人群分类定向选择

选择投放的网站	人群分类	选择该网站的理由

4. 创意设计

请利用百度创意专家为其网盟推广做一个 486×60 的图片横幅创意、一个 120×270 的侧栏悬浮创意和一段文字创意。文字创意请直接填写在表格中，横幅创意、侧栏悬浮创意制作完成后，请将图片插入表5的对应区域中。

表5　创意设计表

文字创意
(注意文字创意的基本要求)
横幅创意
(利用百度创意专家)
侧栏创意
(利用百度创意专家)

5. 数据分析与推广优化

公司经过一段时间的网盟推广后，进行了推广效果的分析；分析了连续 5 天的数据，发现在这 5 天展现量充足，达到 108 次，而点击量只有 2 次，请分析其可能出现的原因，并提出一些推广优化措施。填写表 6。

表 6　数据分析与推广优化

影响点击率的原因主要有哪些？
以下是答题要点，但在答题时联系具体素材和文字详细说明
i. 网站选择不正确
ii. 创意表达不合适
拟进行推广优化措施有哪些？
要点： i. 重新分析重新选择展现网站 a) 重新思考推广的受众群体。 b) 分析受众群体的上网特征。 c) 根据上网特征重新进行网站定向和人群定向。 ii. 重新制作创意 a) 主题明确。 b) 结构合理。 c) 文字精练。 d) 图片要加要点。 e) 颜色要有对比。

技能实训六　　网站内容策划与信息编辑

背景资料：

上海新苑公司成立于 2002 年，是以公装业务为主的设计装饰公司。多年来公司本着"和谐发展、合作共赢"的企业理念与一些品牌企业建立了长期合作关系。现公司凭借深厚的公装管理和一线城市成功运作经验，进军国内二线城市家装市场。公司想建立一个网站，此网站可以作为信息发布、同行信息交流的平台，客户了解公司及装修知识的窗口，公司品牌文化推广的重要渠道。

测试任务：

请按照下面所列步骤帮其完成网站内容的整体策划，以及信息的采集与编辑。

1. 网站模式分析和功能定位

网站的建立首先要通过调研和市场分析来全面准确地了解用户的需求、建站的目标，进而确定网站的模式、定位网站的功能。根据网站建站目标不同，网站一般有"信息发布型""服务型""商城购物型""综合型(企业业务综合或行业综合)"等几种模式类型，不同的模式其业务功能需求和设置也不同。请按照表格中提供的两个网站域名，登录网站，查询判断网站是否具有对应功能。如果有，则在对应单元格填写"√"；没有，则填写"×"。根据网站功能设置判断网站属于哪一种类型。

表 1　网站功能需求分析表

网站名称	怡清源官方商城	名城房产
网站域名	http：//www.yqy.cn	http：//www.zjmingcheng.com
① 用户注册		
② 企业产品或服务项目展示		
③ 商品或服务在线订购		
④ 在线支付		
⑤ 站内搜索		
⑥ 信息发布		
⑦ 论坛社区		
⑧ 客户服务		
网站所属模式类型		

备注：

(1) 此处网站仅指对应域名的网站，如果此网站自身没有对应功能，而是通过链接的独立官方商城(有独立域名)提供此功能，则商城中功能不归于此网站中。

(2) 客服服务包括以下几种形式："网页版的在线客服""基于 QQ 等即时工具的客服""留言簿""留有客服电话、QQ 号或 E-mail"。如果对应网站有客户服务，则还需选择对应服务方式序号，有的网站可能有多种客服方式，此处可以是多选。

(3) 网站所属模式类型：需要选择具体类型名填入对应单元格中。

2. 同类网站比较分析

在市场需求分析和调研中，一般由于实际操作中时间、经费、公司能力等所限，我们可以对同类网站进行比较分析，分析相似网站的性能和运行情况，来构思自身网站的大体架构和模样。请按照表 2 中列出的网站和项目进行分析，将分析结果按照备注提示要求填入表中。

表 2　同类网站调查分析表

项目	鸿基伟业装饰	鸿扬家装
网站域名	http：//5276.jxhi.com	http：//www.hi-run.com
网站 Logo		
版面布局		
主要栏目		
网站评价		

备注：

(1) 网站 LOGO 需截图填入。

(2) 版面布局一般可分为"同字型""拐角型""标题正文型""封面型""框架型""Flash型""变化型"等。

(3) 主要栏目指导航条中所列对应网站一级栏目的名称。

(4) 网站评价：要求从网站目标人群、网站功能、网站布局、色彩搭配、网站风格、信息更新等方面来评价网站的优点和不足之处。

3. 确定网站主题思想和栏目

根据以上网站分析，按照表 3 所列内容，填写网站策划相关内容。

表 3　网站主题定位和栏目策划

项目	填写内容
网站中文名称	
域名设计	
域名设计简要说明	
域名注册情况查询	
拟建网站类型	
网站目标客户	

网站栏目和功能		
序号	栏目名	提供的具体功能
1		
2		

序号	栏目名	提供的具体功能
3		
4		
5		

备注：

(1) 域名注册情况查询：设计的域名假如已注册，也不需重新注册，只需将查询结果截图填入即可。

(2) 拟建网站类型：从"基本信息发布型""服务型""商城购物型""综合型"中选择一种。

(3) 网站目标客户：要求说明网站针对的有哪些类型的客户。

(4) 网站栏目和功能：根据主题定位策划至少5个主要栏目，并进行具体功能说明，多于5个可自行添加行。

4. 网站信息内容的编辑发布

对以下信息内容进行编辑发布，把它放入你规划的栏目中。为方便网络稿件的归类、检索，需要对给定稿件设置关键词，进行文稿标题和内容提要的制作。

【材料】 随着人们生活水平的提高，对家庭装潢的要求也越来越高，但由于多数客户缺乏装潢专业知识，装修完毕后，对装修效果不满意，于是便与装修公司产生了纠纷。

具体来讲，产生纠纷的原因有两个：

一、对施工质量不满。由于部分施工队缺乏职业道德，在施工过程中私自调换客户的材料，以次充好，导致整个施工情况不理想，或是由"马路游击队"进行施工，本身缺乏经验和技术，装修后的效果可想而知。

二、对收费价格不满。由于客户对于增减项目只有口头约定，补充合同阐述不明，在付款时超出预算，于是造成纠纷。

产生纠纷后，首先应根据合同找出矛盾的根源，双方协商解决。无法解决的，可向行业管理部门投诉，还可向市消费者协会寻求调解解决。调解不成，可向仲裁委员会申请仲裁或向人民法院提起诉讼。

裁判标准需要第三方协助鉴定。消费者一旦将装饰公司告上法庭，法院就需请第三方来进行评估、鉴定。

装饰诉讼需要准备的材料有：起诉书(一式两份)，合同文本(包括补充合同)的复印件和收款凭据复印件，工程预算书、决算书复印件。另外，有雇佣关系的技术服务机构出具的证明不能作为法庭证据，没有雇佣关系的技术服务机构出具的证明和报告才是有力的佐证。

根据以上信息资料，填写表4。

表 4　网站内容信息编辑

项　目	填 写 内 容
栏目选择	
网络文稿标题制作	
选择关键词	
内链接设置，在文中对选定的关键词，链接到表 3 中设定的网站域名	
内容提要	

备注：

　(1) 栏目选择：要求填写此信息发布的栏目，所选择的栏目在表 3 的栏目设计中应有此栏目名。

　(2) 网络文稿标题制作：标题要求不超过 30 个字，符合网络新闻标题的特色和要求。

　(3) 选择关键词：要求对稿件设置不少于 3 个关键词。

　(4) 内链接：在文中对选定的关键词链接到表 3 中选定的网站域名。

　(5) 内容提要：字数 100 字以内，要求表述清楚，逻辑清晰，内容全面。

附录2 参考评分标准举例

物流电子商务实训核心技能点

(1) 物流企业网站核心技能：物流企业网站设计与制作。

(2) 评分点：

评 分 项 目	评 分 标 准	分 值	实 得 分 数
1. 物流企业网站分析访问	浏览、分析实训期间所建立个人网站(3 种状态：普通、HTML、预览分析)	(10 分)	
2. 建立网站的路径	能将网站或网页存放在目标文件夹中	(10 分)	
3. 主页结构设计	能根据物流企业经营业务特点建立相应的物流项目	(10 分)	
4. 文字排版	能进行相应的文字和表格文本处理	(10 分)	
5. 图片处理	能将图片进行插入、属性如图片大小调整等处理	(10 分)	
6. 背景设计	能插入背景，进行相关属性如大小变化等处理	(10 分)	
7. 超链接	能对自己所做的内容进行超链接设计和预览分析	(10 分)	
8. 活动字幕	能进行组件设置如活动字幕设计和预览分析	(10 分)	
9. 表单(下拉菜单)设计	能进行表单设置如下拉菜单设计和预览分析	(10 分)	
10. 网页色彩设置	能进行网站风格设置如网页色彩设置和预览分析	(10 分)	
合　计			

附录 3 实训作业表格式

专业:　　班级:　　学号:　　姓名:　　机号(工位号):　　　　时间:

实训 时间		地 点		人 数	
实训 内容					
实训 内容 记录					
实训 分析					
心得 体会					

参 考 文 献

[1] 林自葵，刘建生. 物流信息系统[M]. 北京：机械工业出版社，2006.

[2] 金锡万. 物流管理信息系统[M]. 南京：东南大学出版社，2006.

[3] 刘小卉. 物流管理信息系统[M]. 上海：复旦大学出版社，2006.

[4] 孙秋菊. 现代物流概论[M]. 北京：高等教育出版社，2003.

[5] 詹姆士·斯托克，莉萨·埃拉姆. 物流管理[M]. 北京：电子工业出版社，2003.

[6] 彭欣. 现代物流实用教程[M]. 北京：人民邮电出版社，2004.

[7] 张翠芬. 电子商务 B2B 模式中的虚拟价值链研究[M]. 中国物流与采购，2010.

[8] 高本河，缪立新，郑力. 仓储与配送管理基础[M]. 北京：海天出版社，2004.

[9] 王崇鲁. 如何进行运输与配送管理[M]. 北京：北京大学出版社，2004.

[10] 赵忠光. 企业物流管理模板与操作流程[M]. 北京：中国经济出版社，2004.

[11] 彭扬. 物流信息系统[M]. 北京：中国物资出版社，2006.

[12] 孙丽芳，欧阳文霞. 物流信息技术和信息系统[M]. 北京：电子工业出版社，2004.

[13] 吉庆彬，刘文广. EDI 实务与操作[M]. 北京：高等教育出版社，2002.

[14] 徐常凯，郑金忠. 二维条形码技术及其在军事物流中的应用研究[M]. 物流技术，2002.

[15] 吕延昌. 基于条码技术上的物流及供应链管理[M]. 交通标准化，2004.

[16] 张铎，林自葵. 电子商务与现代物流[M]. 北京：北京大学出版社，2002.

[17] 文化. 传统企业的电子商务化[J]. 广东财经学院院报，2006.

[18] 刘珍. 传统企业发展电子商务的风险分析及对策研究[M]. 优秀硕博论文，2005.

[19] 杨洪涛. 电子商务对消费者需求的影响与企业营销策略[J]. 中国科技信息，2005.

[20] 多琦. 基于电子商务的顾客满意信息收集与评价系统设计的研究[D]. 哈尔滨理工大学，2003.

[21] 赵冬梅. 电子商务市场价格离散问题研究[D]. 中国农业大学，2005.

[22] 杨坚. 电子商务网站典型案例评析[M]. 西安：西安电子科技大学出版社，2005.

[23] 杨晓雁. 供应链管理[M]. 上海：复旦大学出版社，2005.

[24] 陈文汉. 电子商务物流[M]. 北京：机械工业出版社，2005.

[25] 曹晓平、曹光四. 电子商务基础. 成都：西南财经大学出版社，2016.